卓越工程师教育培养计划配套教材

工程基础系列

理论力学

（中少学时）

李培超　主编

范志毅　刘小妹　副主编

清华大学出版社

北京

内 容 简 介

《理论力学(中少学时)》是在《简明工程力学(第 2 版)》基础上，根据教育部高等学校力学基础课程教学指导分委员会最新制定的“理论力学课程教学基本要求(B 类)”，借鉴国内外优秀教材并结合教师多年的教学经验编写而成的。全书共分为 3 篇：静力学、运动学和动力学。本书注重增强对理论的理解和应用，并引入了一些工程实例，将理论与实际紧密联系。每章配置了适量的习题，以帮助学生通过练习能更好地掌握基本理论、基础知识和分析方法。本书适合高等工科院校学生学习中少学时理论力学课程或工程力学课程理论力学部分使用，也可供相关工程技术人员参考。

图书在版编目(CIP)数据

理论力学：中少学时/李培超主编. —北京：清华大学出版社，2023.12
卓越工程师教育培养计划配套教材. 工程基础系列
ISBN 978-7-302-65057-7

Ⅰ. ①理… Ⅱ. ①李… Ⅲ. ①理论力学－高等学校－教材 Ⅳ. ①O31

中国国家版本馆 CIP 数据核字(2023)第 233665 号

责任编辑：苗庆波　赵从棉
封面设计：常雪影
责任校对：王淑云
责任印制：曹婉颖

出版发行：清华大学出版社
网　　址：https://www.tup.com.cn，https://www.wqxuetang.com
地　　址：北京清华大学学研大厦 A 座　　**邮　　编**：100084
社 总 机：010-83470000　　**邮　　购**：010-62786544
投稿与读者服务：010-62776969，c-service@tup.tsinghua.edu.cn
质量反馈：010-62772015，zhiliang@tup.tsinghua.edu.cn
印 装 者：北京同文印刷有限责任公司
经　　销：全国新华书店
开　　本：185mm×260mm　**印　张**：11　　**字　　数**：266 千字
版　　次：2023 年 12 月第 1 版　　**印　　次**：2023 年 12 月第 1 次印刷
定　　价：39.80 元

产品编号：092769-01

卓越工程师教育培养计划配套教材

总编委会名单

主　任：丁晓东　汪　泓

副主任：陈力华　鲁嘉华

委　员：（按姓氏笔画为序）

丁兴国　王岩松　王裕明　叶永青　匡江红

刘晓民　余　粟　吴训成　李　毅　张子厚

张莉萍　陆肖元　陈因达　徐宝纲　徐新成

徐滕岗　程武山　谢东来　魏　建

卓越工程师教育培养计划配套教材

——工程基础系列

编委会名单

主　任：徐新成　程武山

副主任：张子厚　刘晓民　余　粟

委　员：（按姓氏笔画为序）

王明衍　朱建军　刘立厚　汤　彬　李　路

吴建宝　张学山　张敏良　张朝民　陈建兵

范晓兰　林海鸥　胡义刚　胡浩民　徐红霞

徐滕岗　唐觉民

FOREWORD 序言

《国家中长期教育改革和发展规划纲要(2010—2020)》明确指出"提高人才培养质量。牢固确立人才培养在高校工作中的中心地位,着力培养信念执着、品德优良、知识丰富、本领过硬的高素质专门人才和拔尖创新人才。……支持学生参与科学研究,强化实践教学环节。……创立高校与科研院所、行业、企业联合培养人才的新机制。全面实施'高等学校本科教学质量与教学改革工程'。"教育部"卓越工程师教育培养计划"(简称"卓越计划")是为贯彻落实党的十七大提出的走中国特色新型工业化道路、建设创新型国家、建设人力资源强国等战略部署,贯彻落实《国家中长期教育改革和发展规划纲要(2010—2020)》实施的高等教育重大计划。"卓越计划"对高等教育面向社会需求培养人才,调整人才培养结构,提高人才培养质量,推动教育教学改革,增强毕业生就业能力具有十分重要的示范和引导作用。

上海工程技术大学是一所具有鲜明办学特色的地方工科大学。长期以来,学校始终坚持培养应用型创新人才的办学定位,以现代产业发展对人才需求为导向,努力打造培养优秀工程师的摇篮。学校构建了以产学研战略联盟为平台,学科链、专业链对接产业链的办学模式,实施产学合作教育人才培养模式,造就了"产学合作、工学交替"的真实育人环境,培养有较强分析问题和解决问题能力,具有国际视野、创新意识和奉献精神的高素质应用型人才。

上海工程技术大学与上海汽车集团公司、上海航空公司、东方航空公司、上海地铁运营有限公司等大型企业集团联合创建了"汽车工程学院""航空运输学院""城市轨道交通学院""飞行学院",校企联合成立了校务委员会和院务委员会,企业全过程参与学校相关专业的人才培养方案、课程体系和实践教学体系的建设,学校与企业实现了零距离的对接。产学合作教育使学生每年都能够到企业"顶岗工作",学生对企业生产第一线有了深刻的了解,学生的实践能力和社会适应能力不断增强。这一系列举措都为"卓越工程师教育培养计划"的实施打下了扎实基础。

自 2010 年教育部"卓越工程师教育培养计划"实施以来,上海工程技术大学先后获批了第一批和第二批 5 个专业 8 个方向的试点专业。为此,学校组成了由企业领导、业务主管与学院主要领导组成的试点专业指导委员会,根据各专业工程实践能力形成的不同阶段的特点,围绕课内、课外培养和学校、企业培养两条互相交叉、互为支撑的培养主线,校企双方共同优化了试点专业的人才培养方案。试点专业指导委员会聘请了部分企业高级工程师、技术骨干和高层管理人员担任试点专业的教学工作,参与课程建设、教材建设、实验教学建设等教学改革工作。

“卓越工程师教育培养计划配套教材——工程基础系列”是根据培养卓越工程师“具备扎实的工程基础理论、比较系统的专业知识、较强的工程实践能力、良好的工程素质和团队合作能力”的目标进行编写的。本系列教材由公共基础类、计算机应用基础类、机械工程专业基础类和工程能力训练类组成，共23册，涵盖了“卓越计划”各试点专业公共基础及专业基础课程。

该系列教材以理论和实践相结合作为编写的理念和原则，具有基础性、系统性、应用性等特点。在借鉴国内外相关文献资料的基础上，加强基础理论，对基本概念、基础知识和基本技能进行清晰阐述，同时对实践训练和能力培养方面作了积极的探索，以满足卓越工程师各试点专业的教学目标和要求。如《高等数学》适当融入“卓越工程师教育培养计划”相关专业（车辆工程、飞行技术）的背景知识并进行应用案例的介绍。《大学物理学》注意处理物理理论的学习和技术应用介绍之间的关系，根据交通（车辆和飞行）专业特点，增加了流体力学简介等，设置了物理工程的实际应用案例。《C语言程序设计》以编程应用为驱动，重点训练学生的编程思想，提高学生的编程能力，鼓励学生利用所学知识解决工程和专业问题。《现代工程设计图学》等7本机械工程专业基础类教材在介绍基础理论和知识的同时紧密结合各专业内容，开拓学生视野，提高学生实际应用能力。《现代制造技术实训习题集》是针对现代化制造加工技术——数控车床、数控铣床、数控雕刻、电火花线切割、现代测量等技术进行编写。该系列教材强调理论联系实际，体现“面向工业界、面向世界、面向未来”的工程教育理念，努力实践上海工程技术大学建设现代化特色大学的办学思想和特色。

这种把传统理论教学与行业实践相结合的教学理念和模式对培养学生的创新思维，增强学生的实践能力和就业能力会产生积极的影响。以实施卓越计划为突破口，一定能促进工程教育改革和创新，全面提高工程教育人才培养质量，对我国从工程教育大国走向工程教育强国起到积极的作用。

陈关龙

上海交通大学机械与动力工程学院教授、博士生导师、副院长

教育部高等学校机械设计制造及自动化教学指导委员会副主任

中国机械工业教育协会机械工程及自动化教学委员会副主任

前言

本书是在《简明工程力学》(第 2 版)基础上,依据教育部高等学校力学基础课程教学指导分委员会最新制定的"理论力学课程教学基本要求(B 类)",为适应高等教育大众化和当前大学教育教学改革的需求而编写的面向工程应用型人才培养的理论力学课程配套教材。

本书立足于"中少学时",理论阐述力求由浅入深,文字简洁,内容精简,讲授基础知识与方法,舍弃某些专题内容的讨论;同时注重加强学生工程意识和工程素质的培养,突出力学在工程实践中的应用,编入了一些密切结合工程实际的例题与习题,以供教师选用和学生练习。为了加深学生对基本概念的理解,同时提高学生利用理论力学基本原理分析问题和解决问题的能力,本书在例题讲述和典型习题详解中着重阐述分析问题的思路、解决问题的方法与解题书写过程的步骤。同时基于成果导向教育理念,注重一题多解,拓展学生创新思维,培养学生运用数学力学方法和知识解决实际问题的能力。

清华大学出版社出版的《简明工程力学》(2013 年)和《简明工程力学》(第 2 版)(2016 年),前 3 篇为理论力学内容,第 4 篇为材料力学内容,是上海工程技术大学"工程力学(一)"和"工程力学(二)"课程的配套教材。《简明工程力学》自 2013 年秋季学期以来一直作为我校绝大多数工科专业(机械工程、车辆工程、能源与动力工程、交通运输、铁道工程、飞行器制造工程、飞行技术、材料科学与工程、纺织工程、服装设计与工程、工业设计、环境工程等)学科基础必修课"工程力学(一)"和"工程力学(二)"的教材使用。这本书经过多年的教育教学实践,师生反响良好,认为《简明工程力学》简明易学,适合我校以工程应用为主的工科专业学生群体,对促进我校基础力学课程教学改革和全面推行工程应用型人才与创新能力培养具有重要意义。

与此同时,《简明工程力学》的社会效益日益明显。第 1 版于 2015 年 5 月荣获上海普通高校优秀教材奖。第 2 版于 2020 年 11 月被我校推荐参与申报首届全国优秀教材奖全国优秀教材(高等教育类)。令人欣慰的是,本教材自出版至今,已被 10 余所兄弟院校选为课程教材或指定为教学参考书,颇受师生好评。

为进一步推进我校国家级一流本科专业(机械工程、车辆工程等)建设,我们自 2019 年起至今在《简明工程力学》(第 2 版)基础上进行了持续修订和新的改版探索。在此期间,编者还承担了我校"工程力学(一)"金课培育建设项目和"工程力学(二)"课程思政建设项目,将课程建设"两性一度"教研成果和思政育人元素有机融入改版教材,以助力我校一流本科专业建设,为培养高水平工程应用型人才做出我们应有的努力和贡献。

在当今数字信息化时代，如何将课程数字化资源与传统纸质教材有效结合，是一个值得探索的问题。在本次修订中，我们将一些平时积累的课程教学数字化资源（视频、文档、课件、动画、图像等）融合到理论力学传统内容中，使之成为新形态教材。这拓展了原有的教材内容，丰富了知识的呈现形态，为学生提供了基于网络的非常便捷的自主学习环境。

为进一步加强教风、学风建设，提升教学质量，我校基础力学课程作为学科基础必修课在校内率先实施了教考分离，建设了习题/试题库。鉴于此，本书也适当增加了部分习题，供学生/读者使用和参考。

另外，为了顺应工程教育专业认证需求，我校自2022级起修订了本科人才培养方案。为了更好地服务于我校创新人才培养和工程教育认证，方便学生学习使用，我们在《简明工程力学（第2版）》基础上将教材分为《理论力学（中少学时）》和《材料力学（中少学时）》两册分别出版。

本次修订内容较多，对部分习题答案和部分章节进行了修改，并规范了全书符号和术语。同时，本书主要增加了以下内容：

(1) 扩充了部分正文内容。

①第2章合力矩定理与力矩的解析表达式；②第3章3.2节力对点之矩的矢量描述。

(2) 补充了典型例题。

①第1章例1.3；②第2章例2.8；③第2章例2.17；④第3章例3.3；⑤第5章例5.1；⑥第6章例6.3；⑦第6章例6.6；⑧第7章例7.7；⑨第8章例8.5；⑩第8章例8.13；⑪第8章例8.14；⑫第9章例9.2；⑬第9章例9.5。

(3) 增加了部分习题。

①习题6.18；②习题6.19；③习题7.17；④习题7.18；⑤习题8.1(4)～(6)；⑥习题8.29；⑦习题8.30；⑧习题8.31；⑨习题9.10；⑩习题9.11；⑪习题9.12；⑫习题9.13。

(4) 增加了课程思政育人案例（视频二维码）。

①我国部分近代力学家简介；②刚体和力；③二力构件；④内力和外力；⑤点的合成运动；⑥平面运动的速度求解；⑦动量定理；⑧达朗贝尔原理。

(5) 增加了典型例题精讲（视频二维码）。

①例1.1精讲；②例2.14精讲；③例6.5精讲；④例7.4精讲；⑤例8.10精讲；⑥例9.4精讲。

(6) 增加了典型习题详解（文档、视频二维码）。

①习题1.3(e)、1.4(d)和1.4(f)详解（文档）；②习题2.9、2.14、2.21和2.30详解（视频）；③习题3.3和3.10(a)详解（文档）；④习题4.4详解（文档）；⑤习题5.2和5.5详解（文档）；⑥习题6.1(c)、6.8和6.17详解（文档）；⑦习题7.2(c)、7.4和7.6详解（文档）；⑧习题8.3、8.21和8.26详解（文档）；⑨习题9.4和9.11详解（文档）。

(7) 增加了部分力学人物简介（文档二维码）

①墨翟；②伽利略；③亚里士多德；④钱学森；⑤欧拉；⑥科里奥利；⑦牛顿；⑧达朗贝尔。

(8) 增加了典型机构（结构）动画、视频或照片（二维码）。

①上海工程技术大学体育馆（照片）；②椭圆仪（动画）；③刚体基本运动实例（动画）；④平行四边形机构（动画）；⑤定轴转动（动画）；⑥齿轮传动（视频）；⑦凸轮顶杆（点的合成

运动，动画)；⑧摆动导杆机构(动画)；⑨曲柄连杆机构(动画)；⑩行星轮(动画)；⑪曲柄摇杆机构(动画)。

本书由李培超负责全书的改版、组织和统稿。主要参加改编工作的有范志毅、刘小妹、李培超。陈曦参与了部分课程思政视频录制以及第1章和第8章的习题详解。上海工程技术大学机械与汽车工程学院和教务处有关领导对本书的修订给予了帮助和支持。在近10年的教材使用和教学实践中，工程力学教研室教师和历届修读学生提出了不少建设性的意见和建议。同时，本书一直得到清华大学出版社的大力支持。硕士研究生于雯协助绘制了本书部分习题详解的图形。在此一并表示感谢。

本书可作为高等工科院校中少学时理论力学课程或工程力学课程理论力学部分的教材，也可作为继续教育、高职高专、开放大学等相应课程的教材。

囿于编者水平，书中疏漏之处在所难免，恳请读者不吝指教，以期进一步提升教材质量。

编　者

2023年12月

CONTENTS

目录

主要符号表 …………………………………………………………………… XIV

绪论…………………………………………………………………………… 1

第1篇 静 力 学

第1章 静力学基础……………………………………………………………… 4

1.1 刚体和力 ………………………………………………………………… 4
1.2 静力学公理 ……………………………………………………………… 5
1.3 约束和约束反力 ………………………………………………………… 7
1.4 物体的受力分析和受力图 ……………………………………………… 9
习题 …………………………………………………………………………… 12

第2章 平面力系 ………………………………………………………………… 14

2.1 平面汇交力系合成与平衡的几何法……………………………………… 14
2.2 平面汇交力系合成与平衡的解析法……………………………………… 15
2.3 平面力对点之矩…………………………………………………………… 19
2.4 平面力偶系………………………………………………………………… 20
2.5 平面任意力系……………………………………………………………… 23
2.6 物体系统的平衡…………………………………………………………… 31
2.7 平面简单桁架……………………………………………………………… 35
2.8 摩擦………………………………………………………………………… 38
习题 …………………………………………………………………………… 42

第3章 空间力系 ………………………………………………………………… 49

3.1 力在空间直角坐标轴上的投影…………………………………………… 49
3.2 力对点之矩的矢量描述…………………………………………………… 50
3.3 力对轴之矩………………………………………………………………… 51
3.4 空间力系的平衡方程及其应用…………………………………………… 54

3.5 重心和形心 …… 56
习题 …… 58

第2篇 运 动 学

第4章 点的运动学 …… 62
4.1 矢径法 …… 62
4.2 直角坐标法 …… 63
4.3 自然法 …… 65
习题 …… 67
第5章 刚体的基本运动 …… 70
5.1 刚体的平行移动(平动) …… 70
5.2 刚体绕固定轴转动(定轴转动) …… 71
5.3 轮系的传动比 …… 74
习题 …… 76
第6章 点的合成运动 …… 79
6.1 相对运动·牵连运动·绝对运动 …… 79
6.2 点的速度合成定理 …… 80
6.3 动系平动时点的加速度合成定理 …… 83
*6.4 动系定轴转动时点的加速度合成定理 …… 86
习题 …… 87
第7章 刚体的平面运动 …… 92
7.1 刚体平面运动概述 …… 92
7.2 刚体平面运动分解 …… 92
7.3 基点法、投影法求平面图形内各点的速度 …… 93
7.4 瞬心法求平面图形内各点的速度 …… 95
7.5 基点法求平面图形内各点的加速度 …… 98
习题 …… 100

第3篇 动 力 学

第8章 动力学基本定理 …… 108
8.1 质点运动微分方程 …… 108
8.2 动量定理及其应用 …… 111
8.3 动量矩定理 …… 117
8.4 动能定理 …… 121

习题…… 133

第9章 达朗贝尔原理…… 140

9.1 惯性力和质点的达朗贝尔原理 …… 140
9.2 质点系的达朗贝尔原理及其应用 …… 142
9.3 静平衡与动平衡 …… 147
习题…… 148

部分习题答案…… 152

参考文献…… 159

主要符号表

$\boldsymbol{a}$　加速度

$\boldsymbol{a}_{\mathrm{a}}$　绝对加速度

$\boldsymbol{a}_{\mathrm{e}}$　牵连加速度

$\boldsymbol{a}_{C}$　科氏加速度

$\boldsymbol{a}_{\mathrm{r}}$　相对加速度

$\boldsymbol{a}_{\mathrm{n}}$　法向加速度

$\boldsymbol{a}_{\mathrm{t}}$　切向加速度

A　面积

b　宽度

C　质心，重心，形心

d　力偶臂，直径，距离，力臂

D　直径

e　偏心距

f　动摩擦因数

f_{s}　静摩擦因数

$\boldsymbol{F}$　集中力

$\boldsymbol{F}_{\mathrm{d}}$　动摩擦力

$\boldsymbol{F}_{\mathrm{I}}$　惯性力

$\boldsymbol{F}_{\mathrm{N}}$　法向约束反力，轴力

$\boldsymbol{F}_{\mathrm{s}}$　静摩擦力，剪力

$\boldsymbol{F}_{\mathrm{R}}$　合力

$\boldsymbol{g}$　重力加速度

h　高度

$\boldsymbol{i}$　x 轴的基矢量

$\boldsymbol{I}$　冲量

$\boldsymbol{j}$　y 轴的基矢量

J　转动惯量

J_{z}　刚体对 z 轴的转动惯量

J_{xy}　刚体对 x、y 轴的惯性积

J_{C}　刚体对质心的转动惯量

k　弹簧刚度系数

$\boldsymbol{k}$　z 轴的基矢量

l　长度

$\boldsymbol{L}_{O}$　质点系对点 O 的动量矩

m　质量

M　主矩，力偶矩

M_{e}　外力偶矩

M_{I}　惯性力的主矩

M_{O}　平面力系对其平面内点 O 的主矩

$\boldsymbol{M}_{O}(\boldsymbol{F})$　力 $\boldsymbol{F}$ 对点 O 的矩

$\boldsymbol{M}_{O}(m\boldsymbol{v})$　质点对 O 点的动量矩

$M_{x}(\boldsymbol{F}), M_{y}(\boldsymbol{F}), M_{z}(\boldsymbol{F})$　力 $\boldsymbol{F}$ 对 x 轴、y 轴、z 轴的矩

n　转速，个数

$\boldsymbol{p}$　动量

P　功率，瞬心

$\boldsymbol{P}$　重力

q　分布载荷集度

$\boldsymbol{r}$　矢径

$\boldsymbol{r}_{O}$　点 O 的矢径

$\boldsymbol{r}_{C}$　质心的矢径

r, R　半径

s　弧长，路程，位移

S　面积

t　时间

T　周期，动能

$\boldsymbol{v}$　速度

$\boldsymbol{v}_{\mathrm{a}}$　绝对速度

$\boldsymbol{v}_{\mathrm{e}}$　牵连速度

$\boldsymbol{v}_{\mathrm{r}}$　相对速度

$\boldsymbol{v}_{C}$　质心速度

V　势能，体积

ω　角速度

W　功

α　角，角加速度

β　角

γ　角

δ　厚度，位移

ρ　曲率半径

φ　摩擦角，转角

θ　转角，角度

INTRODUCTION

绪论

1. 理论力学的研究对象和内容

理论力学(theoretical mechanics)是研究物体机械运动一般规律的科学。

机械运动(mechanical motion)是指物体在空间的位置随时间而改变。机械运动是人们日常生活和生产实践中最常见、最简单的一种运动。

本课程的研究对象是速度远小于光速的宏观物体的机械运动,它以伽利略和牛顿总结的基本定律为基础,属于经典力学的范畴。至于速度接近于光速的物体的运动和基本粒子的运动,则需要利用相对论和量子力学的知识予以完善解释。

本课程的内容分为以下三篇:第1篇 静力学,主要研究受力物体的平衡规律,着重讨论物体的受力分析、力系简化和力系平衡条件;第2篇 运动学,从几何角度研究物体的运动规律(如轨迹、速度和加速度等),而不研究引起物体运动的物理原因;第3篇 动力学,从牛顿第二定律出发,应用动力学普遍定理和达朗贝尔原理研究物体的运动与其受力之间的关系。

2. 理论力学的研究方法

科学研究的过程就是认识客观世界的过程,理论力学的研究方法同样遵循辩证唯物主义认识论的"实践→理论→再实践"的循环发展过程。

(1) 通过观察生活和生产实践中的各种现象,进行多次科学实验,通过分析、综合和归纳,总结出力学的最基本的规律。

人类在生活和生产实践中进行了长期的观察,积累了大量的经验,经过分析、综合和归纳,逐渐形成了如"力"、"力矩"和"运动"等基本概念,以及如"二力平衡"、"杠杆原理"、"力的平行四边形法则"和"万有引力定律"等力学的基本规律,并总结于科学著作中。我国的墨翟(生卒年不详,墨翟简介见二维码)所著的《墨经》是一部最早记述有关力学理论的著作。

墨翟简介

人们为了认识力学客观规律,除了对事物进行观察分析外,还主动地进行了很多实验,定量测定机械运动中各因素之间的关系,找出其内在规律。例如,伽利略(1564—1642年,伽利略简介见二维码)对自由落体和物体在斜面上的运动做了多次实验,从而推翻了亚里士多德(公元前384—前322年,亚里士多德简介见二维码)"物体下落速度和重量成正比"的错误学说,并首次提出了"加速度"的概念。此外,如动力学基本定律(牛顿三大定律)、静摩擦定律等,实际上都是建立在大量实验和观测基础之上的。观察和实验是形成理论的重要

伽利略简介

亚里士多德简介

基础，同时也是力学研究的重要方法。

（2）在实际力学分析中，需要专注主要因素，忽略次要因素，将研究物体抽象化为力学模型，并运用逻辑推理和数学演绎，建立严密而完整的理论体系。

客观事物往往比较具体和复杂，为找出其共同规律，必须抓住实质性的主要因素，舍弃次要因素，将研究物体抽象化为理想的力学模型。质点、质点系、理想约束、刚体等都是各种不同的力学模型。这种抽象化、理想化的方法，一方面简化了所研究的问题，另一方面又更深刻地反映出事物的本质。

在建立力学模型的基础上，从力学基本定律出发，利用数学演绎和逻辑推理的方法，得到力学普遍定理和公式。理论力学正是沿着这条途径建立起来的。

（3）将上述理论体系用于实践，使之在认识世界和改造世界中不断得到验证和发展。

经典力学理论在现实生活和工程中被大量实践验证为正确，并且在不同领域实践中得到了发展，形成了许多分支，例如刚体力学、弹塑性力学、流体力学、生物力学等。

将工程实际中的研究对象抽象化为力学模型，基于力学普遍定理，建立其数学模型，一般包括控制方程(组)(微分方程(组))和定解条件，并进行解析求解和分析验证。这种研究思路和方法在本教材尤其是第3篇动力学中非常普遍，体现在大量的例题和习题中。这种利用理论力学分析和解决问题的方法是一种很好的学术训练，掌握理论力学研究问题的方法有利于培养学生的高级数学力学思维能力。

3. 理论力学的地位和作用

理论力学是现代工程技术的重要理论基础之一，它已被广泛应用于各种工程领域，如机械、航空航天、土木、水利水电、船舶、矿业、石油、交通、材料、电子电气、自动控制、生物医学等领域，解决了很多工程实际问题。同时理论力学也是学习相关后续课程(如材料力学、机械原理、机械设计、结构力学、弹塑性力学、流体力学、气体动力学、振动力学等)的基础，是沟通数理基础课和专业课的桥梁，在整个课程体系中具有“承上启下”的作用和“举足轻重”的重要地位。因此，理论力学是理工科各专业所需完整知识体系的一个重要组成部分，学好理论力学对于学生后续学习专业知识及以后从事科学研究工作具有深远的影响。

4. 理论力学的学习目的和方法

理论力学是一门理论性较强、与工程实际联系极为密切的技术基础课。通过该课程的学习，要理解和掌握理论力学的基本概念、基本原理和分析方法，培养学生正确分析问题和解决问题的能力，激发学生科技报国的家国情怀(我国部分近代力学家简介视频见二维码，以及钱学森简介见二维码)和使命担当，培养学生积极向上的人生观、价值观和世界观，为今后解决生产实践问题，从事相关工程技术工作打下坚实的基础。

我国部分近代力学家简介

考虑到理论力学课程学习难度较大，建议学生务必上课认真听讲和记笔记、课前做好预习、课后做好练习和复习；深入钻研基本理论、消化例题；独立完成足够数量的习题，通过反复练习巩固强化所学基础知识，熟练掌握基本理论和分析方法。

值得指出的是，理论力学的许多内容表面上好像与大学物理学中的力学重复，然而实际上它在研究方法和研究对象上都和大学物理有较大的差异。因此，特别提醒读者留意和审视理论力学与大学物理中力学部分的联系与差别。

钱学森简介

第 1 篇

静 力 学

第1章

静力学基础

静力学(statics)主要研究物体处于**平衡**(equilibrium)状态时,其上作用力所满足的条件。本章首先介绍刚体与力的概念及静力学公理,然后阐述工程中常见的约束和约束反力,最后介绍物体的受力分析和受力图。

1.1 刚体和力

刚体和力

1. 刚体

刚体(rigid body)是在外力作用下形状和尺寸都不改变的物体。物体在力的作用下,实际都会产生不同程度的变形。有时变形相对物体尺寸来说比较微小,且对研究的问题不起主要作用,可以略去不计,从而简化了问题。因此,刚体是抽象化的理想力学模型。例如,研究房屋结构受力问题时,柱和梁可视为刚体。本书主要研究力的运动效应(外效应)而非变形效应(内效应),通常可忽略其研究对象(质点、质点系等)的变形,因此可将其研究对象视为刚体处理。

2. 力

力是物体间相互的机械作用。按照其产生方式,大致可分为两类:一类是直接接触产生的,例如手抓球,手对球产生力的作用;另一类是"力场"对物体的作用,例如地球引力场对物体的引力。

力有三个要素:力的大小、方向和作用点。

可用矢量来表示力的三个要素,如图1.1所示。矢量 $\overrightarrow{AB}$ 的长度按一定的比例尺表示力的大小;矢量的方向表示力的方向;矢量的起点(或终点)表示力的作用点;矢量 $\overrightarrow{AB}$ 的指向(见图1.1中的虚线)表示力的作用线。力的矢量常用黑体字母 $\boldsymbol{F}$ 表示,而用普通字母 F 表示力的大小。力的单位为牛(N)或千牛(kN)。

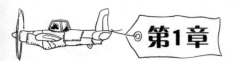

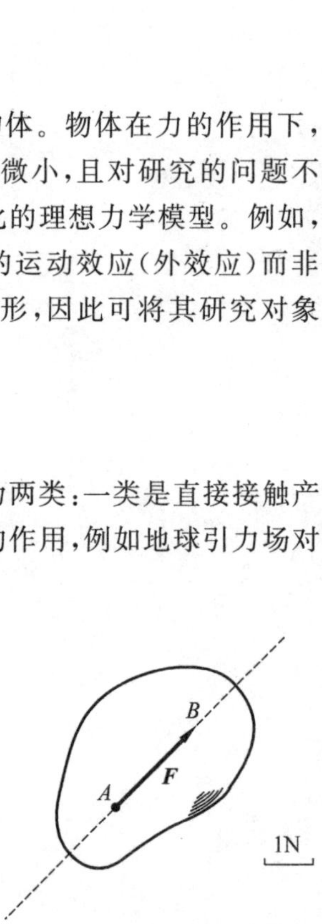

图 1.1

1.2 静力学公理

1. 力的平行四边形法则

作用在刚体上同一点的两个力可以合成为一个**合力**(resultant force)。合力的作用点不变,合力的大小和方向由这两个力为边构成的平行四边形的对角线确定(见图 1.2(a)),即

$$\boldsymbol{F}_{\mathrm{R}}=\boldsymbol{F}_1+\boldsymbol{F}_2 \tag{1.1}$$

此公理亦可表述为三角形法则:平行移动其中一个力,使两个力首尾相接(见图 1.2(b)、(c))。合力 $\boldsymbol{F}_{\mathrm{R}}$ 从起点 O 指向终点,与 $\boldsymbol{F}_1$ 和 $\boldsymbol{F}_2$ 形成三角形。

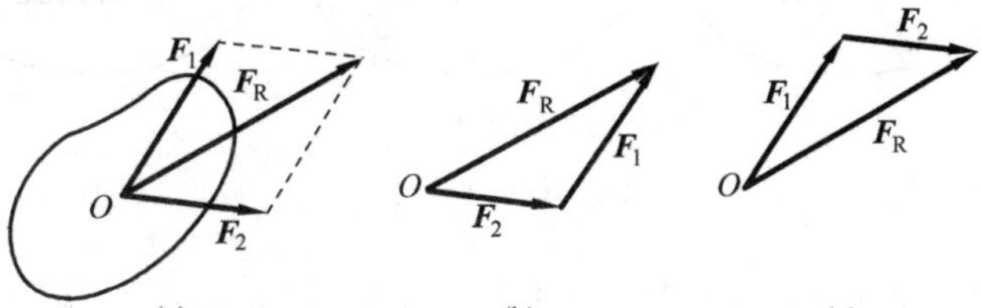

图 1.2

2. 二力平衡公理

作用在刚体上的两个力使刚体保持平衡的充要条件是这两个力的大小相等、方向相反,且在同一直线上(见图 1.3),即

$$\boldsymbol{F}_1=-\boldsymbol{F}_2 \tag{1.2}$$

工程中经常遇到两个作用点上各作用一个力而平衡的构件,称为**二力构件**或**二力杆**(two-force member)。根据二力平衡公理,这两个力的作用线必然沿着两个作用点的连线,大小相等、方向相反,如图 1.4 中的 BC 杆。

二力构件

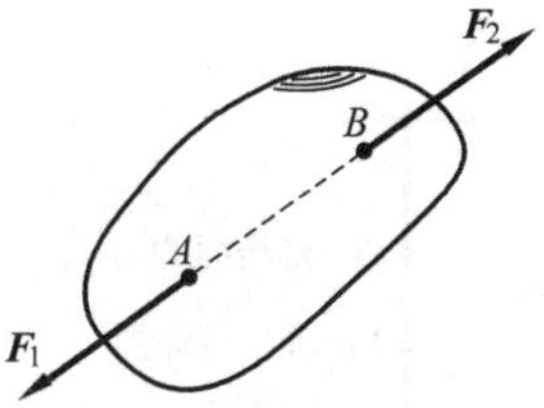

图 1.3

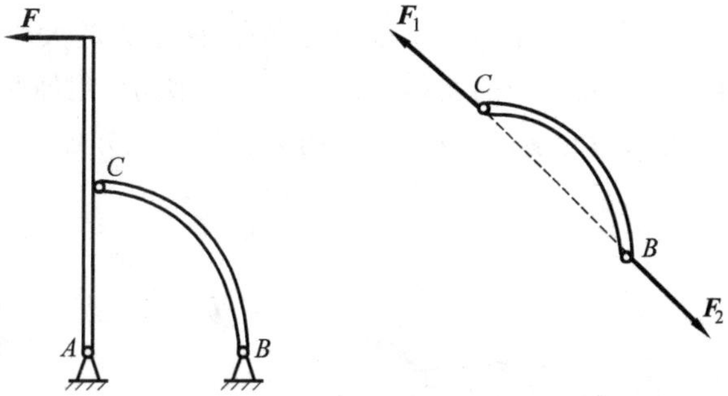

图 1.4

3. 加减平衡力系公理

在某一力系上加上或减去任意的平衡力系,得到的新力系并不改变对刚体的作用效应,因此可以等效替换原力系。

根据上述公理可以导出下列推理。

推理 1 力的可传性

作用于刚体上某点的力，可以沿着其作用线移到刚体内任意一点，不改变力对刚体的作用效应。

证明：设力 $\boldsymbol{F}$ 作用在刚体上的点 A（见图 1.5(a)）。根据加减平衡力系公理，可在力的作用线上任取一点 B，并加上两个相互平衡的力 $\boldsymbol{F}_1$ 和 $\boldsymbol{F}_2$，使 $\boldsymbol{F}=\boldsymbol{F}_1=-\boldsymbol{F}_2$（见图 1.5(b)）。由于力 $\boldsymbol{F}$ 和 $\boldsymbol{F}_2$ 也是一个平衡力系，故可除去，这样只剩下一个力 $\boldsymbol{F}_1$（见图 1.5(c)）。于是，原来的力 $\boldsymbol{F}$ 与力系($\boldsymbol{F}$，$\boldsymbol{F}_1$，$\boldsymbol{F}_2$)以及力 $\boldsymbol{F}_1$ 均等效，即原来的力 $\boldsymbol{F}$ 沿其作用线移到了点 B。

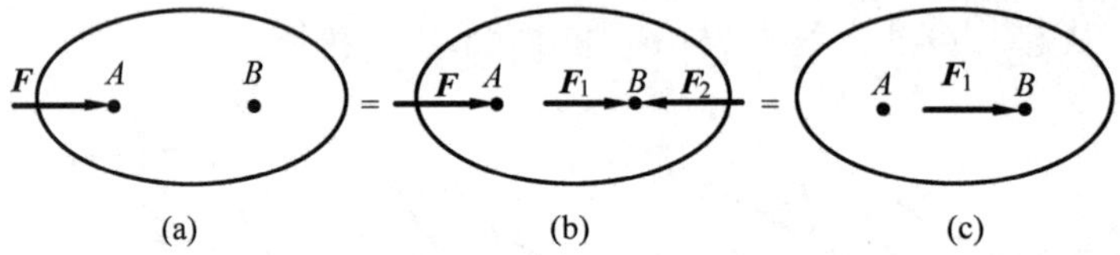

图 1.5

可见，对于刚体而言，力的作用线（而非力的作用点）是决定力的作用效应的要素。因此，作用于刚体上的力的三要素是：力的大小、方向和作用线。

推理 2 三力平衡汇交定理

作用于刚体上三个相互平衡的力，若其中两个力的作用线汇交于一点，则此三个力必在同一平面内，且第三个力的作用线通过汇交点。

证明：如图 1.6 所示，在刚体的 A、B、C 三点上分别作用三个相互平衡的力 $\boldsymbol{F}_1$、$\boldsymbol{F}_2$、$\boldsymbol{F}_3$。根据力的可传性，将 $\boldsymbol{F}_1$ 和 $\boldsymbol{F}_2$ 移到汇交点 O，然后根据力的平行四边形规则得到合力 $\boldsymbol{F}_{12}$，则 $\boldsymbol{F}_3$ 应与 $\boldsymbol{F}_{12}$ 平衡。由于两个力平衡必须共线，所以 $\boldsymbol{F}_3$ 必定与 $\boldsymbol{F}_1$ 和 $\boldsymbol{F}_2$ 共面，且通过 $\boldsymbol{F}_1$ 与 $\boldsymbol{F}_2$ 的交点 O，于是定理得证。相应地，作用三个力（不平行）处于平衡的构件称为**三力构件**(three-force member)。

4. 作用力与反作用力定律

作用力和反作用力总是同时存在，两个力的大小相等、方向相反，沿着同一直线分别作用在两个相互作用的物体上。如图 1.7 所示，用绳吊住的灯，$\boldsymbol{F}_{\mathrm{T}}$ 和 $\boldsymbol{F}'_{\mathrm{T}}$互为作用力和反作用力，用相同的字母表示，反作用力在字母上方加“′”。

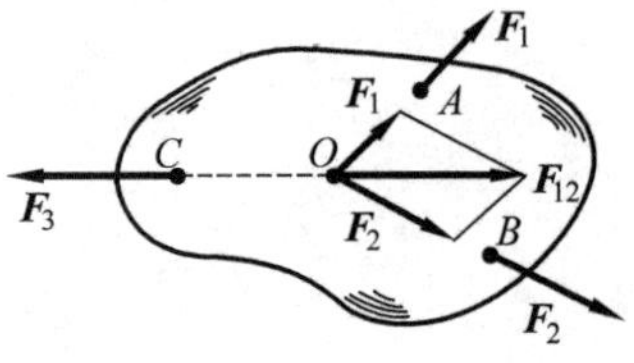

图 1.6

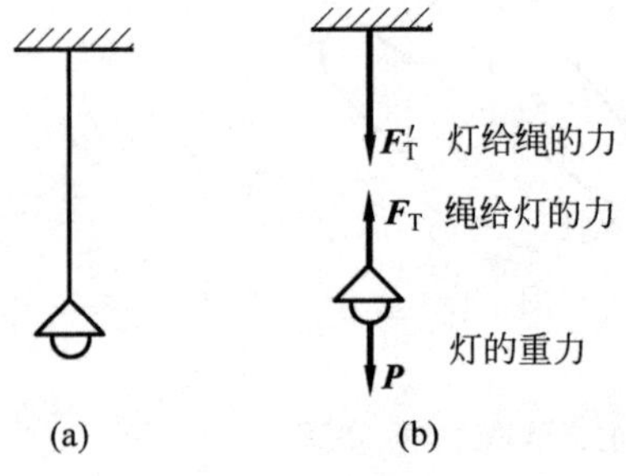

图 1.7

5. 刚化原理

变形体在某一力系作用下处于平衡，如将此变形体视为刚体，则其平衡状态保持不变。

如图 1.8 所示，绳索在等值、反向、共线的两个拉力作用下处于平衡状态，如将绳索刚化成刚体，其平衡状态保持不变。绳索在两个等值、反向、共线的压力作用下不能平衡，这时绳索就不能刚化为刚体。但刚体在上述两种力系的作用下都是平衡的。

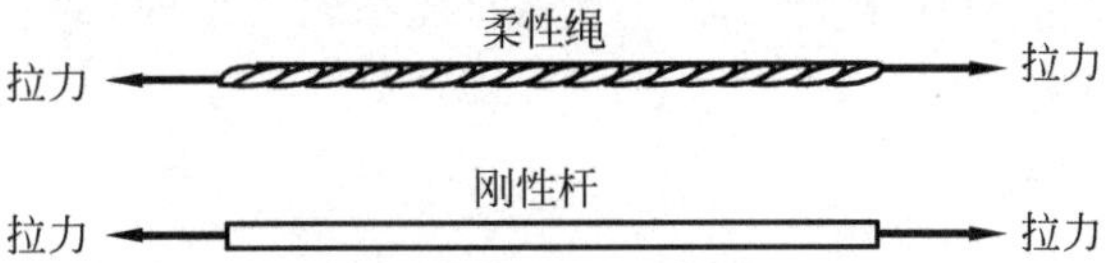

图　1.8

由此可见，刚体的平衡条件是变形体平衡的必要条件，而非充分条件。

1.3　约束和约束反力

位移不受限制的物体称为**自由体**(free body)，例如空中自由飞行的飞机。物体在空间的位移受到一定限制，如机车只能在轨道上行驶，为非自由体。对非自由体的某些位移起限制作用的周围物体称为**约束**(constraint)，例如轨道对于机车是约束。

约束阻碍着物体的位移，约束对物体的作用是通过力来实现的，这种力称为**约束反力**(constraint reaction)，简称为反力。约束反力有三个特征：

(1) 大小通常未知，由主动力决定；

(2) 方向与物体被约束限制的位移方向相反；

(3) 作用点在约束与物体的接触点。

下面介绍几种在工程中常遇到的约束类型及其约束反力的确定方法。

1. 光滑接触面约束

物体间相互触碰，接触面上的摩擦力忽略不计时，属于光滑接触面约束，例如物体放置在固定面上(见图 1.9(a)、(b))，两个齿轮相互啮合(见图 1.9(c))。

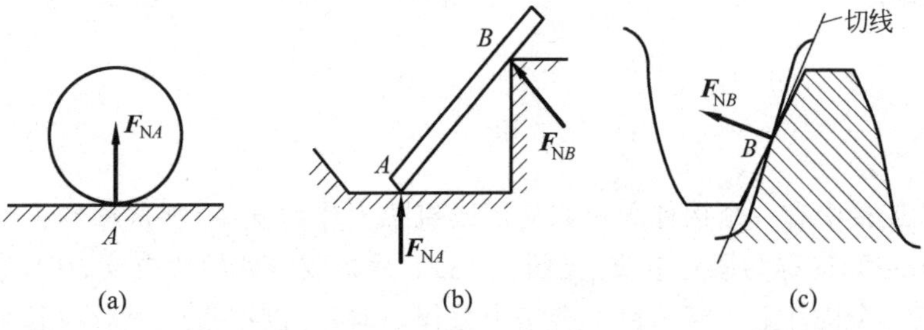

图　1.9

这类约束阻碍物体沿接触面公法线方向运动。因此，光滑接触面对物体的约束反力作用在接触点，方向沿接触面公法线指向物体，通常用 $\boldsymbol{F}_{\mathrm{N}}$ 表示。

2. 柔体约束

细绳吊住重物（见图 1.10(a)），由于柔软的绳索本身只能承受拉力（见图 1.10(b)），所以它给物体的约束反力只可能是拉力（见图 1.10(c)）。因此，绳索对物体的约束反力作用在接触点，方向沿着绳索背离物体。通常用 $\boldsymbol{F}_{\mathrm{T}}$ 表示这类约束反力。

链条或运输皮带也都只能承受拉力。当它们绕在轮子上时，对轮子的约束反力沿轮缘的切线方向（见图 1.11）。

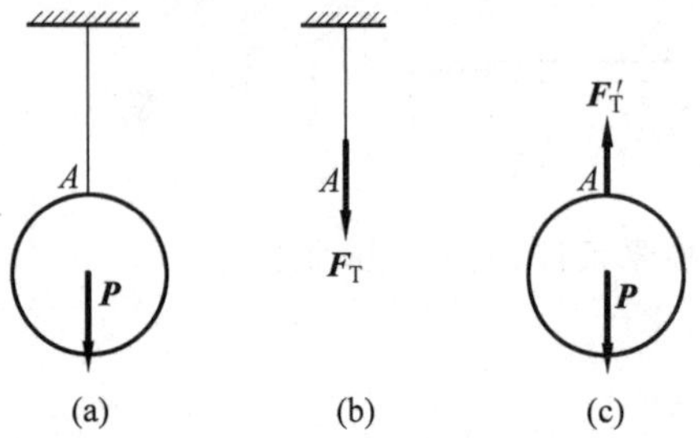

图 1.10

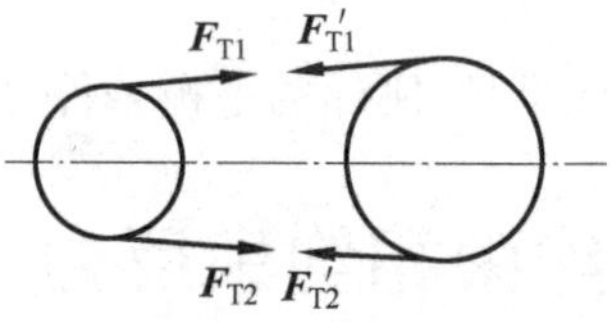

图 1.11

3. 光滑铰链约束

圆柱铰链（hinge）是由圆柱**销钉**（pin）将两个带相同孔洞的构件连接在一起而成，简称为**铰链**（见图 1.12(a)）。圆柱铰链的简易画法如图 1.12(b)所示。销钉与孔洞之间可以认为是光滑接触面约束，销钉对构件的约束反力应沿接触点的公法线方向且通过孔洞中心。接触点的位置由主动力决定，通常不能预先确定，所以可以用一对正交分力 $\boldsymbol{F}_{Ax}$ 和 $\boldsymbol{F}_{Ay}$ 表示（见图 1.12(c)），指向通常假设沿坐标轴正向。

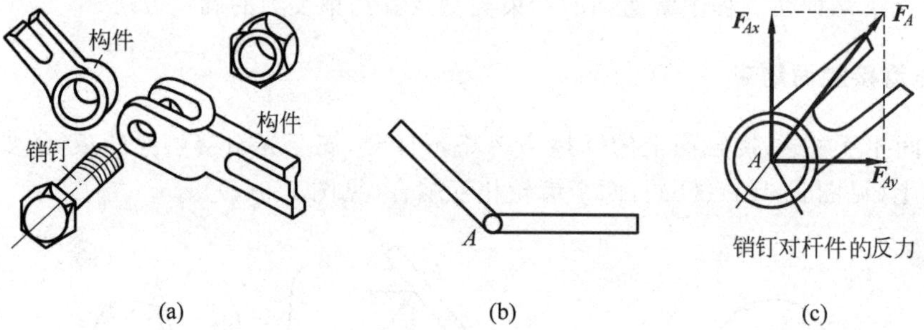

图 1.12

如果铰链连接中有一个构件固定在地面或机架上作为支座，则这种约束称为**固定铰链支座**（fixed hinge），简称为固定铰支（见图 1.13）。分析铰链处的约束反力时，通常把销钉固连在其中任意一个构件上。当销钉上有集中力作用时，可以把集中力放在其中任意一个构件上来分析。

图 1.14 所示为向心轴承，只允许转轴沿轴线方向微小移动，因此，对转轴的约束反力可以看作与固定铰链支座相同。

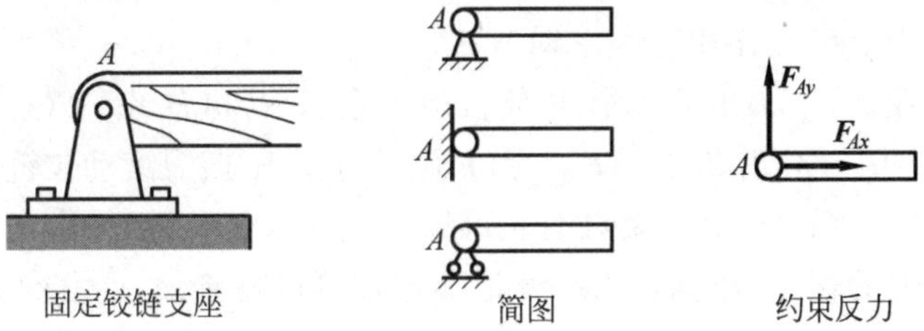

图　1.13

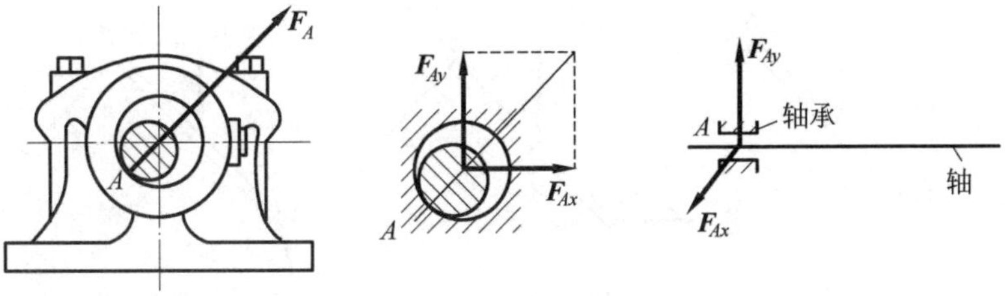

图　1.14

4. 滚动铰链支座

在铰链支座与光滑支承面之间用几个滚柱连接，就构成**滚动铰链支座**(roller)(见图 1.15)，简称为滚动支座。滚动铰链支座可以沿支承面移动，允许结构跨度在温度等因素作用下自由伸缩。桥梁、屋架等结构中经常采用滚动支座。其约束性质类似于光滑接触面约束，其约束反力必沿支承面法线方向，但指向未定。

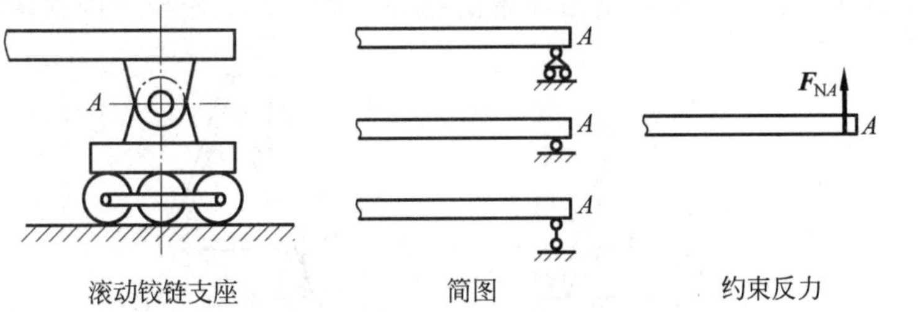

图　1.15

1.4　物体的受力分析和受力图

静力学研究刚体在力系作用下的平衡问题。首先要确定研究对象，分析物体受了几个力、每个力的作用点和作用线，即进行受力分析。为把研究对象的受力情况清晰地表示出来，要将研究对象和周围约束分开进行受力分析，并单独画出简图，这样的图称为**受力图**(free body diagram)。

例 1.1　图 1.16(a)所示简支梁 AB 的自重不计，试画出 AB 梁的受力图。

例 1.1 精讲

解 (1) 取 AB 梁为研究对象(即取分离体),并单独画出其简图。

(2) 分析主动力。C 点作用有一主动力 $\boldsymbol{F}$。

(3) 分析约束反力。AB 梁与周围物体接触点在 A 点和 B 点。A 点为固定铰链,方向不能预先确定,反力用一对正交分力 $\boldsymbol{F}_{Ax}$ 和 $\boldsymbol{F}_{Ay}$ 表示。B 点为滚动铰链,约束反力 $\boldsymbol{F}_{\mathrm{N}B}$ 垂直于支承面,如图 1.16(b)所示。受力图还可以如图 1.16(c)所示,由于 A 点作用一个力,AB 梁受到了三个力的作用,根据三力平衡汇交定理可以确定 A 点力的方向,$\boldsymbol{F}_A$ 的作用线必然通过 $\boldsymbol{F}$ 与 $\boldsymbol{F}_{\mathrm{N}B}$ 的汇交点 D。

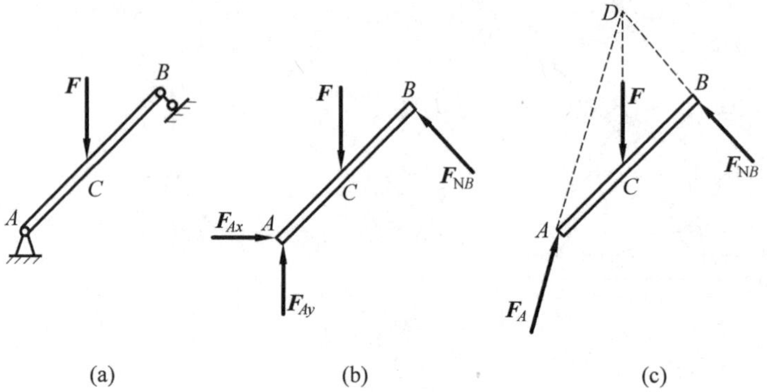

图 1.16

例 1.2 图 1.17(a)所示结构,不考虑构件自重,试画出整体及结构中各个构件的受力图。

解 (1) 取整体为研究对象,先分析主动力,在 H 点有一主动力 $\boldsymbol{F}$;然后分析约束反力,整体与周围约束的接触点为 B、C 两点,均为光滑接触面约束,约束反力垂直于支承面(见图 1.17(b))指向受力物体。

(2) 构件的分析顺序通常从受力简单的构件开始。DE 杆与周围物体接触点有 D、E

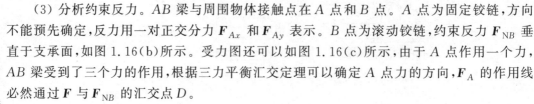

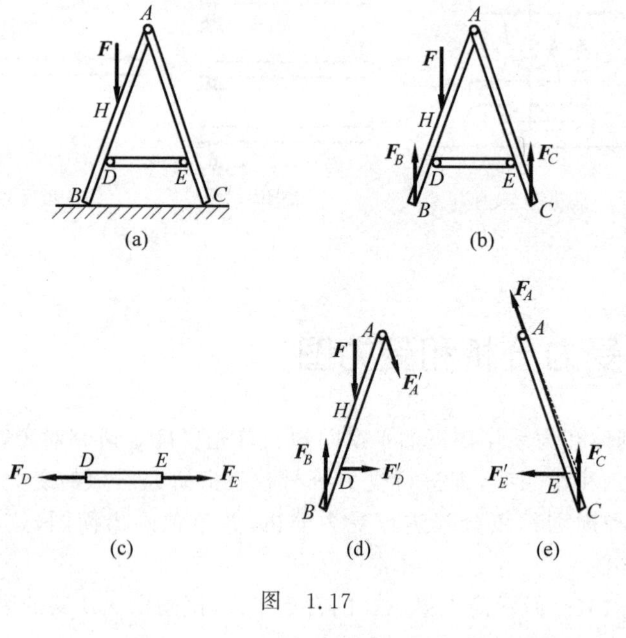

图 1.17

两点，约束均为圆柱铰链，由于在两个力作用下而平衡，因此为二力构件，D、E 两点反力的方向可以确定，大小相等、方向相反。AC 杆与周围物体有 A、E、C 三个接触点，C 点为光滑接触面约束，反力垂直于支承面向上，E 点受到 DE 杆的作用力 $\boldsymbol{F}'_E$，与 $\boldsymbol{F}_E$ 互为作用力和反作用力，A 点为铰链约束，反力为 $\boldsymbol{F}_A$，其方向可由 AC 杆三力平衡汇交定理确定；AB 杆在 H 点作用主动力 $\boldsymbol{F}$，与周围物体有 A、B、D 三个接触点，B 点为光滑接触面约束，反力垂直于支承面向上，D 点受到 DE 杆的作用力 $\boldsymbol{F}'_D$，与 $\boldsymbol{F}_D$ 互为作用力和反作用力，A 点为铰链约束，反力为 $\boldsymbol{F}'_A$，与 $\boldsymbol{F}_A$ 互为作用力与反作用力。

例 1.3　图 1.18(a)所示结构，不考虑构件自重，力 $\boldsymbol{F}_2$ 作用在销钉 C 上，试画出整体及结构中各个构件的受力图。

解　(1) 取 BC 为研究对象，BC 为二力构件，可以假设 B、C 两点受到拉力的作用，受力如图 1.18(b)所示。

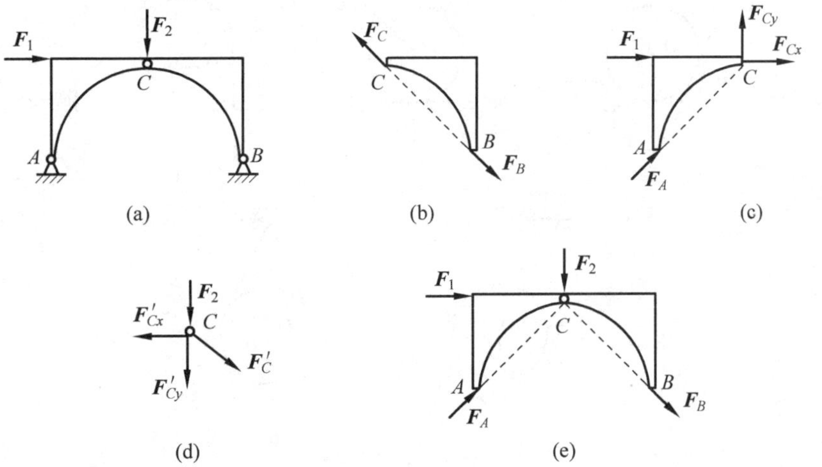

图　1.18

(2) 取 AC 为研究对象，AC 为三力构件，力作用线汇交于 C 点。A 点处约束反力作用线沿 AC 方向，可假设为斜向上；C 处约束反力方向不确定，可以假设为 $\boldsymbol{F}_{Cx}$、$\boldsymbol{F}_{Cy}$，如图 1.18(c)所示。

(3) 取销钉 C 为研究对象，C 除受主动力 $\boldsymbol{F}_2$ 之外，还分别受到 AC 和 BC 对它的反作用力，如图 1.18(d)所示。

(4) 取整体为研究对象，除了原有的主动力 $\boldsymbol{F}_1$、$\boldsymbol{F}_2$，只需画出 A、B 处的约束反力。构件间 C 点处的相互作用力属于内力，不必画出，如图 1.18(e)所示。

正确地画出物体的受力图，是分析、解决力学问题的基础。画受力图时必须注意以下几点：

(1) 复杂系统的单个构件分析，应从受力简单的构件开始。如有二力构件或三力构件，应先画该构件的受力图。

(2) 确定研究对象，取分离体(自由体)，通常先画主动力，再在约束作用点处画上约束反力。

需要强调指出的是，物体的受力图上不能再带有其周围约束。根据受力图(free body diagram)的定义，此时物体已被取为自由体(free body)或分离体，其周围约束自然已被去

内力和外力

除。实际上,根据力学等效原理,在物体受力图上我们已经用约束反力表征和替代了被去除的约束对物体的作用。

(3) 分析两物体间相互的作用力时,应遵循作用力与反作用力定律。当画整体的受力图时,构件间连接点处的相互作用力属于内力,不必画出,只需画出全部外力。

(4) 力的表示要注意区别,同一符号表示相同的力。

(5) 整体和局部要统一,整体与局部上同一个点处同样的力,符号要相同。

习题

1.1 试画出以下各图中圆柱或圆盘的受力图,与其他物体接触处的摩擦力均略去。

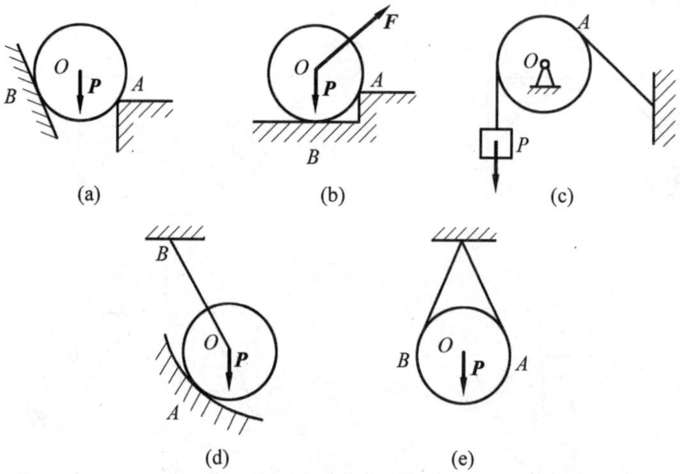

习题 1.1 图

1.2 试画出以下各图中 AB 杆的受力图,除图中标注外,其他不考虑自重。

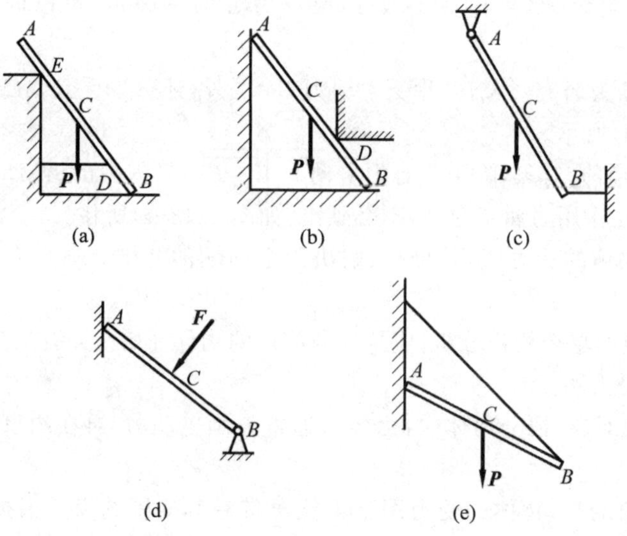

习题 1.2 图

1.3 试画出以下各图中 AB 梁的受力图，除图中标注外，其他不考虑自重。

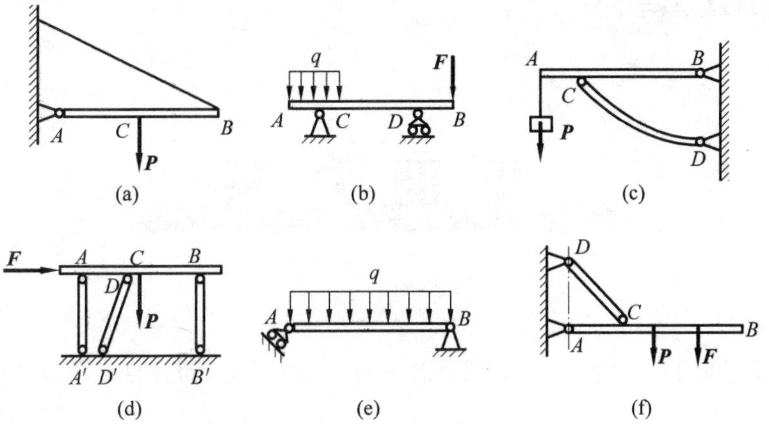

习题 1.3 图

1.4 试画出以下结构中各构件的受力图，除图中标注外，其他不考虑自重。

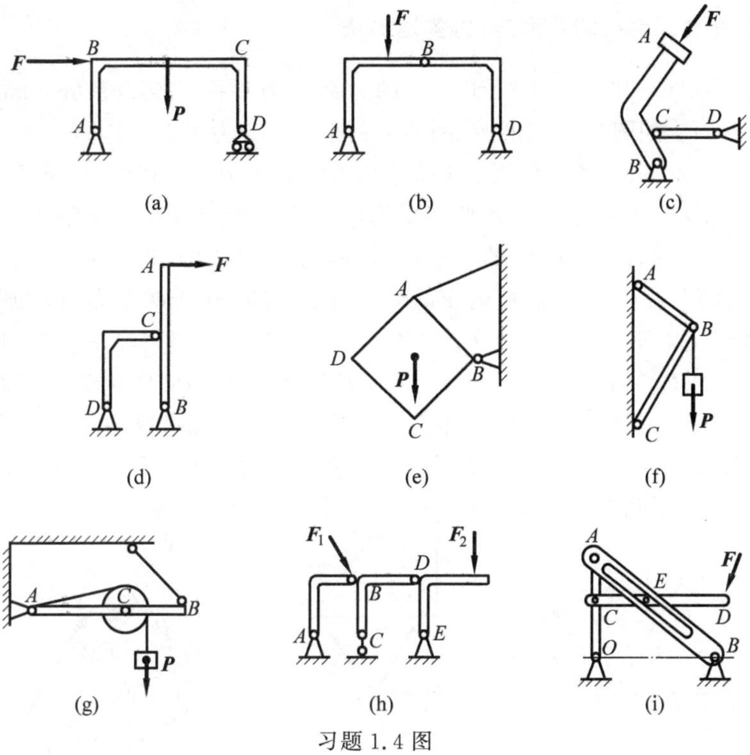

习题 1.4 图

第2章

平面力系

本章介绍平面汇交力系、平面力偶系及平面任意力系，并研究这三种力系的合成与平衡问题。

2.1 平面汇交力系合成与平衡的几何法

1. 平面汇交力系合成的几何法(力多边形法)

各力作用线在同一平面且汇交于一点的力系称为**平面汇交力系**(coplanar system of concurrent forces)。如图 2.1(a)所示，刚体受到平面汇交力系 $\boldsymbol{F}_1$、$\boldsymbol{F}_2$、$\boldsymbol{F}_3$、$\boldsymbol{F}_4$ 的作用，作用点分别为 A_1、A_2、A_3、A_4，各力作用线汇交于点 O。根据力的可传性，可将各力沿其作用线移至汇交点 O，如图 2.1(b)所示。求此力系的合力，可连续使用三角形法则，逐步两两合成各力，最后求得一个通过汇交点 O 的合力 $\boldsymbol{F}_{\mathrm{R}}$。具体做法如图 2.1(c)所示，$\boldsymbol{F}_1$ 在 O 点不动，平行移动 $\boldsymbol{F}_2$ 使两个力首尾相接，此时 $\boldsymbol{F}_{\mathrm{R1}}=\boldsymbol{F}_1+\boldsymbol{F}_2$，$OB$ 代表两个力的合力大小和方向；接着平行移动 $\boldsymbol{F}_3$，得到 OC 边，代表 $\boldsymbol{F}_{\mathrm{R2}}=\boldsymbol{F}_{\mathrm{R1}}+\boldsymbol{F}_3$；最后平行移动 $\boldsymbol{F}_4$，得到 OD 边，代表平面汇交力系合力 $\boldsymbol{F}_{\mathrm{R}}=\boldsymbol{F}_{\mathrm{R2}}+\boldsymbol{F}_4=\boldsymbol{F}_1+\boldsymbol{F}_2+\boldsymbol{F}_3+\boldsymbol{F}_4$。$OABCD$ 称为此平面汇交力系的力多边形。合成时平行移动各分力，使各分力首尾相接。由此组成的力多边形有一缺口，而合力则应沿相反方向封闭此缺口，构成力多边形的封闭边。平行移动各分力时可任意变换各分力的作图次序，得到形状不同的力多边形，但其合力仍然不变。

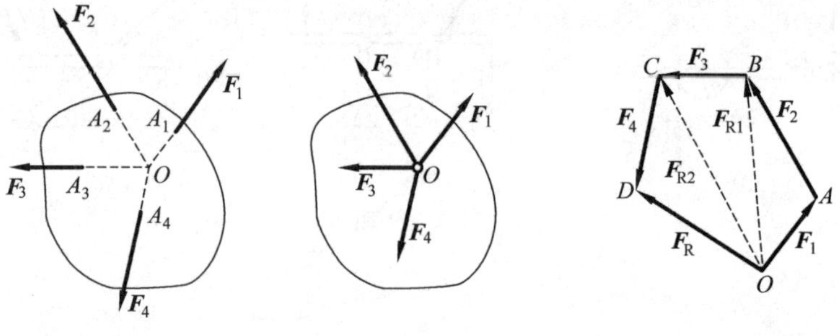

(a) (b) (c)

图 2.1

平面汇交力系可简化为一合力，合力的作用线通过汇交点，其合力等于各分力的矢量

和，即

$$\boldsymbol{F}_R=\boldsymbol{F}_1+\boldsymbol{F}_2+\cdots+\boldsymbol{F}_n=\sum_{i=1}^{n}\boldsymbol{F}_i \tag{2.1}$$

合力 $\boldsymbol{F}_R$ 对刚体的作用与原力系平面汇交力系 $\boldsymbol{F}_1$，$\boldsymbol{F}_2$，…，$\boldsymbol{F}_n$ 对刚体的作用等效。

2. 平面汇交力系平衡的几何条件

平面汇交力系平衡的充要条件是：该力系的合力等于零。用矢量方程表示为

$$\sum_{i=1}^{n}\boldsymbol{F}_i=\boldsymbol{0} \tag{2.2}$$

平面汇交力系平衡，则其力多边形终点与起点重合，没有缺口，力多边形自行封闭。这就是平面汇交力系平衡的几何条件。

用几何法求解平面汇交力系的平衡问题时，可按比例先画出封闭的力多边形，然后用尺和量角器在图上量得所要求的未知量；也可根据图形的几何关系求出未知量。

例 2.1　如图 2.2(a)所示，用钢丝绳起吊一钢梁，钢梁重量 $P=6$ kN，$\theta=30°$，试求平衡时钢丝绳的约束反力。

解　取钢梁为研究对象。主动力：钢梁重力 $\boldsymbol{P}$，钢绳约束反力 $\boldsymbol{F}_{T1}$ 和 $\boldsymbol{F}_{T2}$。三力汇交于 O 点，受力如图 2.2(a)所示。

首先选择力的比例尺，1 cm 长度代表 2 kN，作力多边形。重力 $\boldsymbol{P}$ 的矢量不移动，平行移动 $\boldsymbol{F}_{T1}$ 和 $\boldsymbol{F}_{T2}$，使三个力首尾相接，形成封闭的三角形(见图 2.2(b))。

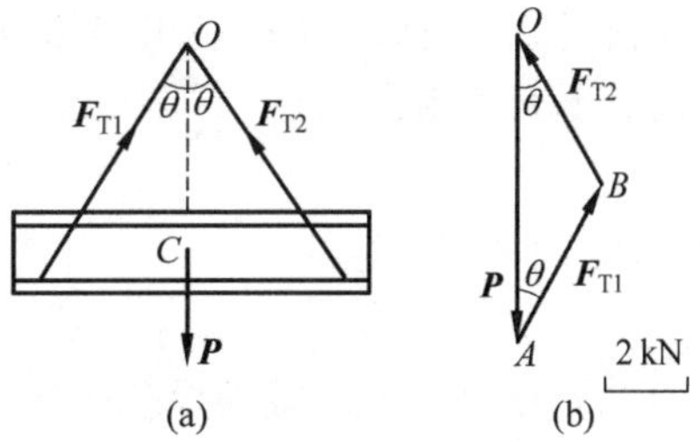

图　2.2

按比例尺量得 $\boldsymbol{F}_{T1}$ 和 $\boldsymbol{F}_{T2}$ 的长度为

$$AB=1.73\ \text{cm},BO=1.73\ \text{cm}$$

即

$$F_{T1}=1.73\times 2\ \text{kN}=3.46\ \text{kN}$$

$$F_{T2}=1.73\times 2\ \text{kN}=3.46\ \text{kN}$$

从力三角形可以看到，在重力 $\boldsymbol{P}$ 不变的情况下，钢丝绳的约束反力随角 θ 的增加而加大。因此，起吊重物时应将钢丝绳放长一些，以减小其受力，使其不致被拉断。

几何法解题的步骤如下：

(1) 确定研究对象。选取结构整体或结构中的局部作为研究对象，并画出简图。

(2) 分析受力，画受力图。在研究对象上，画出它所受的主动力和未知力(包括约束反力)。

(3) 作力多边形或作力三角形。选择适当的比例尺，作出该力系的力多边形。根据各力必须首尾相接和封闭的特点，就可以确定未知力的指向。

(4) 求出未知量。用比例尺和量角器在图上量出未知量，或者利用几何关系计算出来。

2.2　平面汇交力系合成与平衡的解析法

解析法是把力向坐标轴投影，通过计算各力的投影来分析力系的合成及其平衡条件。

1. 力在正交坐标轴的投影与力的解析表达式

从力的矢量两端向轴作垂线，得到力的投影，力 $\boldsymbol{F}$ 在 x、y 轴上的投影分别为

$$\left.\begin{aligned} F_x &= F\cos\alpha = F\sin\beta \\ F_y &= F\cos\beta = F\sin\alpha \end{aligned}\right\} \tag{2.3}$$

力在轴上的投影为代数量，当力的投影方向与轴正向一致，其值为正，反之为负（见图 2.3）。

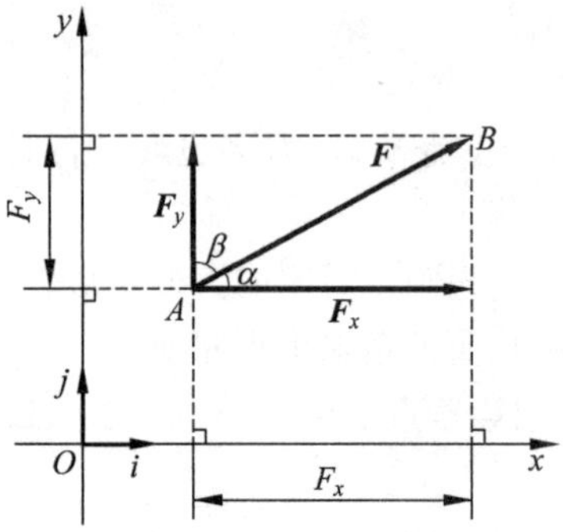

图 2.3

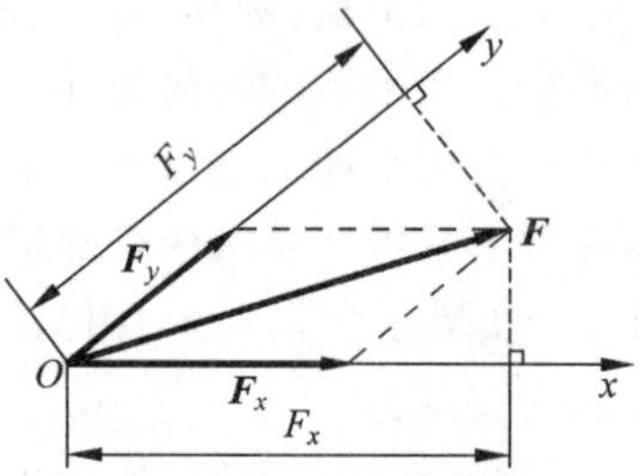

图 2.4

由图 2.3 可知，力 $\boldsymbol{F}$ 沿正交轴 Ox、Oy 可分解为两个分力 $\boldsymbol{F}_x$ 和 $\boldsymbol{F}_y$，其分力与力的投影之间有下列关系：

$$\boldsymbol{F}_x = F_x\boldsymbol{i},\ \boldsymbol{F}_y = F_y\boldsymbol{j}$$

由此，力的解析表达式为

$$\boldsymbol{F} = F_x\boldsymbol{i} + F_y\boldsymbol{j} \tag{2.4}$$

其中 $\boldsymbol{i}$、$\boldsymbol{j}$ 分别为 x、y 轴的单位矢量，即基矢量。

显然，当已知力 $\boldsymbol{F}$ 在平面内两个正交轴上的投影 F_x 和 F_y 时，该力矢的大小和方向余弦分别为

$$F = \sqrt{F_x^2 + F_y^2},\cos(\boldsymbol{F},\boldsymbol{i}) = \frac{F_x}{F},\cos(\boldsymbol{F},\boldsymbol{j}) = \frac{F_y}{F} \tag{2.5}$$

必须注意，力在轴上的投影 F_x、F_y 为代数量，而力沿轴的分量 $\boldsymbol{F}_x = F_x\boldsymbol{i}$ 和 $\boldsymbol{F}_y = F_y\boldsymbol{j}$ 为矢量，二者不可混淆。当 Ox、Oy 两轴不相互垂直时，力沿两轴的分力 $\boldsymbol{F}_x$、$\boldsymbol{F}_y$ 在数值上也不等于力在两轴上的投影 F_x、F_y，而是满足平行四边形法则，如图 2.4 所示。

2. 平面汇交力系合成的解析法

设由 n 个力组成的平面汇交力系作用于一个刚体上，以汇交点 O 作为坐标原点，建立直角坐标系 Oxy（见图 2.5(a)）。根据式(2.5)，可得此汇交力系的合力 $\boldsymbol{F}_R$ 的解析表达式为

$$\boldsymbol{F}_R = F_{Rx}\boldsymbol{i} + F_{Ry}\boldsymbol{j} \tag{2.6}$$

式中，F_{Rx}、F_{Ry} 分别为合力 $\boldsymbol{F}_R$ 在 x、y 轴上的投影（见图 2.5(b)）。

根据合力投影定理可知，合力在某一轴上的投影等于各分矢量在同一轴上投影的代数和，将式(2.1)向 x、y 轴投影，可得

$$\left.\begin{aligned} F_{Rx} &= F_{1x} + F_{2x} + \cdots + F_{nx} = \sum_{i=1}^{n} F_{ix} \\ F_{Ry} &= F_{1y} + F_{2y} + \cdots + F_{ny} = \sum_{i=1}^{n} F_{iy} \end{aligned}\right\} \tag{2.7}$$

其中 F_{1x} 和 F_{1y},F_{2x} 和 F_{2y},…,F_{nx} 和 F_{ny} 分别为各分力在 x、y 轴上的投影。

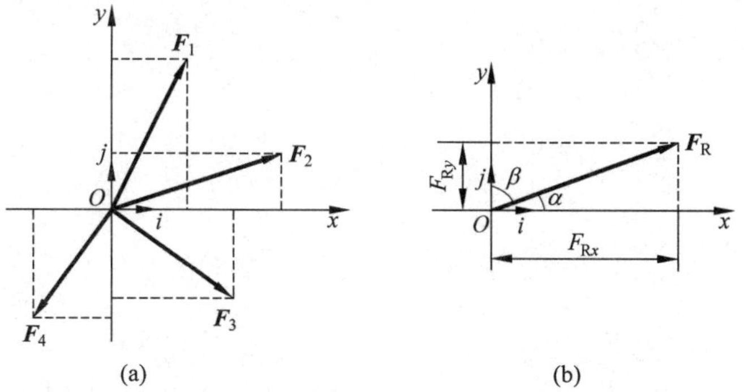

图 2.5

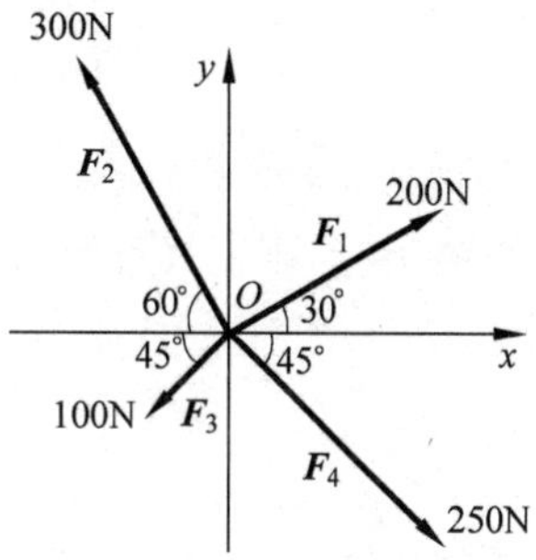

图 2.6

根据式(2.6)可求得合力矢的大小和方向余弦为

$$F_R = \sqrt{F_{Rx}^2 + F_{Ry}^2} = \sqrt{\left(\sum_{i=1}^{n} F_{ix}\right)^2 + \left(\sum_{i=1}^{n} F_{iy}\right)^2}$$

$$\cos(\boldsymbol{F}, \boldsymbol{i}) = \frac{F_{Rx}}{F_R}, \cos(\boldsymbol{F}, \boldsymbol{j}) = \frac{F_{Ry}}{F_R} \tag{2.8}$$

例 2.2 求图 2.6 所示平面汇交力系的合力。

解 由式(2.7)和式(2.8)计算,得

$$\begin{aligned} F_{Rx} &= \sum_{i=1}^{4} F_{ix} = F_1\cos30^\circ - F_2\cos60^\circ - F_3\cos45^\circ + F_4\cos45^\circ \\ &= (200\cos30^\circ - 300\cos60^\circ - 100\cos45^\circ + 250\cos45^\circ)\ \text{N} \\ &= 129.3\ \text{N} \end{aligned}$$

$$\begin{aligned} F_{Ry} &= \sum_{i=1}^{4} F_{iy} = F_1\cos60^\circ + F_2\cos30^\circ - F_3\cos45^\circ - F_4\cos45^\circ \\ &= (200\cos60^\circ + 300\cos30^\circ - 100\cos45^\circ - 250\cos45^\circ)\ \text{N} \\ &= 112.3\ \text{N} \end{aligned}$$

$$F_R = \sqrt{F_{Rx}^2 + F_{Ry}^2} = \sqrt{129.3^2 + 112.3^2}\ \text{N} = 171.3\ \text{N}$$

$$\cos\alpha = \frac{F_{Rx}}{F_R} = \frac{129.3}{171.3} = 0.7548, \cos\beta = \frac{F_{Ry}}{F_R} = \frac{112.3}{171.3} = 0.6556$$

则合力 $\boldsymbol{F}_R$ 与 x、y 轴的夹角分别为

$$\alpha = 40.99^\circ,\ \beta = 49.01^\circ$$

合力 $\boldsymbol{F}_R$ 的作用线通过汇交点 O。

3. 平面汇交力系的平衡方程

平面汇交力系平衡的充要条件是：该力系的合力 $\boldsymbol{F}_{R}$ 等于零。由式(2.8)得

$$F_{R}=\sqrt{F_{Rx}^{2}+F_{Ry}^{2}}=0$$

欲使上式成立,必须同时满足 $F_{Rx}=0$ 和 $F_{Ry}=0$。根据式(2.7)可得

$$\left.\begin{aligned}\sum_{i=1}^{n}F_{ix}&=0\\\sum_{i=1}^{n}F_{iy}&=0\end{aligned}\right\}$$

如果省略下标,则上式可简写为

$$\left.\begin{aligned}\sum F_{x}&=0\\\sum F_{y}&=0\end{aligned}\right\}\tag{2.9}$$

于是可得平面汇交力系平衡的充要条件是:各力在两个直角坐标轴上投影的代数和分别等于零。式(2.9)称为平面汇交力系的**平衡方程**(equations of equilibrium)。这是两个独立的方程,可以求解两个未知量。

下面举例说明平面汇交力系平衡方程的实际应用。

例 2.3 如图 2.7(a)所示,重物重 $P=20$ kN,用钢丝绳挂在支架的滑轮 B 上,钢丝绳的另一端缠绕在绞车 D 上。杆 AB 与 BC 铰接,并分别以铰链 A、C 与墙连接。如两杆和滑轮的自重不计,并忽略摩擦和滑轮的大小,试求平衡时杆 AB 和 BC 所受的力。

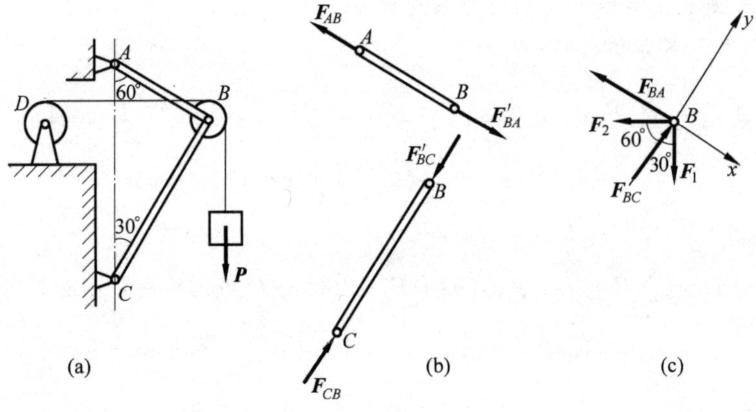

图 2.7

解 (1) 确定研究对象。由于 AB、BC 两杆都是二力杆,假设杆 AB 受拉力、杆 BC 受压力(见图 2.7(b))。为了求出这两个未知力,可通过求两杆对滑轮的约束反力实现,因此选取滑轮 B 为研究对象。

(2) 画受力图。滑轮受到钢丝绳的拉力为 $\boldsymbol{F}_1$ 和 $\boldsymbol{F}_2$,且大小与 $\boldsymbol{P}$ 相等。此外杆 AB 和 BC 对滑轮的约束反力为 $\boldsymbol{F}_{BA}$ 和 $\boldsymbol{F}_{BC}$。由于滑轮的大小可忽略不计,看成一个点,故这些力可看作汇交力系(见图 2.7(c))。

(3) 列平衡方程。选取坐标轴如图 2.7(c)所示。为使每个未知力只在一个轴上有投影,在另一轴上的投影为零,坐标轴应尽量取在与未知力作用线垂直的方向。这样在一个平衡方程中只有一个未知数,不必联立方程组求解,即

$$\sum F_x = 0, -F_{BA} + F_1\cos60° - F_2\cos30° = 0 \tag{a}$$

$$\sum F_y = 0, F_{BC} - F_1\cos30° - F_2\cos60° = 0 \tag{b}$$

(4) 求解方程。

由式(a)得

$$F_{BA} = -0.366P = -7.321\ \text{kN}$$

由式(b)得

$$F_{BC} = 1.366P = 27.32\ \text{kN}$$

所求结果,F_{BC} 为正值,表明该力的假设方向与实际方向相同,即杆 BC 受压;F_{AB} 为负值,表明该力的假设方向与实际方向相反,即杆 AB 也受压力。

2.3　平面力对点之矩

力对刚体作用产生运动效应使刚体的运动状态发生改变(包括移动与转动)。其中力对刚体的移动效应可用力矢来度量,而力对刚体的转动效应可用力对点的矩(简称**力矩**)(moment of force about a point)来度量,力矩是度量力对刚体转动效应的物理量。

1. 力对点之矩

如图 2.8 所示,平面上作用一力 $\boldsymbol{F}$,在同平面内任取一点 O,点 O 称为**矩心**(center of moment),点 O 到力的作用线的垂直距离 d 称为**力臂**(moment arm)。在平面问题中,对于力对点的矩只需要考虑力矩的大小和方向,因此力矩是代数量,其定义如下:力矩的大小等于力的大小与力臂的乘积,规定力矩使物体绕矩心逆时针转向转动时为正,反之为负。力矩单位为N·m 或 kN·m。

力 $\boldsymbol{F}$ 对于点 O 的矩以记号 $M_O(\boldsymbol{F})$表示,计算公式为

$$M_O(\boldsymbol{F}) = \pm Fd \tag{2.10}$$

不难看出,力 $\boldsymbol{F}$ 对点 O 的矩的大小也可用$\triangle OAB$ 面积的两倍表示,即

$$M_O(\boldsymbol{F}) = \pm 2S_{\triangle OAB}$$

显然,当力作用线通过矩心,即力臂等于零时,对矩心没有转动效应,这时力矩等于零。

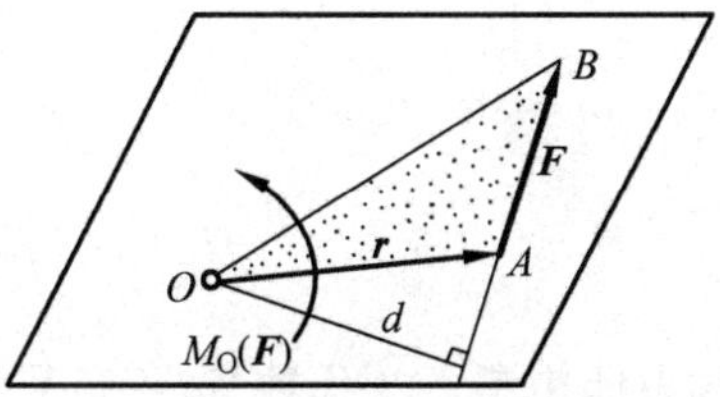

图　2.8

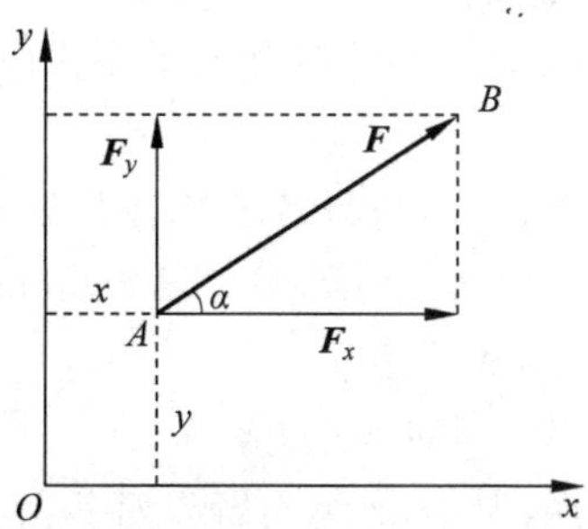

图　2.9

2. **合力矩定理(theorem of moment of resultant force)与力矩的解析表达式**

合力矩定理：平面汇交力系的合力对于作用面内任意一点的力矩等于各分力对该点的力矩的代数和。用公式表示为

$$M_O(\boldsymbol{F}_R)=M_O(\boldsymbol{F}_1)+M_O(\boldsymbol{F}_2)+\cdots+M_O(\boldsymbol{F}_n)=\sum_{i=1}^{n}M_O(\boldsymbol{F}_i) \tag{2.11}$$

按力系等效原理，式(2.11)易于理解，且该式适用于任何有合力存在的力系。

如图2.9所示，已知力$\boldsymbol{F}$，作用点$A(x,y)$及其夹角α，欲求力$\boldsymbol{F}$对坐标原点O之矩。由合力矩定理即式(2.11)，可以通过其分力$\boldsymbol{F}_x$与$\boldsymbol{F}_y$对点O之矩得到，即

$$M_O(\boldsymbol{F})=M_O(\boldsymbol{F}_x)+M_O(\boldsymbol{F}_y)=xF\sin\alpha-yF\cos\alpha$$

或

$$M_O(\boldsymbol{F})=xF_y-yF_x \tag{2.12}$$

式(2.12)为平面内力矩的解析表达式。其中x、y为力$\boldsymbol{F}$作用点A的坐标，F_x、F_y为力$\boldsymbol{F}$在x、y轴的投影，计算时用它们的代数值代入。

例2.4 计算力$\boldsymbol{F}$对平面上点O的矩，如图2.10所示。

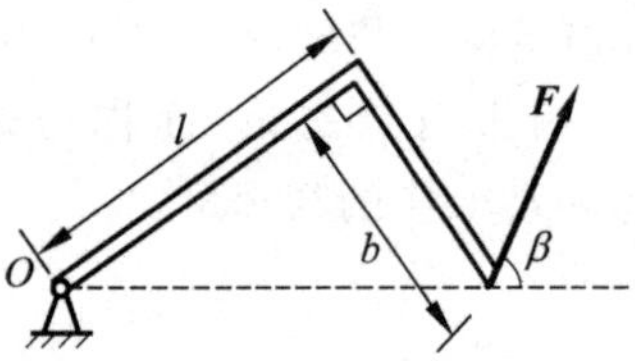

图 2.10

解 解法一：按照力矩的定义计算。

$$M_O(\boldsymbol{F})=Fd=F\sqrt{l^2+b^2}\sin\beta$$

解法二：把力$\boldsymbol{F}$看成一合力，将其分解成$\boldsymbol{F}_x$、$\boldsymbol{F}_y$，然后利用合力矩定理计算。

$$M_O(\boldsymbol{F})=M_O(\boldsymbol{F}_x)+M_O(\boldsymbol{F}_y)=F\sqrt{l^2+b^2}\sin\beta$$

2.4 平面力偶系

1. 力偶与力偶矩

由两个大小相等、方向相反且不共线的平行力组成的力系称为**力偶**(couple)。汽车司机用双手转动驾驶盘的力(见图2.11(a))、电动机的定子磁场对转子作用的电磁力(见图2.11(b))均为力偶，用$(\boldsymbol{F},\boldsymbol{F}')$表示。力偶对刚体产生转动效应。力偶的两力之间的垂直距离d称为**力偶臂**(arm of couple)，力偶所在的平面称为力偶的作用面。

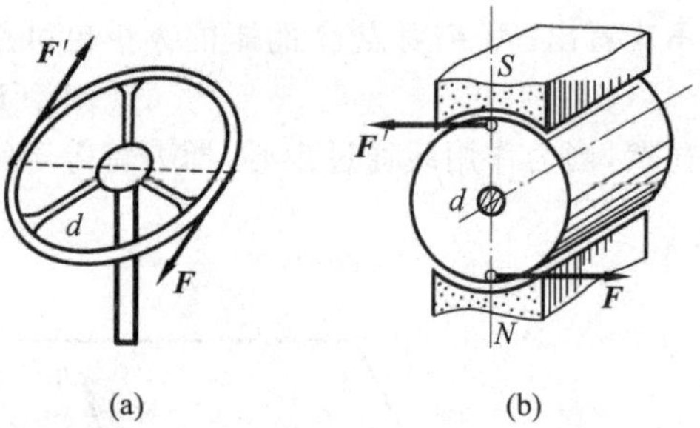

图 2.11

力偶没有合力，它只改变物体的转动状态。力偶对物体的转动效应可用**力偶矩**(moment of couple)来度量，表示为

$$M=\pm Fd \tag{2.13}$$

式中，F为力的大小，d为力臂。对平面力偶而言，力偶矩是一个代数量，正负号表示力偶的转向：以逆时针转向为正，顺时针转向为负。力偶矩的单位与力矩单位相同，为N·m或

kN·m。

2. 力偶的性质

(1) 力偶可以在其作用面内任意移动，而不改变它对刚体的转动效应。

如图 2.12 所示，将力偶对平面上任一点 O 取矩，O 点到力 $\boldsymbol{F}'$ 的距离为 b，则力偶中两个力对 O 的矩之和为

$$M_O(\boldsymbol{F},\boldsymbol{F}') = -Fb + F(b+d) = Fd \tag{2.14}$$

由此可知，力偶对其作用面上任一点的矩等于力偶矩，与矩心 O 的位置无关，因此力偶可以在其作用面上任意移动，效应不变。

(2) 只要力偶矩 M 的大小和转向不变，可以同时改变力的大小和力臂长短，而不改变力偶对刚体的转动效应。

如图 2.13 所示，图中三对力偶，由于力偶矩相同，因此它们等效。

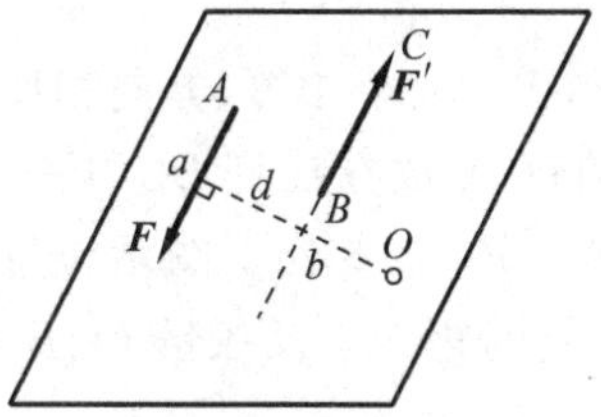

图 2.12

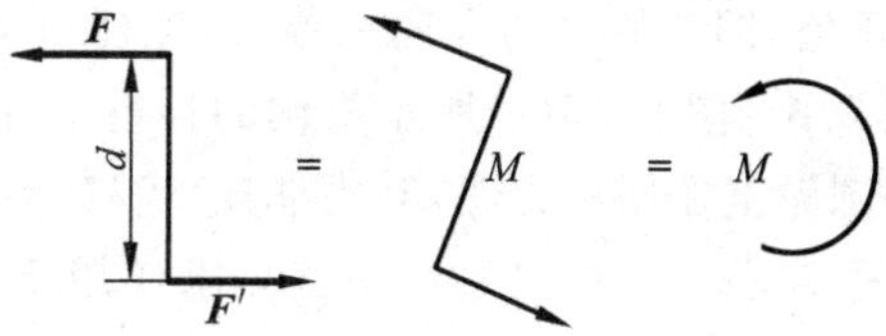

图 2.13

(3) 力偶没有合力，也就不能用一个力来等效替换或平衡。力偶可以改变刚体的转动效应，因此，力偶只能用力偶来平衡。

由此可见，力偶的臂和力的大小都不是力偶的特征量，只有力偶矩是力偶作用的唯一度量。后文常用图 2.13 所示的符号表示力偶。M 为力偶的矩。

3. 平面力偶系的合成和平衡条件

1) 平面力偶系的合成

力偶可以在其作用面上任意移动，而不改变对刚体的作用效应。力偶矩是力偶对刚体作用效应的唯一度量。平面力偶使刚体逆时针(正力偶矩)或顺时针(负力偶矩)转动，因此平面力偶系可以合成为一个合力偶，合力偶矩等于各个力偶矩的代数和，可写为

$$M = \sum_{i=1}^{n} M_i \tag{2.15}$$

2) 平面力偶系的平衡条件

由合成结果可知，力偶系平衡时，其合力偶的矩等于零。因此，平面力偶系平衡的充要条件是：所有各力偶矩的代数和等于零，即

$$\sum_{i=1}^{n} M_i = 0 \tag{2.16}$$

例 2.5 如图 2.14 所示的工件上作用有三个力偶。已知三个力偶的矩分别为 $M_1 = M_2 = 10\ \text{N}\cdot\text{m}$，$M_3 = 20\ \text{N}\cdot\text{m}$；固定螺柱 A 和 B 的距离 $l = 200\ \text{mm}$。求两个光滑螺柱所

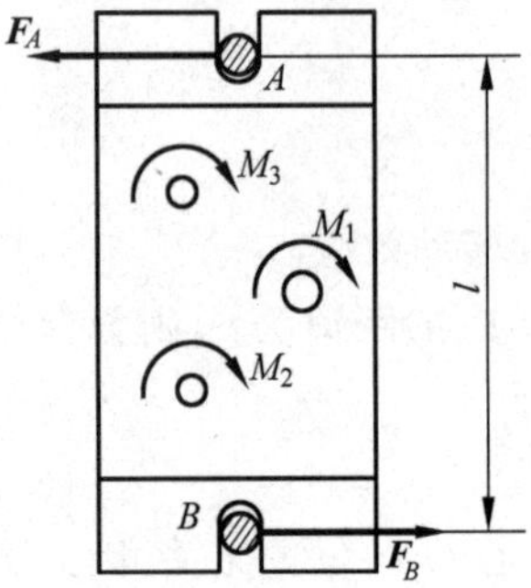

图 2.14

受的水平力。

解 选工件为研究对象。工件在水平面内受三个力偶和两个螺柱的水平反力的作用。根据力偶系的合成定理，三个力偶合成后仍为一力偶，如果工件平衡，必有一反力偶与它平衡。因此螺柱 A 和 B 的水平反力 $\boldsymbol{F}_A$ 和 $\boldsymbol{F}_B$ 必组成一力偶，它们的方向假设如图 2.14 所示，则 $F_A=F_B$。由力偶系的平衡条件有

$$\sum M=0, F_A l-M_1-M_2-M_3=0$$

得

$$F_A=\frac{M_1+M_2+M_3}{l}$$

代入已给数值后，得

$$F_A=200\ \mathrm{N}$$

F_A 是正值，即与假设的方向一致，而螺柱 B 所受的力 $\boldsymbol{F}_B$ 与 $\boldsymbol{F}_A$ 大小相等、方向相反。

例 2.6 图 2.15(a)所示机构的自重不计。圆轮上的销钉 A 放在摇杆 BC 上的光滑导槽内。圆轮上作用一力偶，其力偶矩为 $M_1=2\ \mathrm{kN\cdot m}$，$OA=r=0.5\ \mathrm{m}$。图示位置时 OA 与 OB 垂直，$\alpha=30°$，且系统平衡。求作用于摇杆 BC 上力偶的矩 M_2 及铰链 O、B 处的约束反力。

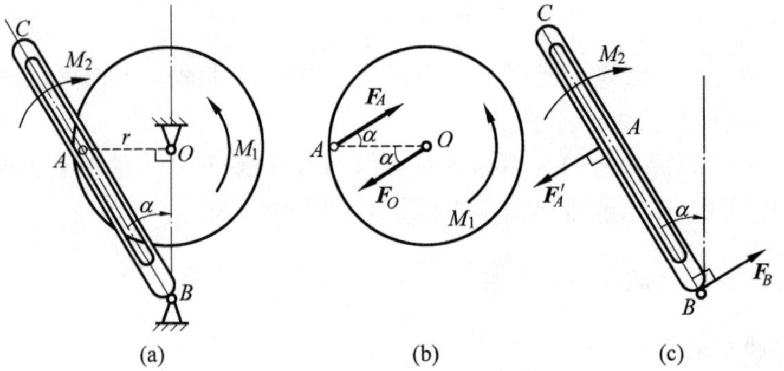

图 2.15

解 先取圆轮为研究对象，其上受有矩为 M_1 的力偶及光滑导槽对销钉 A 的作用力 $\boldsymbol{F}_A$ 和铰链 O 处约束反力 $\boldsymbol{F}_O$ 的作用。由于力偶必须由力偶来平衡，因而 $\boldsymbol{F}_O$ 与 $\boldsymbol{F}_A$ 必定组成一力偶，力偶矩方向与 M_1 相反，由此定出 $\boldsymbol{F}_A$ 的指向如图 2.15(b)所示。而 $\boldsymbol{F}_O$ 与 $\boldsymbol{F}_A$ 等值且反向。由力偶系的平衡条件有

$$\sum M=0,\quad M_1-F_A r\sin\alpha=0$$

解得

$$F_A=\frac{M_1}{r\sin 30°} \tag{a}$$

再以摇杆 BC 为研究对象，其上作用有矩为 M_2 的力偶及力 $\boldsymbol{F}'_A$ 与 $\boldsymbol{F}_B$，如图 2.15(c)所示。同理，$\boldsymbol{F}'_A$ 与 $\boldsymbol{F}_B$ 必组成力偶，由平衡条件得

$$\sum M=0,\quad -M_2+F'_A\frac{r}{\sin\alpha}=0 \tag{b}$$

其中 $F'_A=F_A$。将式(a)代入式(b),得

$$M_2=4M_1=8\ \mathrm{kN\cdot m}$$

$\boldsymbol{F}_O$ 与 $\boldsymbol{F}_A$ 组成力偶,$\boldsymbol{F}_B$ 与 $\boldsymbol{F}'_A$ 组成力偶,则有

$$F_O=F_B=F_A=\frac{M_1}{r\sin30^\circ}=8\ \mathrm{kN}$$

方向如图 2.15(b)、(c)所示。

2.5 平面任意力系

平面任意力系(coplanar general force system)指作用在刚体上各力的作用线都在同一平面内,但不汇交于一点也不相互平行,而是呈任意分布。以下将详述平面任意力系的简化和平衡问题,并介绍平面简单桁架杆件内力的计算方法。

2.5.1 平面任意力系向一点简化

1. 力线平移定理

力线平移定理:当一个力 $\boldsymbol{F}$ 的作用线平行移到任意指定点时,若不改变 $\boldsymbol{F}$ 对刚体原来的作用效果,则必须同时附加一个力偶,其力偶矩等于原来的力 $\boldsymbol{F}$ 对新作用点之矩。

证明:图 2.16(a)中的力 $\boldsymbol{F}$ 作用于刚体上的点 A。在刚体上任取一点 B,并在点 B 加上两个等值反向的力 $\boldsymbol{F}'$ 和 $\boldsymbol{F}''$,使它们与力 $\boldsymbol{F}$ 平行,且 $\boldsymbol{F}'=\boldsymbol{F}$(见图 2.16(b))。显然,三个力 $\boldsymbol{F}$、$\boldsymbol{F}'$、$\boldsymbol{F}''$ 组成的新力系与原来的一个力 $\boldsymbol{F}$ 等效。但是,这三个力可看作一个作用在点 B 的力 $\boldsymbol{F}'$ 和一个力偶($\boldsymbol{F}$,$\boldsymbol{F}''$)。这样,就把作用于点 A 的力 $\boldsymbol{F}$ 平移到另一点 B,但同时附加上一个相应的力偶(见图 2.16(c))。显然,附加力偶矩为

$$M=Fd$$

其中 d 为附加力偶的力臂,也就是点 B 到力 $\boldsymbol{F}$ 的作用线的垂直距离,因此附加力偶矩也等于力 $\boldsymbol{F}$ 对点 B 的矩 $M_B(\boldsymbol{F})$。由此证得

$$M=M_B(\boldsymbol{F})$$

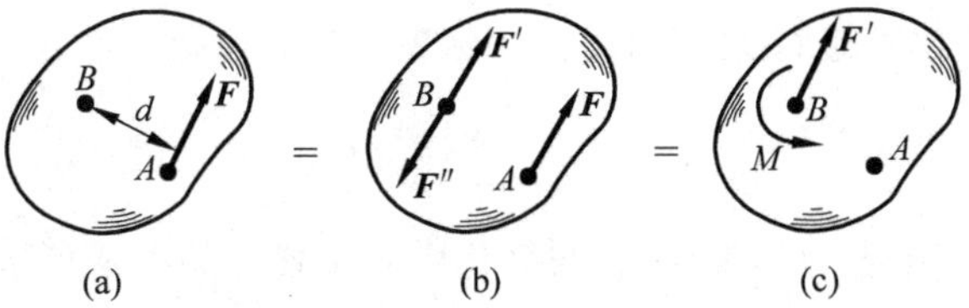

图 2.16

该定理指出,一个力可等效为作用在同平面内的一个力和一个力偶。其逆定理表明,在同平面内的一个力和一个力偶可等效或合成一个力。

力线平移定理不仅是任意力系的简化工具,也是分析力对物体作用效应的重要方法。例

如，攻螺纹时，必须双手握扳手，而且用力要相等。若用一只手用力 $\boldsymbol{F}$ 扳动扳手（见图 2.17(a)），与作用在点 C 的一个力 $\boldsymbol{F}'$ 和一个矩为 M 的力偶等效（见图 2.17(b)），这个力偶使丝锥转动，而这个力 $\boldsymbol{F}'$ 易使丝锥折断。

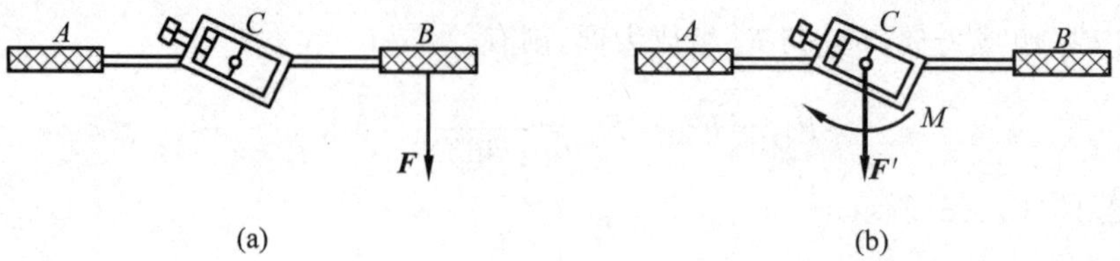

图 2.17

2. **平面任意力系向一点简化·主矢和主矩**

应用力线平移定理简化平面任意力系，设刚体上有由 n 个力 $\boldsymbol{F}_1, \boldsymbol{F}_2, \cdots, \boldsymbol{F}_n$ 组成的平面任意力系（见图 2.18(a)）。在力系作用面内任取一点 O，称为**简化中心**（center of reduction），将各力等效平移至点 O，得到作用于点 O 的力 $\boldsymbol{F}_1', \boldsymbol{F}_2', \cdots, \boldsymbol{F}_n'$ 以及相应的附加力偶，其力偶矩分别为 $M_1, M_2, \cdots, M_n$（见图 2.18(b)）。

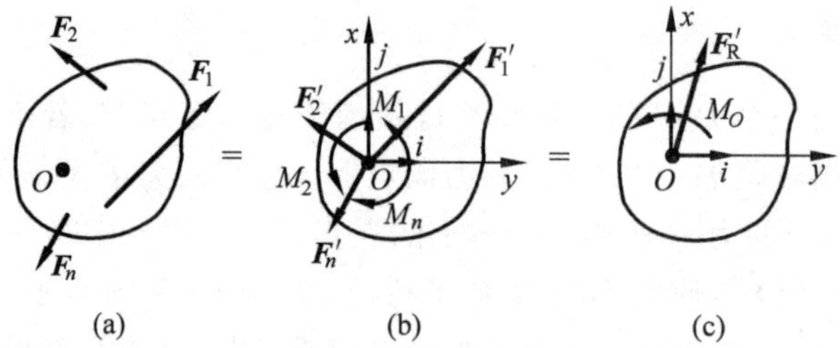

图 2.18

这样，原力系等效成平面汇交力系和平面力偶系。然后，再分别合成这两个力系，得到过 O 点的一个合力 $\boldsymbol{F}_\mathrm{R}'$ 和一个合力偶 M_O（见图 2.18(c)）。

力系中各力的矢量和称为力系的主矢量，简称为主矢，即

$$\boldsymbol{F}'_\mathrm{R} = \sum_{i=1}^{n} \boldsymbol{F}_i \tag{2.17}$$

力系中各力对简化中心 O 之矩的代数和称为力系对简化中心的主矩，即

$$M_O = \sum_{i=1}^{n} M_O(\boldsymbol{F}_i) \tag{2.18}$$

综上所述，主矢等于各力的矢量和，与简化中心位置无关。主矩等于各力对简化中心之矩的代数和，与简化中心位置有关，简化中心位置变化则各力的力臂也发生变化，因此，必须指明力系对于某一点的主矩。

可以用上述方法分析固定端约束及其约束反力。梁的一端插入柱子或墙内，不能移动和转动，这类约束称为**固定端约束**（fixed end）或插入端约束（见图 2.19(a)）。梁在接触面上受到了一群约束反力 $\boldsymbol{F}_i$（$i=1,2,3,\cdots,n$）作用，将这群力向作用平面内点 A 简化得到一

个力和一个力偶(见图 2.19(b)),这个力的方向一般不能事先确定,可用两个未知分力来代替。因此,固定端 A 处的约束反力作用可简化为两个约束分力 $\boldsymbol{F}_{Ax}$、$\boldsymbol{F}_{Ay}$ 和一个矩为 M_A 的约束反力偶(见图 2.19(c))。

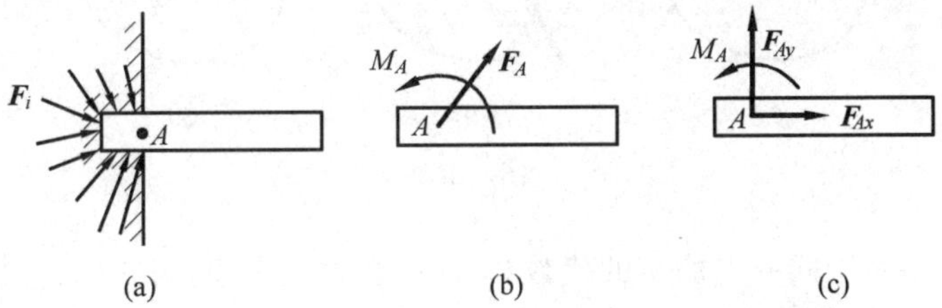

图　2.19

2.5.2　平面任意力系的简化结果

平面任意力系向作用面内一点简化,一般可以得到一个**主矢**和一个**主矩**,进一步分析可知有以下几种情况。

1. 简化为一个力偶

力系的主矢 $\boldsymbol{F}'_{\mathrm{R}}=\boldsymbol{0}$, 主矩 $M_O\neq 0$,简化成为一个力偶。力偶矩为

$$M_O=\sum_{i=1}^{n}M_O(\boldsymbol{F}_i) \tag{2.19}$$

平面力偶可以在其作用面上任意移动而不改变对刚体的作用效应。若力系简化成为一个力偶,则简化中心位置变化,简化结果相同,即该力系主矩与简化中心的选择无关。

2. 简化为一个合力　合力矩定理

(1) 力系的主矢 $\boldsymbol{F}'_{\mathrm{R}}\neq\boldsymbol{0}$,主矩 $M_O=0$,简化成为一个力。合力为

$$\boldsymbol{F}'_{\mathrm{R}}=\sum_{i=1}^{n}\boldsymbol{F}_i$$

合力的作用线恰好通过选定的简化中心。

(2) 力系的主矢 $\boldsymbol{F}'_{\mathrm{R}}\neq\boldsymbol{0}$,主矩 $M_O\neq 0$,可以再进一步简化为一个力。

如图 2.20(a)所示,力系向 O 点简化得 $\boldsymbol{F}'_{\mathrm{R}}$ 和 M_O,主矩 M_O 用两个力 $\boldsymbol{F}_{\mathrm{R}}$ 和 $\boldsymbol{F}''_{\mathrm{R}}$ 表示,并令 $\boldsymbol{F}'_{\mathrm{R}}=-\boldsymbol{F}''_{\mathrm{R}}$(见图 2.20(b))。再去掉平衡力系($\boldsymbol{F}'_{\mathrm{R}}$、$\boldsymbol{F}''_{\mathrm{R}}$),得到一个作用在点 O 的力 $\boldsymbol{F}_{\mathrm{R}}$,合力 $\boldsymbol{F}_{\mathrm{R}}$ 的大小和方向与主矢 $\boldsymbol{F}'_{\mathrm{R}}$ 相同(见图 2.20(c))。作用线到简化中心的距离为

$$d=\left|\frac{M_O}{F_{\mathrm{R}}}\right| \tag{2.20}$$

力系等效简化后,对刚体的作用效应相同,$\boldsymbol{F}_{\mathrm{R}}$ 对简化中心 O 的矩和主矩 M_O 相同($F_{\mathrm{R}}d=M_O$),得到

$$M_O(\boldsymbol{F}_{\mathrm{R}})=\sum_{i=1}^{n}M_O(\boldsymbol{F}_i) \tag{2.21}$$

式(2.21)表明,当平面任意力系可以简化成一个合力时,该合力对作用面内任意一点的

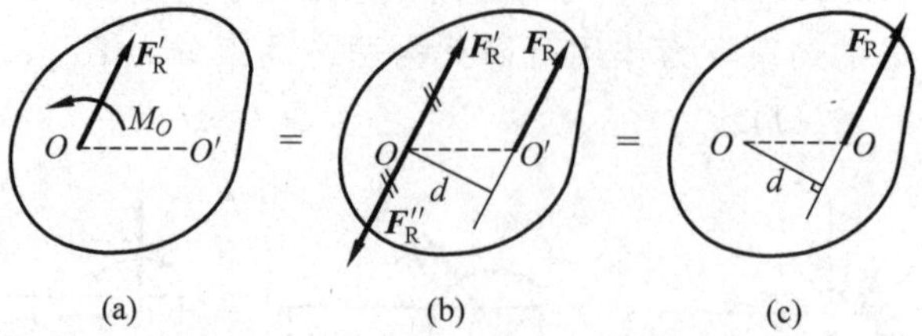

图 2.20

矩等于力系中各力对于同一点的矩的代数和，此即合力矩定理，与式(2.11)相同。

3. 平面任意力系平衡的情形

力系的主矢 $\boldsymbol{F}'_R=\mathbf{0}$，主矩 $M_O=0$，力系平衡，这种情形将在下节详细讨论。

例 2.7 重力坝受力情形如图 2.21(a)所示。设 $P_1=450\text{kN}$，$P_2=200\text{kN}$，$F_1=300\text{kN}$，$F_2=70\text{kN}$。求：(1)力系向 O 点的简化结果；(2)进一步简化的结果。

解 (1) 先将力系向点 O 简化，求得其主矢 $\boldsymbol{F}'_R$ 和主矩 M_O（见图 2.21(b)）。

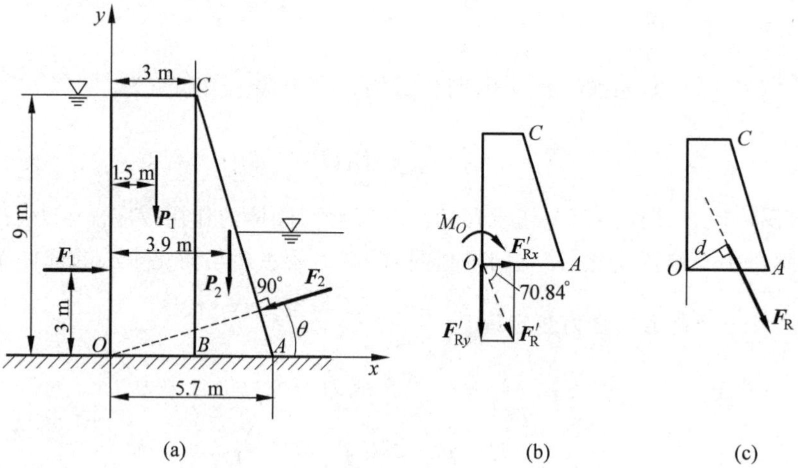

图 2.21

主矢 $\boldsymbol{F}'_R$ 在 x、y 轴上的投影为

$$F'_{Rx}=\sum F_x=F_1-F_2\cos\theta=232.9\ \text{kN}$$

$$F'_{Ry}=\sum F_y=-P_1-P_2-F_2\sin\theta=-670.1\ \text{kN}$$

主矢 $\boldsymbol{F}'_R$ 的大小为

$$F'_R=\sqrt{\left(\sum F_x\right)^2+\left(\sum F_y\right)^2}=709.4\ \text{kN}$$

主矢 $\boldsymbol{F}'_R$ 的方向余弦为

$$\cos(\boldsymbol{F}'_R,\boldsymbol{i})=\frac{\sum F_x}{F'_R}=0.3283$$

由主矢在 x、y 轴上的投影的正负，可知 $\boldsymbol{F}'_R$ 在第四象限内，与 x 轴的夹角为 $-70.84°$。

力系对点 O 的主矩为

$$M_O = \sum M_O(\boldsymbol{F}) = -3F_1 - 1.5P_1 - 3.9P_2 = -2355\ \text{kN} \cdot \text{m}$$

(2) 可以进一步简化为一个合力 $\boldsymbol{F}_\text{R}$，其大小和方向与主矢 $\boldsymbol{F}'_\text{R}$ 相同(见图 2.21(c))，作用线到简化中心的距离为

$$d = \left| \frac{M_O}{F_\text{R}} \right| = \frac{2355}{709.4}\ \text{m} = 3.320\ \text{m}$$

例 2.8 水平梁 AB 受三角形分布载荷作用，如图 2.22 所示。载荷的最大值为 q，梁长为 l。试求该分布载荷合力的大小和合力作用线的位置。

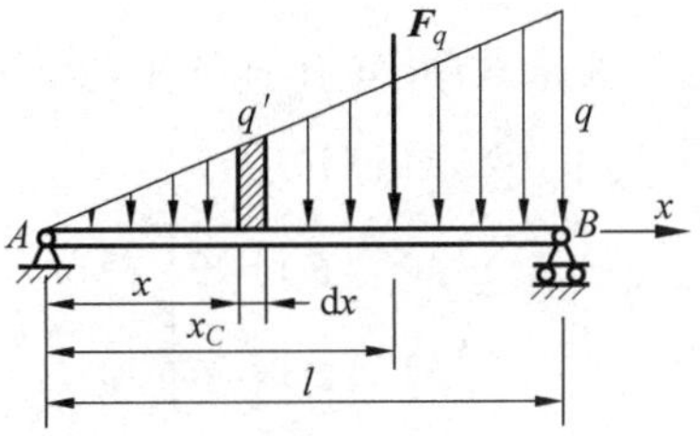

图 2.22

解 在梁上距 A 端为 x 的微段 $\mathrm{d}x$ 上作用力的大小为 $q'\mathrm{d}x$，其中 q' 为该处的载荷集度。由图可知，$q' = \frac{x}{l}q$。因此分布载荷的合力的大小为

$$F_q = \int_0^l q'\mathrm{d}x = \int_0^l \frac{x}{l}q\,\mathrm{d}x = \frac{1}{2}ql$$

设合力 $\boldsymbol{F}_q$ 的作用线距 A 端的距离为 x_C，在微段 $\mathrm{d}x$ 上的作用力对点 A 的矩为 $q'\mathrm{d}x \cdot x$，全部分布载荷对点 A 的矩的代数和可用积分求出。根据合力矩定理可得

$$-F_q x_C = -\int_0^l \frac{x}{l}q\,\mathrm{d}x \cdot x = -\frac{1}{3}ql^2$$

因此

$$x_C = \frac{2}{3}l$$

上述计算结果表明：其合力大小等于三角形分布载荷的面积，合力作用线通过该三角形分布载荷图形的几何中心。

2.5.3 平面任意力系的平衡条件

平面任意力系平衡的充要条件是：力系的主矢和主矩都等于零，即

$$\left.\begin{aligned} \boldsymbol{F}'_\text{R} &= 0 \\ M_O &= 0 \end{aligned}\right\}$$

建立直角坐标系 Oxy，并将上式写成投影式

$$\left.\begin{aligned} \sum F_x &= 0 \\ \sum F_y &= 0 \\ \sum M_O(\boldsymbol{F}) &= 0 \end{aligned}\right\} \tag{2.22}$$

得到平面任意力系的平衡方程：各力在两个相互垂直坐标轴上的投影的代数和分别等于

零，以及各力对任意一点的矩的代数和也等于零。共有三个独立方程，只能求解三个未知量。坐标轴和矩心可以任意选取。为了简化计算，坐标轴尽可能与未知力垂直，矩心则尽可能选择未知力作用线的交点。

因为式(2.22)有一个力矩方程，因此称为一矩式平衡方程。平衡方程还有两种形式：

$$\left.\begin{array}{l}\sum M_A(\boldsymbol{F})=0\\ \sum M_B(\boldsymbol{F})=0\\ \sum F_x=0\end{array}\right\}\tag{2.23}$$

式(2.23)称为二矩式平衡方程。要求式中 A、B 连线不与 x 轴垂直，则三个方程相互独立。

$$\left.\begin{array}{l}\sum M_A(\boldsymbol{F})=0\\ \sum M_B(\boldsymbol{F})=0\\ \sum M_C(\boldsymbol{F})=0\end{array}\right\}\tag{2.24}$$

式(2.24)称为三矩式平衡方程。要求式中 A、B、C 三点不共线，则三个方程相互独立。

上述三组平衡方程都可用来求解平面任意力系的平衡问题。究竟选用哪一组方程，需根据具体条件确定。对于平面任意力系作用的单个平衡刚体，只有三个独立的平衡方程，因此只能求解三个未知量。多余的方程只是三个独立方程的线性组合。

例 2.9 外伸梁的尺寸及载荷如图 2.23(a)所示，试求铰支座 A 及滚动支座 B 的约束反力。

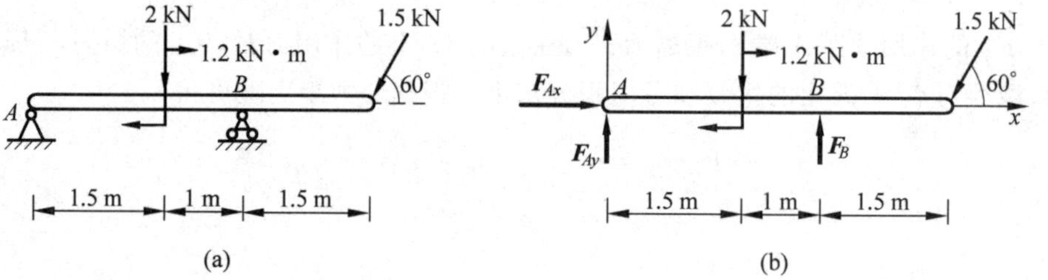

图 2.23

解 取 AB 梁为研究对象，受力如图 2.23(b)所示。建立图示坐标系，由平面任意力系的平衡方程

$$\sum F_x=0, F_{Ax}-1.5\times\cos 60^\circ=0$$

$$\sum F_y=0, F_{Ay}+F_B-2-1.5\times\sin 60^\circ=0$$

$$\sum M_A(\boldsymbol{F})=0, F_B\times 2.5-1.2-2\times 1.5-1.5\times\sin 60^\circ\times 4=0$$

解得

$$F_{Ax}=0.75\ \text{kN}, F_{Ay}=-0.45\ \text{kN}, F_B=3.75\ \text{kN}$$

F_{Ay} 为负，说明其方向与假设的方向相反。

为校核所得结果是否正确，可应用多余的平衡方程，如

$$\sum M_B(\boldsymbol{F})=2\times 1-F_{Ay}\times 2.5-1.2-1.5\times\sin 60^\circ\times 1.5=0$$

例 2.10 起重机重 $P_1=10$ kN，可绕铅直轴 AB 转动；起重机的挂钩上挂一重 $P_2=40$ kN 的重物(见图 2.24(a))。起重机的重心 C 到转动轴的距离为 1.5 m，其他尺寸如

图 2.24(a)所示。求在止推轴承 A 和轴承 B 处的反作用力。

解 以起重机为研究对象,它所受的主动力有 $\boldsymbol{P}_1$ 和 $\boldsymbol{P}_2$。由于对称性,约束反力和主动力都位于同一平面内。止推轴承 A 处有两个约束反力 $\boldsymbol{F}_{Ax}$、$\boldsymbol{F}_{Ay}$,轴承 B 处只有一个与转轴垂直的约束反力 $\boldsymbol{F}_B$,约束反力方向如图 2.24(b)所示。取坐标系如图 2.24(b)所示,列平面任意力系的平衡方程,即

$$\sum F_x = 0, F_{Ax} + F_B = 0$$

$$\sum F_y = 0, F_{Ay} - P_1 - P_2 = 0$$

$$\sum M_A(\boldsymbol{F}) = 0, -F_B \times 5 - P_1 \times 1.5 - P_2 \times 3.5 = 0$$

解得

$$F_{Ay} = 50\ \text{kN}, F_B = -31\ \text{kN}, F_{Ax} = 31\ \text{kN}$$

F_B 为负值,说明它的方向与假设的方向相反。

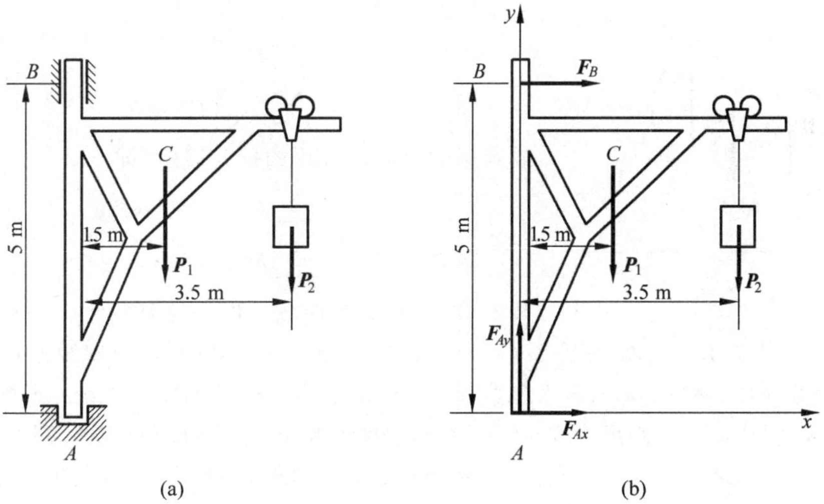

图 2.24

例 2.11 图 2.25(a)所示的水平横梁 AB,A 端为固定铰链支座,B 端为一滚动支座。梁的长为 $4a$,梁重 P,作用在梁的中点 C。梁的 AC 段受均布载荷 q 作用,BC 段受力偶作用,力偶矩 $M=Pa$。试求 A 和 B 处的约束反力。

解 选梁 AB 为研究对象。它所受的主动力有均布载荷 q、重力 P 和矩为 M 的力偶,所受的约束反力有铰链 A 的两个分力 $\boldsymbol{F}_{Ax}$ 和 $\boldsymbol{F}_{Ay}$ 及滚动支座 B 处竖直向上的约束反力 $\boldsymbol{F}_B$。取坐标轴(见图 2.25(b)),列出平衡方程

$$\sum M_A(\boldsymbol{F}) = 0, F_B \times 4a - M - P \times 2a - q \times 2a \times a = 0$$

$$\sum F_x = 0, F_{Ax} = 0$$

$$\sum F_y = 0, F_{Ay} - q \times 2a - P + F_B = 0$$

解得

$$F_B = \frac{3}{4}P + \frac{1}{2}qa,\ F_{Ax} = 0,\ F_{Ay} = \frac{P}{4} + \frac{3}{2}qa$$

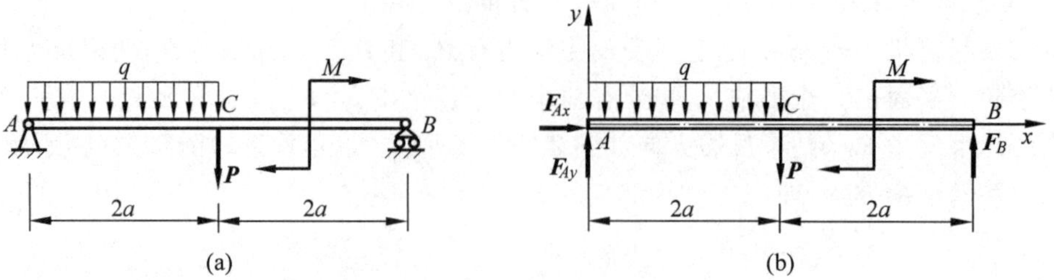

图 2.25

2.5.4 平面平行力系的平衡方程

平面力系中 $\boldsymbol{F}_1,\boldsymbol{F}_2,\cdots,\boldsymbol{F}_n$ 各力的作用线相互平行(见图 2.26),称为平面平行力系。选取 x 轴与各力垂直,各力在 x 轴上的投影恒等于零,即 $\sum F_x=0$。因此,平行力系的独立平衡方程的数目只有两个,即

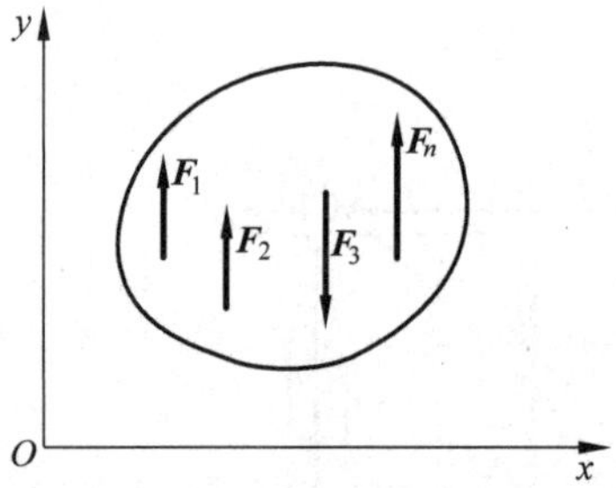

图 2.26

$$\left.\begin{aligned}\sum F_y=0\\ \sum M_O(\boldsymbol{F})=0\end{aligned}\right\}\tag{2.25}$$

或者用两个力矩方程的形式表示,即

$$\left.\begin{aligned}\sum M_A(\boldsymbol{F})=0\\ \sum M_B(\boldsymbol{F})=0\end{aligned}\right\}\tag{2.26}$$

其中 A、B 两点的连线不得与各力平行。

例 2.12 塔式起重机如图 2.27(a)所示。机架重 $P_1=700$ kN,作用线通过塔架的中心。最大起重量 $P_2=200$ kN,最大悬臂长为 12 m,轨道 AB 的间距为 4 m。平衡荷重 P_3,其作用线到机身中心线的距离为 6 m。(1)试问:保证起重机在满载和空载时都不致翻倒,平衡荷重 P_3 应为多少?(2)当平衡荷重 $P_3=180$ kN 时,求满载时轨道 A、B 作用于起重机轮子的约束反力。

解 (1) 要使起重机不翻倒,应使作用在起重机上的所有力满足平衡条件。起重机所受的力有:载荷的重力 $\boldsymbol{P}_2$,机架的重力 $\boldsymbol{P}_1$,平衡荷重 $\boldsymbol{P}_3$,以及轨道的约束反力 $\boldsymbol{F}_A$ 和 $\boldsymbol{F}_B$,如图 2.27(b)所示。

当满载时,为使起重机不绕点 B 翻倒,这些力必须满足平衡方程 $\sum M_B(\boldsymbol{F})=0$。在临界情况下,$F_A=0$。这时求出的 P_3 值是所允许的最小值。解得

$$\sum M_B(\boldsymbol{F})=0,P_{3\min}\times(6+2)+2P_1-P_2\times(12-2)=0$$

$$P_{3\min}=\frac{1}{8}(10P_2-2P_1)=75\text{ kN}$$

当空载时,$P_2=0$。为使起重机不绕点 A 翻倒,所受的力必须满足平衡方程 $\sum M_A(\boldsymbol{F})=0$。在临界情况下,$F_B=0$。这时求出的 P_3 值是所允许的最大值。解得

$$\sum M_A(\boldsymbol{F})=0,P_{3\max}\times(6-2)-2P_1=0$$

$$P_{3\max}=\frac{2P_1}{4}=350\text{ kN}$$

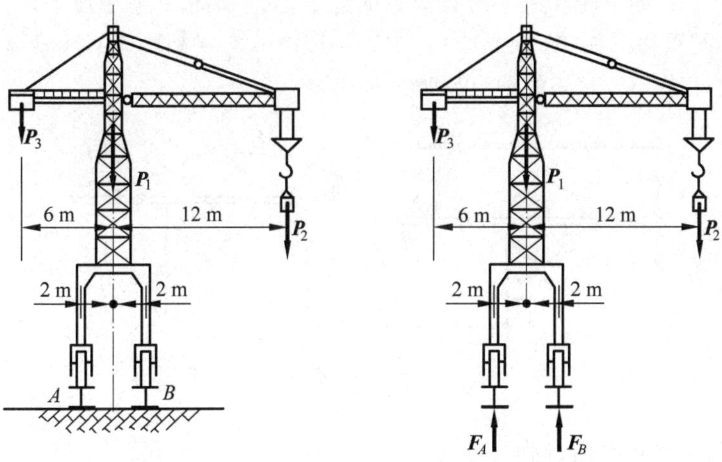

(a) (b)

图 2.27

起重机实际工作时不允许处于极限状态，要使起重机不致翻倒，平衡荷重应在这两者之间，即

$$75\ \mathrm{kN} < P_3 < 350\ \mathrm{kN}$$

(2) 此时，起重机在力 $\boldsymbol{P}_2$、$\boldsymbol{P}_3$、$\boldsymbol{P}_1$ 以及 $\boldsymbol{F}_A$、$\boldsymbol{F}_B$ 的作用下平衡。根据平面平行力系平衡方程，有

$$\sum M_A(\boldsymbol{F})=0, P_3\times(6-2)-P_1\times 2-P_2\times(12+2)+F_B\times 4=0$$

$$\sum F_y=0, -P_3-P_1-P_2+F_A+F_B=0$$

解得

$$F_B=870\ \mathrm{kN}, F_A=210\ \mathrm{kN}$$

2.6 物体系统的平衡

工程中经常遇到多个物体组成的结构，如组合梁、三铰拱等结构，称为**物体系统**，简称**物系**(body system)。将作用于物系上的力称为外力，系统内各物体间的相互作用称为系统内力。内力总是成对出现，研究物系的整体平衡时，不考虑内力。内力和外力随研究对象不同而改变，如研究单个物体时，物体间的相互作用则为外力。

物系平衡，则组成物系的各物体也平衡，每个受平面任意力系作用的物体有三个独立平衡方程。如物体系统由 n 个物体组成，则共有 $3n$ 个独立平衡方程。如物系中的物体受平面汇交力系或平面平行力系作用，则平衡方程数目相应减少。

在求解物系平衡问题时，可以先选物系整体为研究对象，列出平衡方程求解，再从系统中选取某些物体作为研究对象，列出另外的平衡方程，直至求出所有的未知量。也可先取系统的局部或单个物体为研究对象，列出平衡方程，再从系统中选取其他局部或单个物体作为研究对象，列出另外的平衡方程，求出所有的未知量。灵活选择研究对象和列平衡方程，应使每一个平衡方程中的未知量个数尽可能少，以简化计算。

例 2.13 如图 2.28(a)所示，水平梁 AB 由铰链 A 和杆 BC 支承。在梁上 D 处用销钉

安装半径 $r=0.1\ \mathrm{m}$ 的滑轮。有一跨过滑轮的绳子，其一端水平系于墙上，另一端悬挂有重为 $P=1800\ \mathrm{N}$ 的重物。如 $AD=0.2\ \mathrm{m}$，$BD=0.4\ \mathrm{m}$，$\varphi=45°$，且不计梁、杆、滑轮和绳的重力，求铰链 A 和杆 BC 对梁的约束反力。

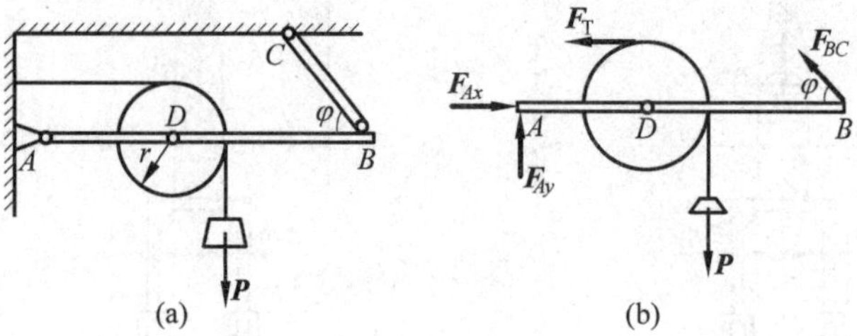

图　2.28

解　由于绳索静止平衡，则

$$F_{\mathrm{T}}=P=1800\ \mathrm{N}$$

整体受力分析如图 2.28(b)所示，得

$$\sum F_x=0,F_{Ax}-F_{\mathrm{T}}-F_{BC}\cos45°=0$$

$$\sum F_y=0,F_{Ay}-P+F_{BC}\sin45°=0$$

$$\sum M_A(\boldsymbol{F})=0,\ F_{\mathrm{T}}r-P(AD+r)+F_{BC}\sin45°(AD+BD)=0$$

解得

$$F_{Ax}=2400\ \mathrm{N},F_{Ay}=1200\ \mathrm{N},F_{BC}=848.5\ \mathrm{N}$$

例 2.14　图 2.29(a)所示的组合梁由梁 AC 和 CD 在 C 处铰接而成。梁的 A 端插入墙内，B 处为滚动支座。已知：$F=20\ \mathrm{kN}$，均布载荷 $q=10\ \mathrm{kN/m}$，$M=20\ \mathrm{kN\cdot m}$，$l=1\ \mathrm{m}$。试求插入端 A 及滚动支座 B 的约束反力。

例 2.14 精讲

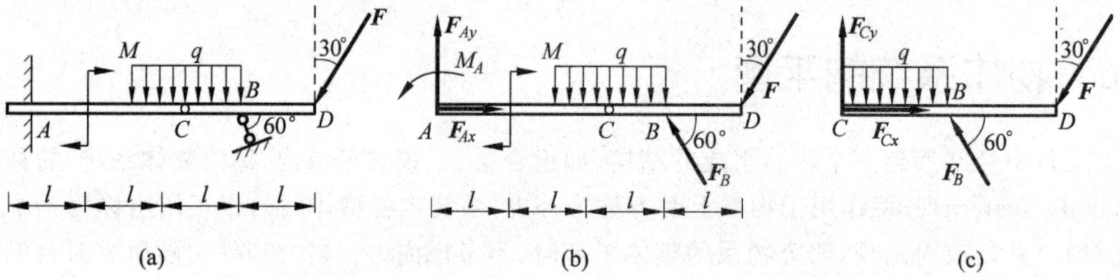

图　2.29

解　先以整体为研究对象，组合梁在主动力 M、$\boldsymbol{F}$、q 和约束反力 $\boldsymbol{F}_{Ax}$、$\boldsymbol{F}_{Ay}$、M_A 及 $\boldsymbol{F}_B$ 作用下平衡，受力如图 2.29(b)所示。其中均布载荷的合力通过点 C，大小为 $2ql$。列平衡方程

$$\sum F_x=0,F_{Ax}-F_B\cos60°-F\sin30°=0 \tag{a}$$

$$\sum F_y=0,F_{Ay}+F_B\sin60°-2ql-F\cos30°=0 \tag{b}$$

$$\sum M_A(\boldsymbol{F})=0,M_A-M-2ql\times2l+F_B\sin60°\times3l-F\cos30°\times4l=0 \tag{c}$$

以上三个方程中包含四个未知量，必须再补充方程才能求解。为此可取梁 CD 为研究对象，受力如图 2.29(c)所示，列出对点 C 的力矩方程

$$\sum M_C(\boldsymbol{F})=0,\ F_B\sin60^\circ\times l-ql\times\frac{l}{2}-F\cos30^\circ\times 2l=0 \tag{d}$$

由式(d)可得

$$F_B=45.77\ \text{kN}$$

代入式(a)、(b)、(c)求得

$$F_{Ax}=32.89\ \text{kN},F_{Ay}=-2.32\ \text{kN},M_A=10.37\ \text{kN}\cdot\text{m}$$

若求解铰链 C 处的约束反力,取梁 CD 为研究对象,由平衡方程 $\sum F_x=0$ 和 $\sum F_y=0$ 求得。

此题也可先取梁 CD 为研究对象,求得 F_B 后,再以 AC 为研究对象求出 $\boldsymbol{F}_{Ax}$、$\boldsymbol{F}_{Ay}$ 及 M_A。

例 2.15 图 2.30(a)所示结构中,已知重力 P,$DC=CE=AC=CB=2l$;定滑轮半径为 R,动滑轮半径为 r,且 $R=2r=l$,$\theta=45^\circ$。试求:A、E 支座的约束反力及 BD 杆所受的力。

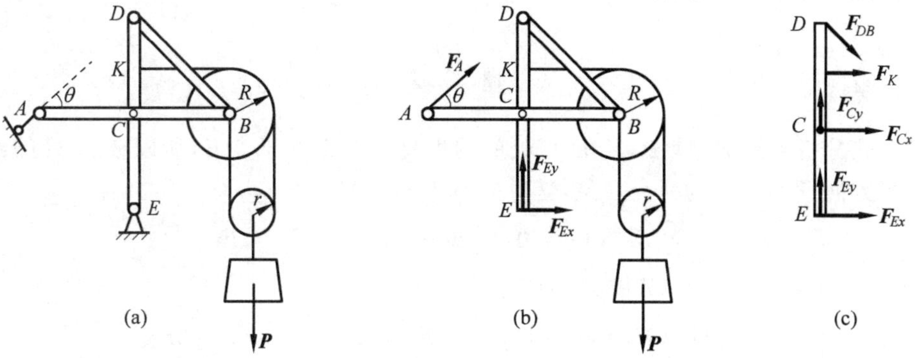

图 2.30

解 先取整体为研究对象,其受力图如图 2.30(b)所示,列平衡方程

$$\sum M_E(\boldsymbol{F})=0,F_A\times\sqrt{2}\times 2l+P\ \frac{5}{2}l=0 \tag{a}$$

$$\sum F_x=0,F_A\cos45^\circ+F_{Ex}=0 \tag{b}$$

$$\sum F_y=0,F_A\sin45^\circ+F_{Ey}-P=0 \tag{c}$$

由式(a)解得

$$F_A=\frac{-5\sqrt{2}}{8}P$$

将上式代入式(b)、(c)求得

$$F_{Ex}=-F_A\cos45^\circ=\frac{5}{8}P$$

$$F_{Ey}=P-F_A\sin45^\circ=\frac{13P}{8}$$

BD 杆为二力构件,为求 BD 杆所受的力,取包含此力的物体为研究对象。取杆 DCE 为研究对象最为方便,杆 DCE 的受力图如图 2.30(c)所示。列平衡方程

$$\sum M_C(\boldsymbol{F})=0,-F_{DB}\cos45°\times 2l-F_K\times l+F_{Ex}\times 2l=0 \qquad \text{(d)}$$

其中 $F_K=\dfrac{P}{2}$,$F_{Ex}=\dfrac{5P}{8}$。代入上式,得

$$F_{DB}=\frac{3\sqrt{2}P}{8}$$

例 2.16 三个半拱相互铰接,其尺寸、约束和受力情况如图 2.31(a)所示。设各拱自重均不计,试计算支座 B 的约束反力。

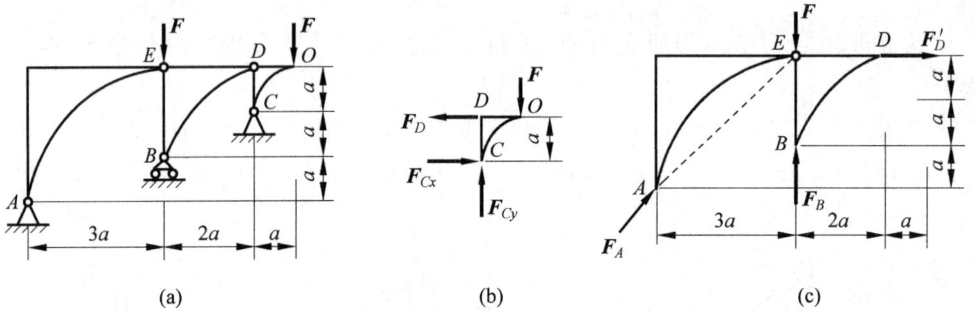

图 2.31

解 先分析半拱 BED,B、E、D 三处的约束反力应汇交于点 E,所以铰 D 处的约束反力为水平方向,取 CDO 为研究对象,受力如图 2.31(b)所示。有

$$\sum M_C(\boldsymbol{F})=0,F_Da-Fa=0;\ F_D=F$$

以 $AEBD$ 为研究对象,受力如图 2.31(c)所示。有

$$\sum M_A(\boldsymbol{F})=0,3aF_B-3aF-3aF'_D=0;F_B=2F$$

例 2.17 自重为 $P=100$ kN 的 T 字形刚架 ABD 置于铅垂面内,载荷如图 2.32(a)所示。其中 $M=20$ kN·m,$F=400$ kN,$q=20$ kN/m,$l=1$ m。试求固定端 A 的约束反力。

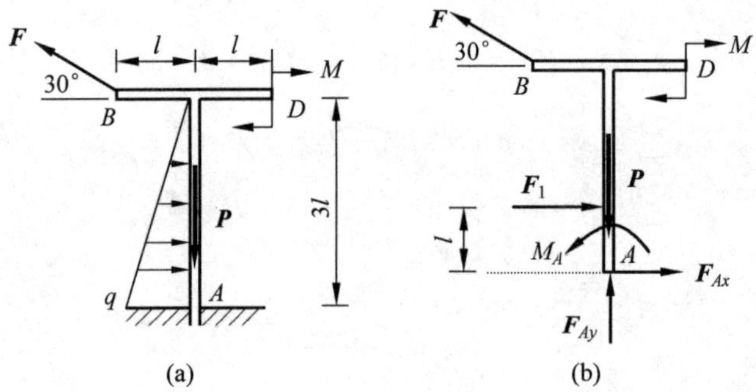

图 2.32

解 取 T 字形刚架为研究对象,其上除主动力外,还受固定端 A 处的约束反力 $\boldsymbol{F}_{Ax}$、$\boldsymbol{F}_{Ay}$ 和约束反力偶 M_A 作用。根据例 2.8 的结论,图示三角形分布载荷可等效为距点 A 为 l 处的一个集中力 $\boldsymbol{F}_1$,大小为 $\dfrac{1}{2}q\cdot 3l=30$ kN。T 字形刚架的受力图如图 2.32(b)所示,列平衡方程

$$\sum F_x = 0 \quad F_{Ax} + \frac{1}{2}q \cdot 3l - F\cos 30^\circ = 0$$

$$\sum F_y = 0 \quad F_{Ay} - P + F\sin 30^\circ = 0$$

$$\sum M_A(\boldsymbol{F}) = 0 \quad M_A + F\cos 30^\circ \cdot 3l - F\sin 30^\circ l - M - \frac{1}{2}q \cdot 3l \cdot l = 0$$

求得固定端 A 的约束反力为

$$F_{Ax} = 316.4\ \text{kN}, \quad F_{Ay} = -100\ \text{kN}, \quad M_A = -789.2\ \text{kN} \cdot \text{m}$$

2.7 平面简单桁架

由若干直杆在两端相互连接构成的几何形状不变的结构称为**桁架**(truss)。工程中,屋架、桥梁、起重机、油田井架、电视塔等常采用桁架结构(见图 2.33)。

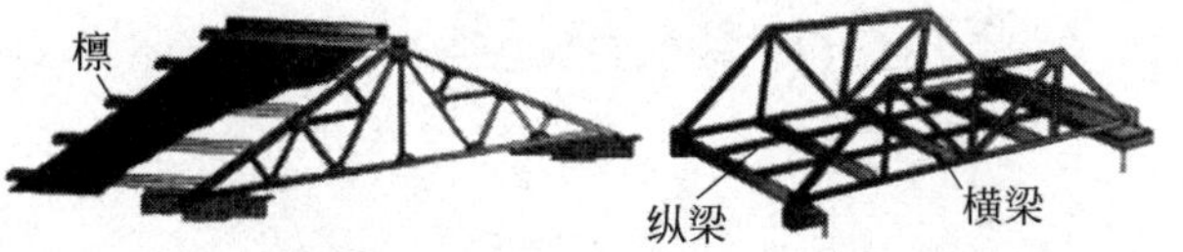

(a) 屋架 (b) 桥梁结构

图 2.33

上海工程技术大学体育馆照片

所有杆件都在同一平面内的桁架称为平面桁架。杆端连接处称为**节点**(joint)。节点常用铆接、焊接、铰接或螺栓连接,也可用榫接(木材)。为了简化计算,对于平面桁架常采用以下基本假设:

(1) 杆件两端约束为光滑铰链;

(2) 外力作用在节点上,且在桁架平面内;

(3) 杆件自重忽略不计或均分到节点上;

(4) 杆件均为二力构件。

平面简单桁架是在基本三角形框架基础上构成的,每增加一个节点,需增加两根杆来固定该节点(见图 2.34)。

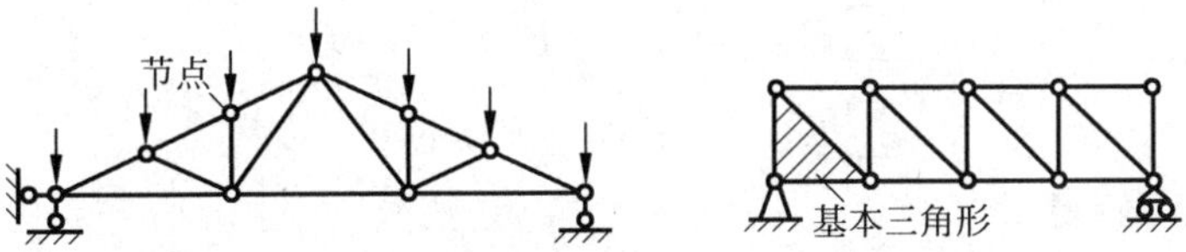

(a) (b)

图 2.34

其节点数 n 与杆数 m 之间有如下关系:

$$m = 2n - 3 \tag{2.27}$$

平面简单桁架具有几何形状不变的稳定性,且为静定桁架。计算其杆件内力有下面两种方法。

1. **节点法**（method of joints）

桁架的每个节点都受到一个平面汇交力系的作用。可以逐个地取节点为研究对象，用平面汇交力系平衡方程求解。对每一个节点通常可以求解两个未知力，依次由已知力求出全部未知力（杆件的内力），这种方法就是**节点法**。

例 2.18 平面桁架的尺寸和支座如图 2.35(a)所示，在节点 D 处受一集中载荷 $F=10\text{kN}$ 的作用。试求桁架各杆件所受的内力。

解 (1) 求约束反力。

以桁架整体为研究对象。桁架受 4 个力 $\boldsymbol{F}$、$\boldsymbol{F}_{Ay}$、$\boldsymbol{F}_{Bx}$、$\boldsymbol{F}_{By}$ 作用，如图 2.35(b)所示。列平衡方程

$$\sum F_x=0, F_{Bx}=0$$
$$\sum M_A(\boldsymbol{F})=0,\ F_{By}\times 4-F\times 2=0$$
$$\sum M_B(\boldsymbol{F})=0, F\times 2-F_{Ay}\times 4=0$$

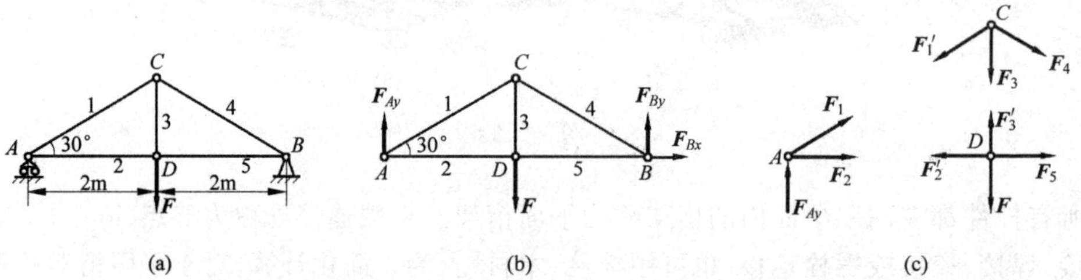

图 2.35

解得

$$F_{Bx}=0, F_{Ay}=F_{By}=5\ \text{kN}$$

(2) 依次取 A、C、D 节点为研究对象，计算各杆内力。

假定各杆均受拉力，各节点受力如图 2.35(c)所示，为计算方便，最好逐次列出只含两个未知力的节点的平衡方程。

节点 A，杆的内力 $\boldsymbol{F}_1$ 和 $\boldsymbol{F}_2$ 均未知。列平衡方程

$$\sum F_x=0, F_2+F_1\cos 30°=0$$
$$\sum F_y=0, F_{Ay}+F_1\sin 30°=0$$

代入 F_{Ay} 的值后，解得

$$F_1=-10\ \text{kN}, F_2=8.66\ \text{kN}$$

节点 C，杆的内力 F_3 和 F_4 未知。列平衡方程

$$\sum F_x=0, F_4\cos 30°-F_1'\cos 30°=0$$
$$\sum F_y=0,\ -F_3-(F_1'+F_4)\sin 30°=0$$

代入 $F_1'=F_1$，解得

$$F_4=-10\ \text{kN}, F_3=10\ \text{kN}$$

节点 D，只有一根杆的内力 F_5 未知。列平衡方程

$$\sum F_x=0, F_5-F'_2=0$$

代入 $F'_2=F_2$，解得

$$F_5=8.66\ \text{kN}$$

(3) 判断杆件受拉或受压。

假定各杆均受拉力，计算结果 F_2、F_5、F_3 为正值，表明杆 2、5、3 受拉力；F_1 和 F_4 的结果为负，表明杆 1 和 4 受压力。

(4) 校核计算结果。

求出各杆内力之后，可用尚未应用的节点平衡方程校核已得的结果。例如，可对节点 D 列出另一个平衡方程

$$\sum F_y=0, F'_3-F=0$$

解得 $F'_3=10$ kN，与已求得的 F_3 相等，计算无误。

桁架内常常会有内力为零的杆件，称为零杆。为保证桁架形状的固定性，不可移去零杆。如果是下面两种情况，可以不经计算直接判断出零杆：

(1) 两杆节点无载荷，且两杆不在一条直线上时，该两杆是零杆(见图 2.36(a))。

(2) 三杆节点无载荷，其中两杆在一条直线上，另一杆必为零杆(见图 2.36(b))。

2. 截面法(method of sections)

适当地选取一截面，假想把桁架一分为二，考虑其中任一部分的平衡，应用平面力系平衡方程求被截杆件的内力，这种方法就是**截面法**。

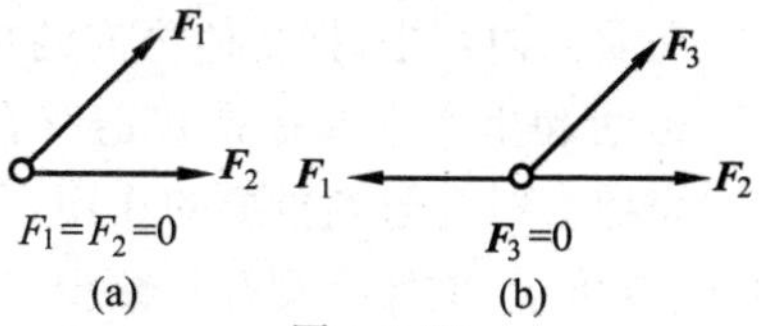

图 2.36

例 2.19 如图 2.37(a)所示平面桁架，各杆件的长度都等于 1 m。在节点 E 上作用载荷 $P_1=10$ kN，在节点 G 上作用载荷 $P_2=7$ kN。试计算杆 1、2 和 3 的内力。

解 先求桁架的支座反力。以桁架整体为研究对象，如图 2.37(b)所示。桁架受主动力 $\boldsymbol{P}_1$ 和 $\boldsymbol{P}_2$ 以及约束反力 $\boldsymbol{F}_{Ax}$、$\boldsymbol{F}_{Ay}$ 和 $\boldsymbol{F}_{By}$ 的作用。列出平衡方程

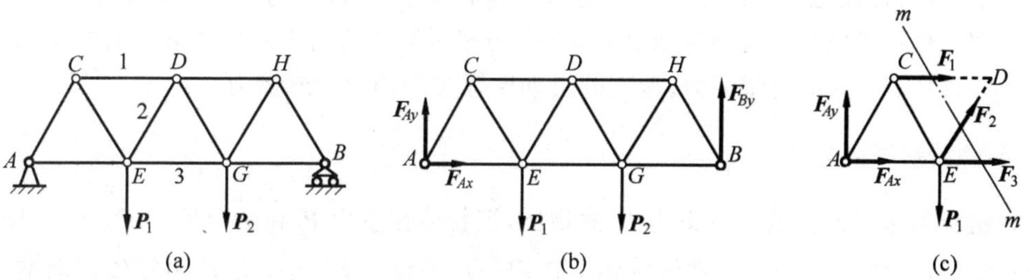

图 2.37

$$\sum F_x=0, F_{Ax}=0$$

$$\sum F_y=0, F_{Ay}+F_{By}-P_1-P_2=0$$

$$\sum M_B(\boldsymbol{F})=0, P_1\times 2+P_2\times 1-F_{Ay}\times 3=0$$

解得

$$F_{Ax}=0, F_{Ay}=9\ \text{kN}, F_{By}=8\ \text{kN}$$

为求杆1、2和3的内力，可作一截面 $m—m$ 将三根杆截断。选取桁架左半部分为研究对象。假定所截断的三根杆都受拉力，受力如图2.37(c)所示，为一平面任意力系。列平衡方程

$$\sum M_E(\boldsymbol{F})=0, -F_1\times\frac{\sqrt{3}}{2}\times 1-F_{Ay}\times 1=0$$

$$\sum F_y=0, F_{Ay}+F_2\sin 60^\circ-P_1=0$$

$$\sum M_D(\boldsymbol{F})=0, P_1\times\frac{1}{2}+F_3\times\frac{\sqrt{3}}{2}\times 1-F_{Ay}\times 1.5=0$$

解得

$$F_1=-10.4\ \text{kN}(压力), F_2=1.15\ \text{kN}(拉力), F_3=9.81\ \text{kN}(拉力)$$

如选取桁架的右半部分为研究对象，可得同样的结果。还可以用截面法截断另外三根杆件计算其他各杆的内力，或用于校核已求得的结果。

由上例可见，采用截面法时，选择适当的力矩方程常可较快地求得某些指定杆件的内力。当然，应注意到，平面任意力系只有三个独立的平衡方程，因而，作截面时每次最多只能截断三根内力未知的杆件。如截断内力未知的杆件多于三根时，可以再联合使用节点法求解。

2.8 摩擦

在前面内容中，把物体之间的接触表面都看作是理想光滑的，忽略了摩擦的影响，但在实际生活和生产中摩擦是普遍存在的，只是研究某些问题时，把摩擦看成次要因素而忽略了。摩擦有时会起到重要的作用，了解摩擦的作用，可以帮助我们更好地利用摩擦（如摩擦制动、带传动、工件夹具等），减少摩擦导致的损耗（如摩擦磨损、损坏零件等）。本章只研究固体与固体间的摩擦，即干摩擦。

2.8.1 滑动摩擦

两个表面粗糙的物体，当其中一个物体在外力的作用下对另一个物体有相对滑动趋势或相对滑动时，在接触表面产生阻碍相对滑动趋势或相对滑动的力，即滑动摩擦力。

摩擦力作用于物体相互接触表面，其方向与相对滑动的趋势或相对滑动的方向相反，可以分为三种情况：静滑动摩擦力、最大静滑动摩擦力和动滑动摩擦力。

1. 静滑动摩擦力

在粗糙的水平面上放置一重为 P 的物体，该物体在重力 $\boldsymbol{P}$ 和法向反力 $\boldsymbol{F}_N$ 的作用下处于静止状态（见图2.38(a)）。在该物体上作用一水平拉力 $\boldsymbol{F}$，当拉力 $\boldsymbol{F}$ 由零值逐渐增加时，物体仍保持静止。此时，有一个阻碍物体沿水平面向右滑动的切向力，此力即静滑动摩擦力，简称静摩擦力，常以 $\boldsymbol{F}_s$ 表示，方向向左（见图2.38(b)）。

可见，静摩擦力就是接触面对物体作用的切向约束反力，它的方向与物体相对滑动趋势相反，它的大小需用平衡条件确定。此时有

$$\sum F_x=0, F_s=F$$

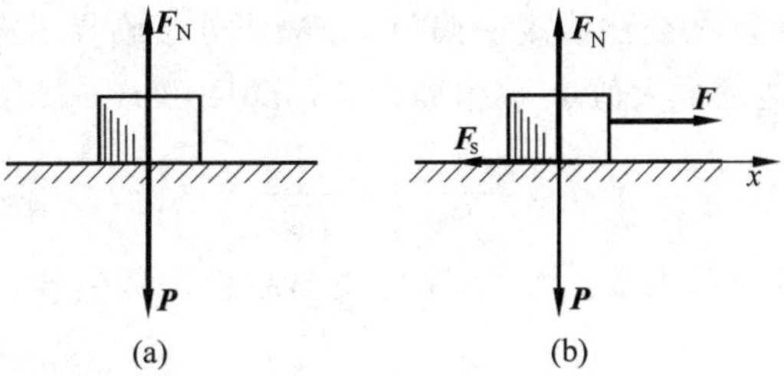

图　2.38

2. 最大静滑动摩擦力

静摩擦力并不是随力 $\boldsymbol{F}$ 的增大而无限度地增大。当力 $\boldsymbol{F}$ 增大到一定数值时，物块处于将要滑动但尚未开始滑动的临界状态，静滑动摩擦力达到最大值，简称最大静摩擦力，以 $\boldsymbol{F}_{\max}$ 表示。由此可知，静摩擦力的大小随主动力的情况而改变，即

$$0 \leqslant F_s \leqslant F_{\max} \tag{2.28}$$

此后，如果 $\boldsymbol{F}$ 再继续增大，静摩擦力不会再随之增大，物体将失去平衡而滑动，这时为动摩擦力。大量实验证明：最大静摩擦力 $\boldsymbol{F}_{\max}$ 的大小与两物体间的正压力（即法向反力）成正比，即

$$F_{\max} = f_s F_N \tag{2.29}$$

式中，f_s 为比例常数，称为静摩擦因数，它是量纲为一的物理量。式(2.29)称为**静摩擦定律**，又称为**库仑摩擦定律**(Coulomb law of friction)。

静摩擦因数 f_s 的大小由实验测定。它与接触物体的材料和表面情况（如粗糙度、温度和湿度等）有关，而与接触面积的大小无关。一般可在工程手册中查到。要增大最大静摩擦力，可以通过加大正压力或增大静摩擦因数来实现。例如，汽车一般都用后轮发动，因为后轮正压力大于前轮，这样可以产生较大的向前推动的摩擦力。又如，火车在下雪后行驶时，要在铁轨上撒细沙，以增大摩擦因数，避免打滑。

3. 动滑动摩擦力

两物体相对滑动时，接触表面作用有阻碍相对滑动的阻力，这种阻力称为动滑动摩擦力，简称动摩擦力，以 $\boldsymbol{F}_d$ 表示。实验表明：动摩擦力的大小与接触体间的正压力成正比，即

$$\sum F_d = fF_N \tag{2.30}$$

式中，f 为动摩擦因数，与接触物体的材料和表面情况有关，可近似地认为是常数。

在机器使用中，往往用降低接触表面的粗糙度或加入润滑剂等方法，使动摩擦因数 f 降低，以减小摩擦和磨损。

2.8.2　摩擦角和自锁

1. 摩擦角

如图 2.39(a)所示，当物体与支承面间存在摩擦时，支承面对平衡物体的约束反力有法向反力 $\boldsymbol{F}_N$ 和切向反力 $\boldsymbol{F}_s$（即静摩擦力）。这两个分力的合力 $\boldsymbol{F}_{RA}$ 称为支承面的全约束反

力，$\boldsymbol{F}_{RA}$ 的作用线与接触面的公法线成一偏角 α。物块处于临界平衡状态时，静摩擦力达到最大值 $\boldsymbol{F}_{max}$，偏角 α 也达到最大值 φ，称为**摩擦角**(angle of friction)(见图 2.39(b))，有

$$\tan\varphi = \frac{F_{max}}{F_N} = \frac{f_s F_N}{F_N} = f_s \tag{2.31}$$

即，摩擦角的正切等于静摩擦因数。可见，摩擦角与摩擦因数一样，都是表征材料表面性质的物理量。

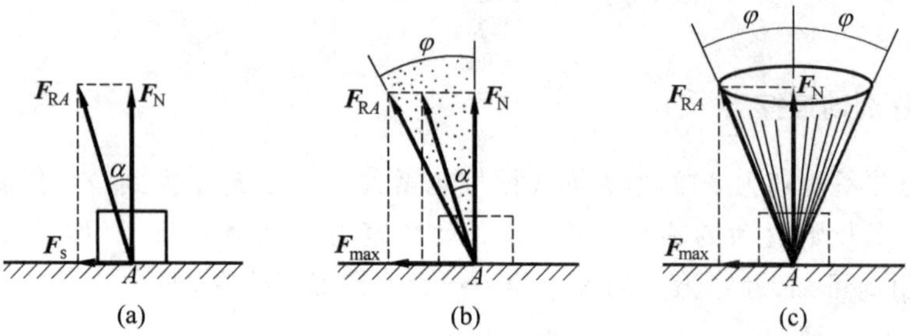

图 2.39

当物块的滑动趋势方向改变时，全约束反力作用线的方位也随之改变。在临界状态下，$\boldsymbol{F}_{RA}$ 的作用线将画出一个以接触点 A 为顶点的锥面(见图 2.39(c))，称为摩擦锥。设物块与支承面间沿任何方向的摩擦因数都相同，即摩擦角都相等，则摩擦锥将是一个顶角为 2φ 的圆锥。

利用摩擦角的概念，可用简单的方法测定静摩擦因数。如图 2.40 所示，把要测定的两种材料分别做成斜面和物块，把物块放在斜面上，并逐渐从零起增大斜面的倾角 α，直到物块刚开始下滑时为止。记下斜面倾角为 α，这时的 α 角就是要测定的摩擦角 φ，其正切就是要测定的静摩擦因数 f_s。因为物块受重力 $\boldsymbol{P}$ 和全约束反力 $\boldsymbol{F}_{RA}$ 作用而平衡，$\boldsymbol{F}_{RA}$ 与 $\boldsymbol{P}$ 必等值、反向、共线，所以 $\boldsymbol{F}_{RA}$ 与斜面法线的夹角等于斜面倾角 α。当物块处于临界状态时，全约束反力 $\boldsymbol{F}_{RA}$ 与法线间的夹角等于摩擦角 φ，即 $\alpha=\varphi$，即

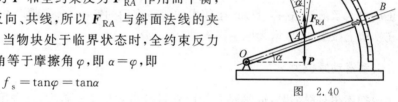

$$f_s = \tan\varphi = \tan\alpha$$

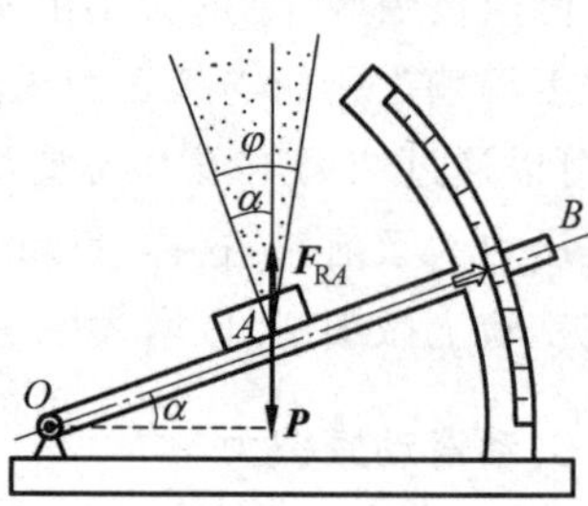

图 2.40

2. 自锁

物块平衡，静摩擦力在 0 与最大值 F_{max} 之间变化，所以全约束反力与接触面法线间的夹角 α 也在 0°与摩擦角 φ 之间变化($0°\leqslant\alpha\leqslant\varphi$)，即全约束反力必在摩擦角之内。由此可知：

(1) 如果作用于物块的主动力合力 $\boldsymbol{F}_R$ 与法线的夹角在摩擦角 φ 之内，物块必定保持平衡且静止，其运动状态与 $\boldsymbol{F}_R$ 的大小无关，这种现象称为**自锁**(self-locking)。因为在这种情况下，主动力的合力 $\boldsymbol{F}_R$ 与法线间的夹角 $\alpha<\varphi$，因此，$\boldsymbol{F}_R$ 和全约束反力 $\boldsymbol{F}_{RA}$ 必满足二力平衡条件。

工程实际中常应用自锁原理设计一些机构或夹具，如千斤顶、压榨机、圆锥销等，使它们始终在平衡状态下工作。

(2) 如果主动力合力 $\boldsymbol{F}_R$ 与法线的夹角在摩擦角 φ 之外，物块必定会滑动，其运动状态与 $\boldsymbol{F}_R$ 的大小无关。因为在这种情况下，$\alpha>\varphi$，支承面的全约束反力 $\boldsymbol{F}_{RA}$ 和主动力的合力

$\boldsymbol{F}_R$ 不能满足二力平衡条件。利用这种原理可以设法避免发生自锁现象。

下面讨论螺纹的自锁条件。螺纹可以看成绕在圆柱体上的斜面,螺纹升角 α 就是斜面的倾角(见图 2.41)。螺母相当于斜面上的滑块 A,加于螺母的轴向载荷 $\boldsymbol{P}$ 相当于物块 A 的重力,要使螺纹自锁,必须使螺纹的升角 α 小于或等于摩擦角 φ。因此螺纹的自锁条件是

$$\tan\varphi = f_s$$

由 $f_s=0.1$ 得 $\varphi=5°43'$,为保证螺纹自锁,一般取螺纹升角 $\alpha=4°\sim4°30'$。

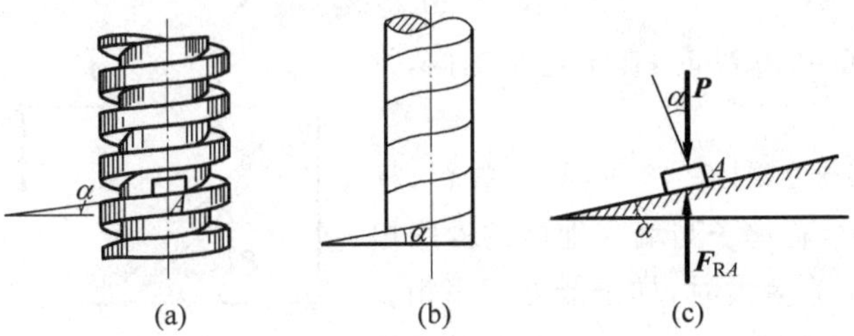

图 2.41

2.8.3 考虑摩擦时物体的平衡问题

考虑摩擦时物体的平衡问题,一般是对临界状态求解,可列出 $F_s=F_{max}=f_sF_N$ 的补充方程,其他解法与平面任意力系相同。求得结果后再分析、讨论其解的平衡范围。

例 2.20 物块置于斜面上如图 2.42(a)所示,已知 $\alpha=30°$,$P=100$ N,$f_s=0.2$。(1)求物块静止时,水平力 Q 的平衡范围。(2)当水平力 $Q=60$ N 时,物块能否平衡?

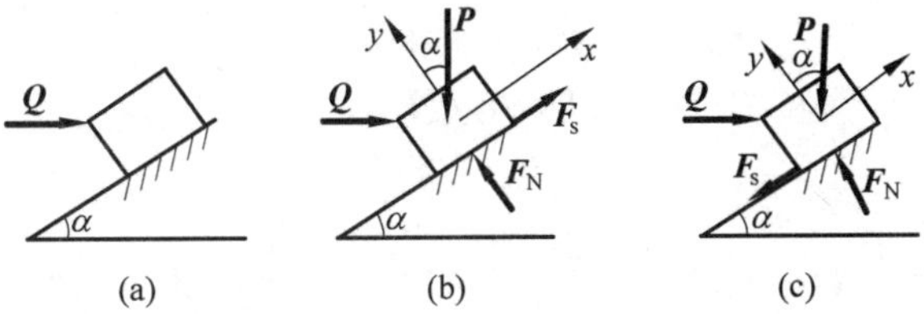

图 2.42

解 (1) 考虑物块在临界平衡状态有下滑的趋势,摩擦力沿斜面向上,受力分析如图 2.42(b)所示,列平衡方程

$$\sum F_x = -P\sin30° + Q\cos30° + F_s = 0$$

$$\sum F_y = -P\cos30° + F_N - Q\sin30° = 0$$

补充方程

$$F_s = F_{max} = f_sF_N$$

得

$$Q = 38.83\ \text{N}$$

考虑物块在临界平衡状态有向上滑的趋势,摩擦力沿斜面向下,受力分析如图 2.42(c)所示,列平衡方程

$$\sum F_x = -P\sin30° + Q\cos30° - F_s = 0$$

$$\sum F_y = -P\cos30^\circ + F_N - Q\sin30^\circ = 0$$

补充方程

$$F_s = F_{max} = f_s F_N$$

得

$$Q = 87.88\ \text{N}$$

因此

$$38.83\text{N} \leqslant Q \leqslant 87.88\ \text{N}$$

(2) 当水平力 $Q=60$ N 时,在上述范围内,物体平衡。

例 2.21 一梯子如图 2.43(a)所示放置,梯子长 $AB=l$,重为 P,若梯子与墙和地面的静摩擦因数 $f_s=0.5$,求 α 为多大时,梯子能处于平衡。

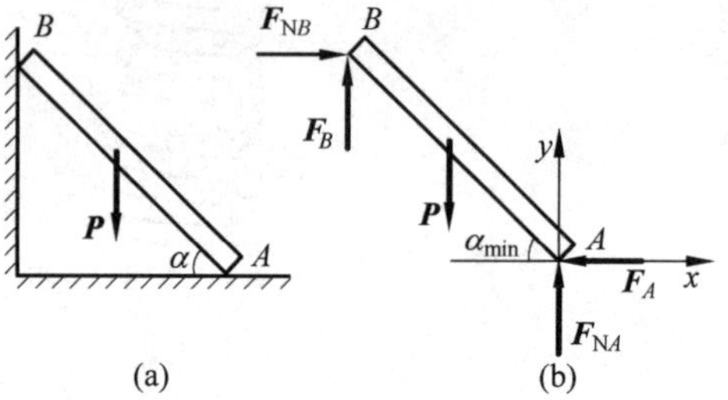

图 2.43

解 考虑梯子处于临界平衡状态有下滑的趋势,以 AB 为研究对象,受力分析如图 2.43(b)所示。列平衡方程

$$\sum F_x = 0, F_{NB} - F_A = 0$$

$$\sum F_y = 0, F_{NA} + F_B - P = 0$$

$$\sum M_A(\boldsymbol{F}) = 0, P \times \frac{l}{2} \times \cos\alpha_{min} - F_B \times l \times \cos\alpha_{min} - F_{NB} \times l \times \sin\alpha_{min} = 0$$

补充方程

$$F_A = f_s F_{NA}$$
$$F_B = f_s F_{NB}$$

解得

$$F_{NA} = \frac{P}{1+f_s^2},\ F_{NB} = \frac{f_s P}{1+f_s^2},\ F_A = \frac{f_s P}{1+f_s^2},\ F_B = P - \frac{P}{1+f_s^2}$$

得

$$\alpha_{min} = \arctan\frac{1-f_s^2}{2f_s} = \arctan\frac{1-0.5^2}{2\times0.5} = 36.87^\circ$$

注意,由于 α 不可能大于 90°,所以梯子平衡倾角 α 应满足

$$36.87^\circ \leqslant \alpha \leqslant 90^\circ$$

习题

2.1 杆 AC、BC 在 C 处铰接,另一端均与墙面铰接,如图所示,$\boldsymbol{F}_1$ 和 $\boldsymbol{F}_2$ 作用在销钉 C 上,$F_1=445$ N,$F_2=535$ N。不计杆重,试求两杆所受的力。

2.2 水平力 $\boldsymbol{F}$ 作用在刚架的 B 点,如图所示。如不计刚架重量,试求支座 A 和 D 处的约束反力。

2.3 如图所示为平面汇交力系,用解析法求图示力系的合力。

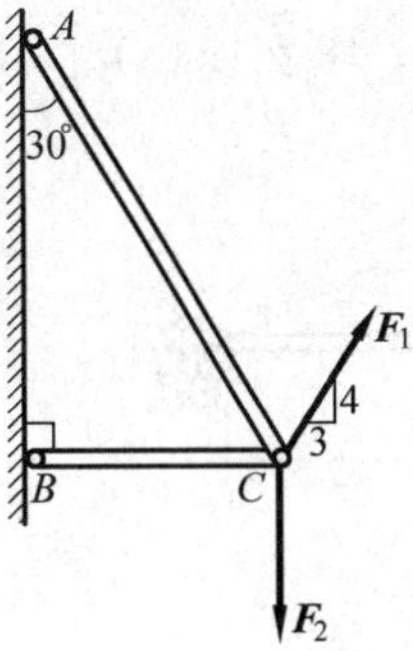

习题 2.1 图

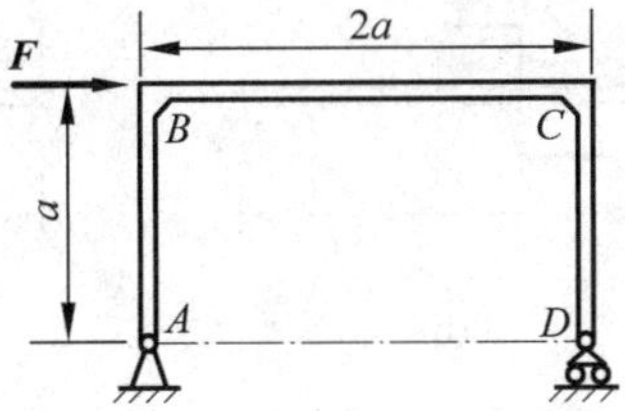

习题 2.2 图

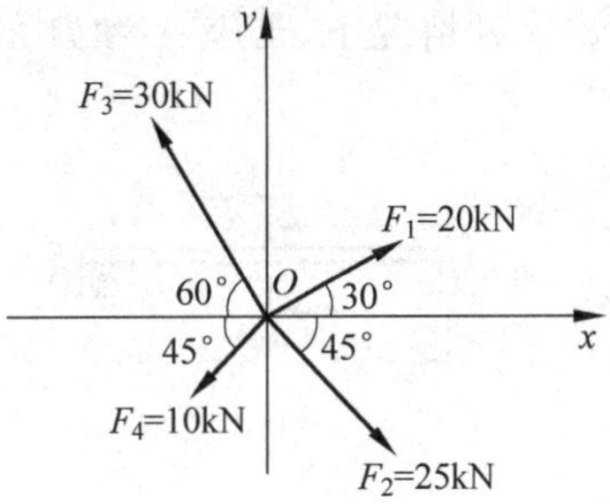

习题 2.3 图

2.4 在简支梁 AB 的中点 C 作用一个角为 45°的力 $\boldsymbol{F}$，力的大小等于 20 kN，如图所示。若梁的自重不计，试求两支座的约束反力。

2.5 如图所示结构由两折杆 ABC 和 DGE 构成。构件重量不计。已知 $F=200$ N，试求支座 A 和 E 处的约束反力。

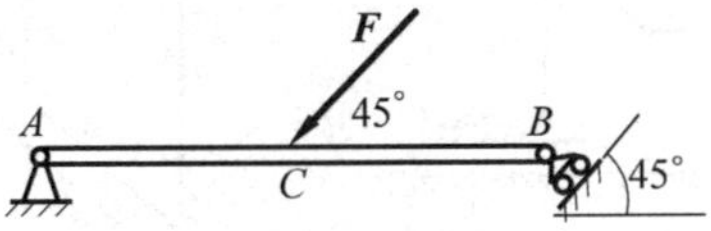

习题 2.4 图

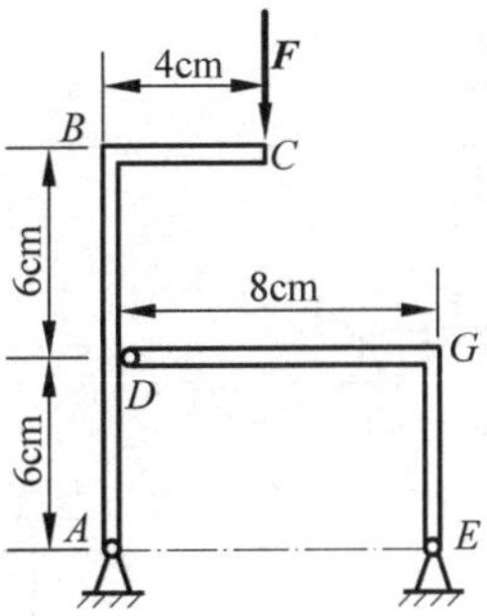

习题 2.5 图

2.6 如图所示，简易拔桩装置中，AB 和 AC 是绳索，两绳索连接于点 A，B 端连接于支架上，C 端连接于桩端头上。当 $F=50$ kN，$\theta=10°$时，求绳 AB 和 AC 的拉力。

2.7 在四连杆机构 $ABCD$ 的铰链 B 和 C 上分别作用有力 $\boldsymbol{F}_1$ 和 $\boldsymbol{F}_2$，机构在图示位置平衡。试求平衡时力 $\boldsymbol{F}_1$ 和 $\boldsymbol{F}_2$ 的大小关系。

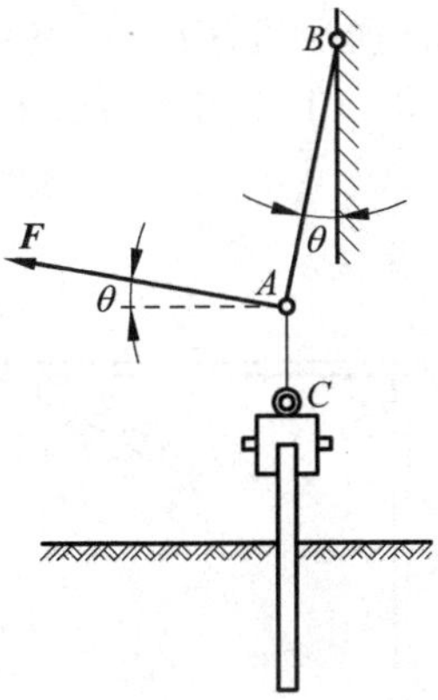

习题 2.6 图

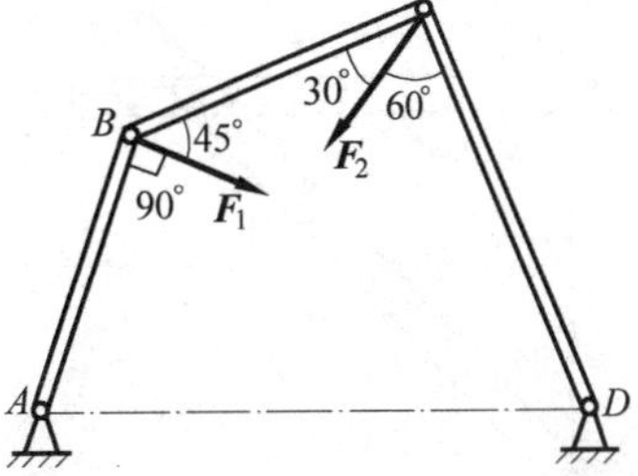

习题 2.7 图

2.8　已知梁 AB 上作用一力偶，力偶矩为 M，梁长为 l，梁重不计。求在图(a)、(b)、(c)三种情况下，支座 A 和 B 的约束反力。

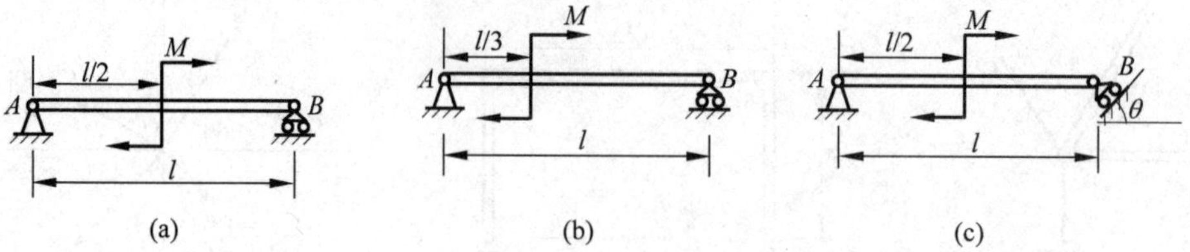

习题 2.8 图

2.9　如图所示结构中杆件自重不计，曲杆 AB 上作用有主动力偶，其力偶矩为 M，试求 A 和 C 点处的约束反力。

2.10　齿轮箱的两个轴上作用的力偶如图所示，它们的力偶矩大小分别为 $M_1=500\ \mathrm{N\cdot m}$，$M_2=125\ \mathrm{N\cdot m}$。求两螺栓处的铅垂约束反力。

2.11　如图所示，均质杆 AB 重 1500 N，两端靠在光滑墙上，并用铅直绳悬吊，求 A、B 点的约束反力。

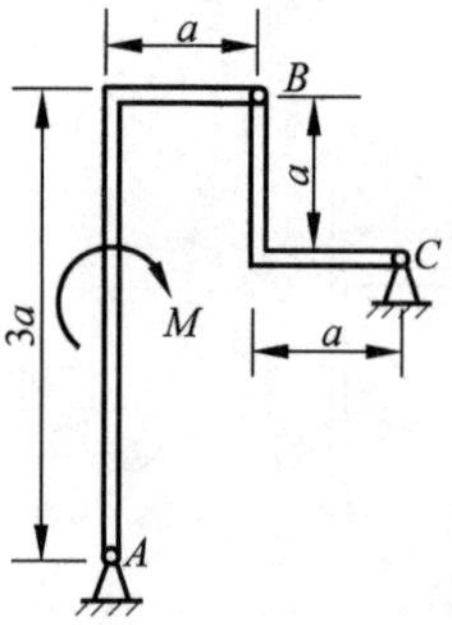

习题 2.9 图

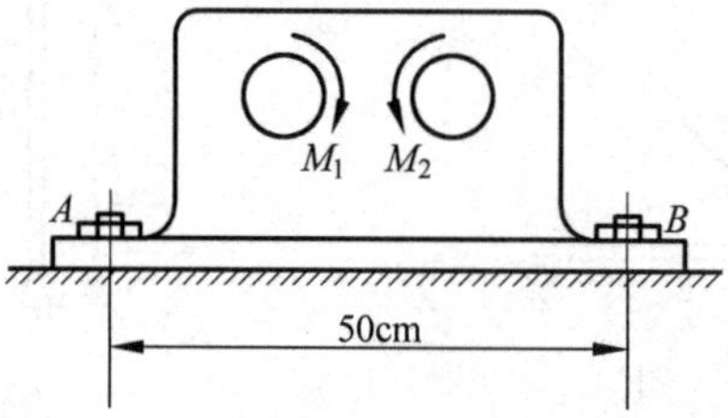

习题 2.10 图

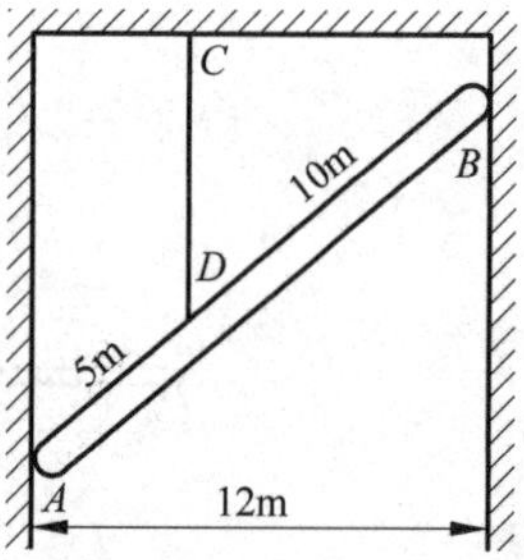

习题 2.11 图

2.12　如图所示，杆 AB 上有一滑槽，与杆 CD 上的销钉 E 连接。杆 AB、CD 上分别作用一力偶，已知其中一力偶矩 $M_1=1000\ \mathrm{N\cdot m}$，不计杆重及摩擦，求力偶矩 M_2 的大小。

2.13　四连杆机构在图示位置平衡。已知 $OA=60$ cm，$BC=40$ cm，作用在 BC 上的力偶矩为 $M_2=1\ \mathrm{N\cdot m}$，试求作用在 OA 上的力偶矩 M_1 和 AB 所受的力 F_{AB}。各杆重量不计。

2.14　在图示结构中，各构件的自重都不计，在构件 BC 上作用一力偶矩为 M 的力偶，各尺寸如图。求支座 A 的约束反力。

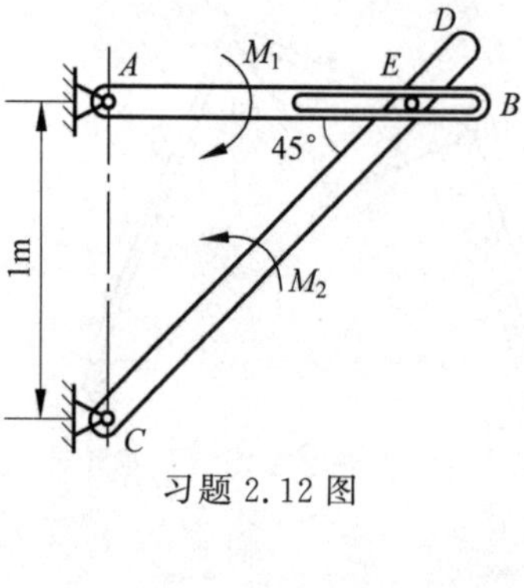

习题 2.12 图

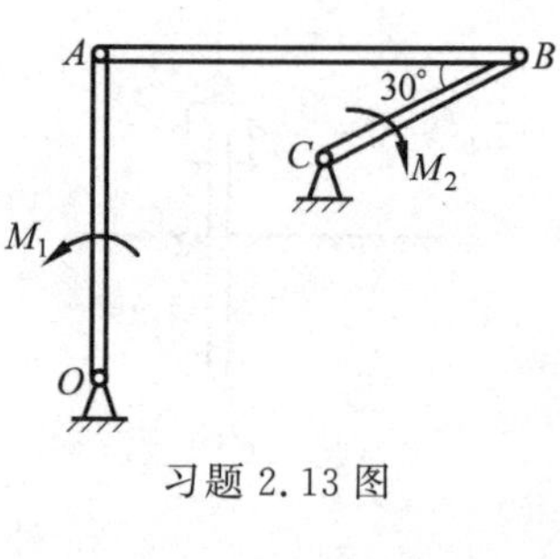

习题 2.13 图

2.15 如图所示，正方形板 $ABCD$ 的边长为 a，沿四条边分别作用有力 F_1、F_2、F_3、F_4，且大小相等，均为 F。求力系向点 A 简化的主矢和主矩。

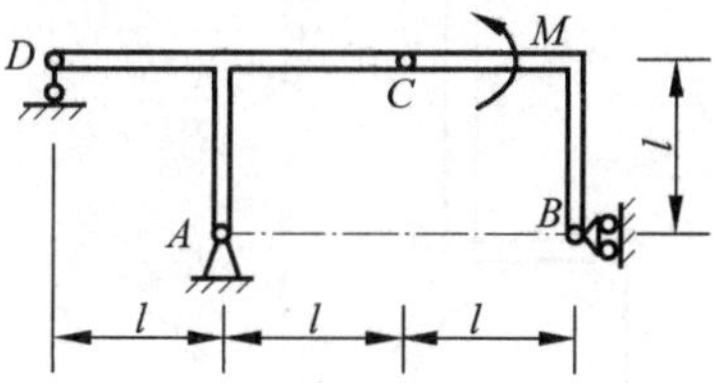

习题 2.14 图

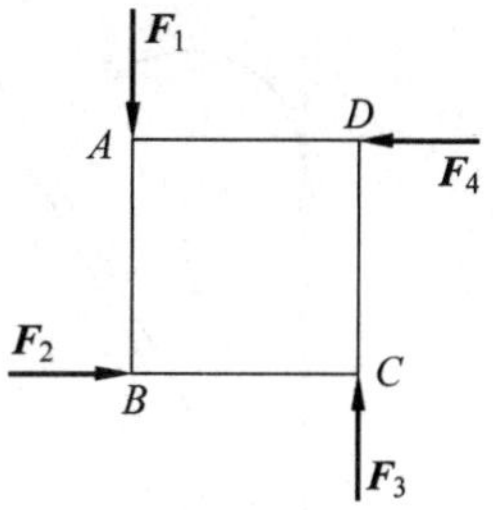

习题 2.15 图

2.16 图示平面任意力系中，$F_1=40\sqrt{2}$ N，$F_2=80$ N，$F_3=40$ N，$F_4=110$ N，$M=2000$ N·mm。各力作用位置如图所示，图中尺寸的单位为 mm。求：(1)力系向点 O 简化的结果；(2)力系的合力的大小、方向及合力作用线方程。

2.17 如图所示，等边三角形板 ABC 边长为 a，板上作用有力偶矩 $M=Fa$ 和四个大小相等的力 $F_1=F_2=F_3=F_4=F$。求该力系的最终简化结果。

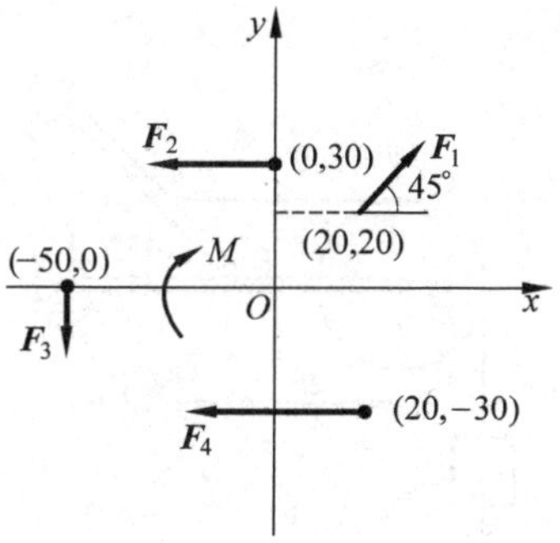

习题 2.16 图

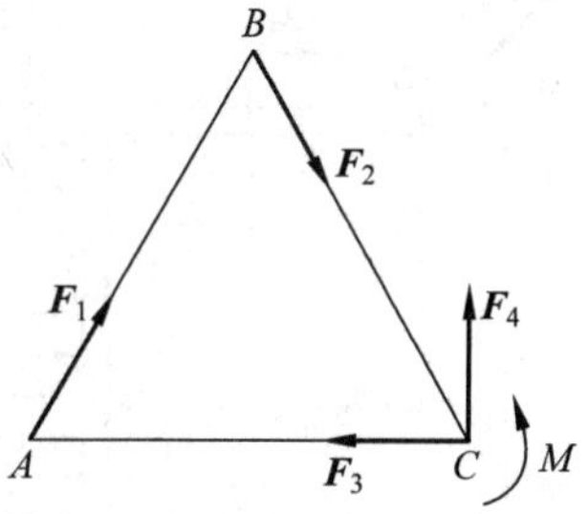

习题 2.17 图

2.18 不计自重水平梁的约束和载荷如图(a)、(b)所示。已知力 $\boldsymbol{F}$、力偶矩为 M 的力偶和集度为 q 的均布载荷，求支座 A 和 B 处的约束反力。

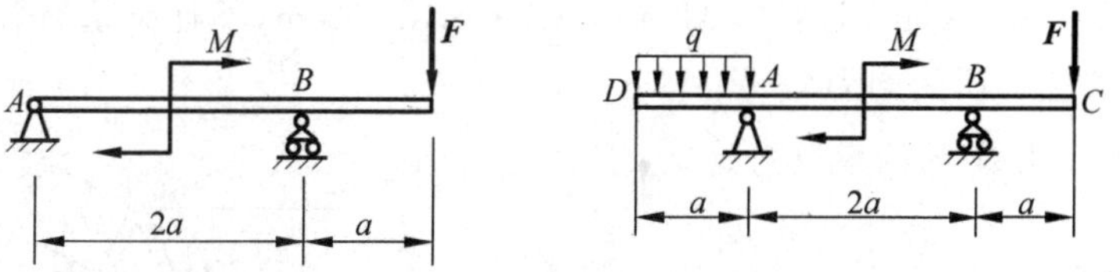

(a) (b)

习题 2.18 图

2.19 如图所示，重为 P 的圆柱搁在倾斜的板 AB 与墙之间，板与墙的夹角为 30°，D 是 AB 的中点，BC 绳水平，各接触点均为光滑。不计板的自重，求绳 BC 的拉力和铰链 A 的约束反力。

2.20 如图所示手柄 ABC 的 A 端是铰链支座，B 处与等腰直角折杆 BD 用铰链连接。各杆自重不计，$F=400$ N，手柄在图示位置平衡。求 A 支座的约束反力。

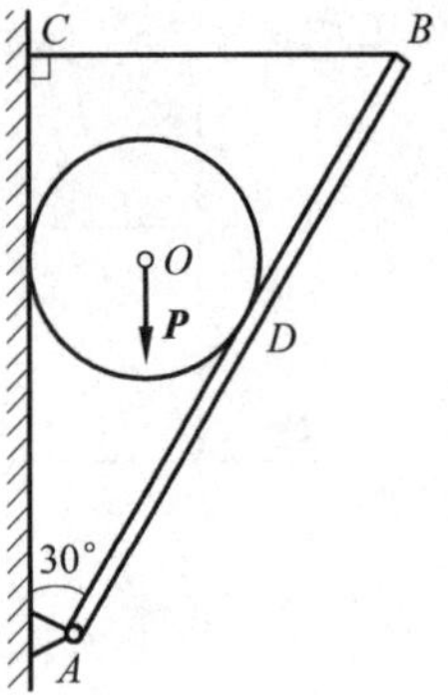

习题 2.19 图

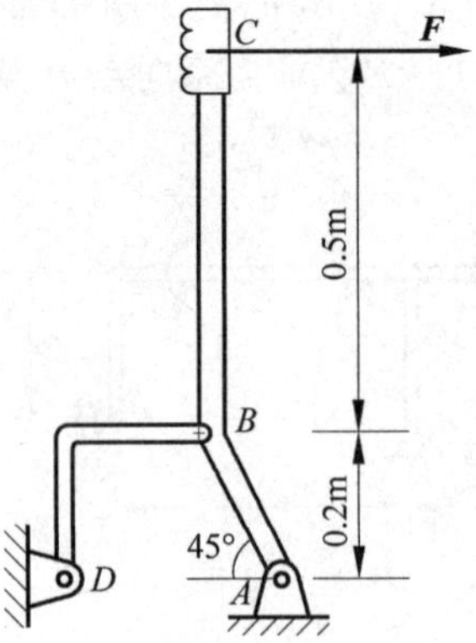

习题 2.20 图

2.21　如图所示刚架，已知 $q=5\ \mathrm{kN/m}$，$F=10\sqrt{2}\ \mathrm{kN}$，$M=20\ \mathrm{kN\cdot m}$。不计刚架自重，求固定端 A 的约束反力。

2.22　如图所示结构，重为 P 的物体通过绳索挂在滑轮 D 上，各杆件自重不计，求 A、B、C 三点的约束反力。

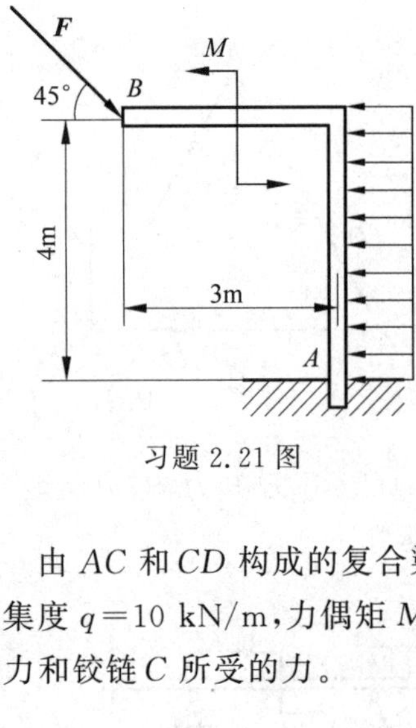

习题 2.21 图

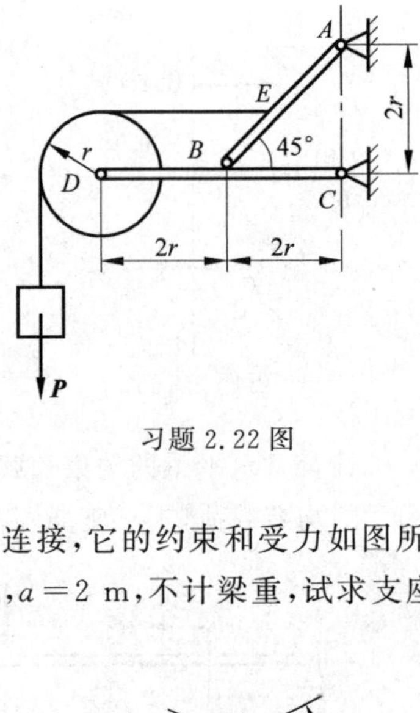

习题 2.22 图

2.23　由 AC 和 CD 构成的复合梁通过铰链 C 连接，它的约束和受力如图所示。已知均布载荷集度 $q=10\ \mathrm{kN/m}$，力偶矩 $M=40\ \mathrm{kN\cdot m}$，$a=2\ \mathrm{m}$，不计梁重，试求支座 A、B、D 的约束反力和铰链 C 所受的力。

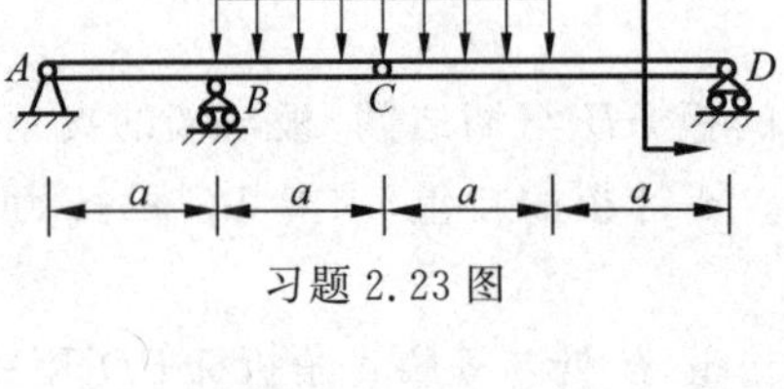

习题 2.23 图

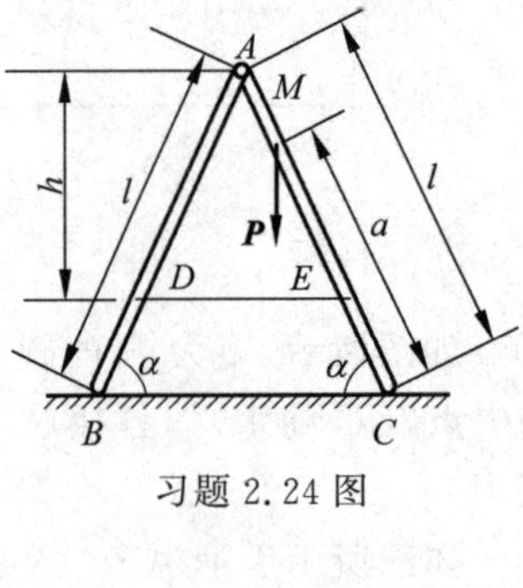

习题 2.24 图

2.24　活动梯子置于光滑水平面上，并在铅垂面内，梯子两部分 AC 和 AB 各重为 Q，

重心在 A 点，彼此用铰链 A 和绳子 DE 连接。一人重为 P，位于 M 处，试求绳子 DE 的拉力和 B、C 两点的约束反力。

2.25　如图所示，结构由直角折杆 AC 和直杆 CD 构成，各杆不计自重，已知 $q=1\ \text{kN/m}$，$M=27\ \text{kN}\cdot\text{m}$，$P=12\ \text{kN}$，$\theta=30°$，$a=4\ \text{m}$，求支座 A 和铰链 C 的约束反力。

2.26　由杆 AB、BC 和 CE 组成的支架和滑轮 E 支持着物体。物体重 $P=12\ \text{kN}$。D 处为铰链连接，尺寸如图所示。试求固定铰链支座 A 和滚动铰链支座 B 的约束反力以及杆 BC 所受的力。

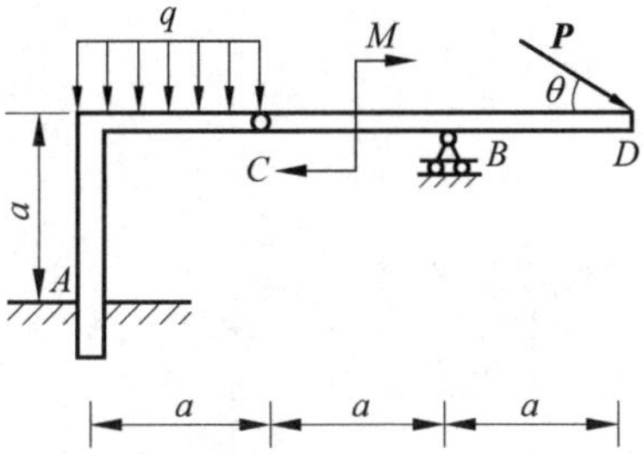

习题 2.25 图

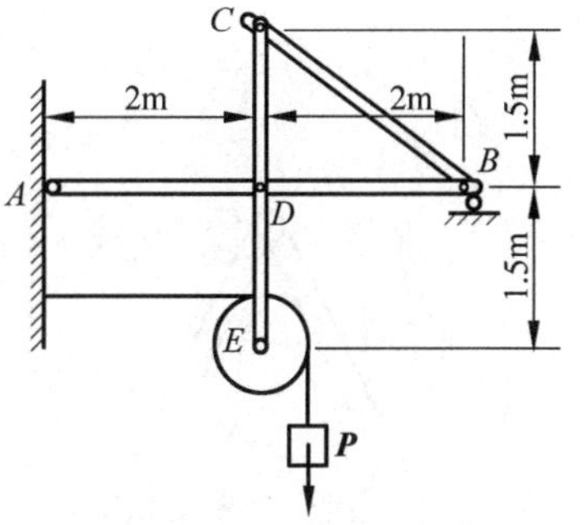

习题 2.26 图

2.27　均质梯长为 l，重为 P，B 端靠在光滑铅直墙上，如图所示，已知梯与地面的静摩擦因数 f_{sA}，求平衡时梯与地面的夹角 θ 的范围。

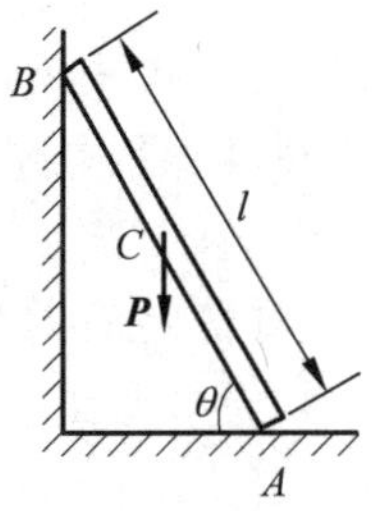

习题 2.27 图

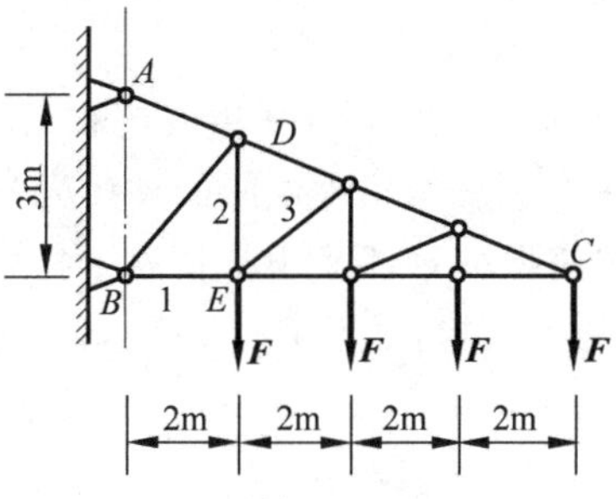

习题 2.28 图

2.28　平面悬臂桁架所受的载荷如图所示，求杆 1、2 和 3 的内力。

2.29　桁架受力如图所示，已知 $F_1=10\ \text{kN}$，$F_2=F_3=20\ \text{kN}$，求桁架中杆 4、5、7、10 的内力。

2.30　平面桁架的支座和所受的载荷如图所示，求杆 1、2 和 3 的内力。

2.31　如图所示，一折梯放在水平面上，它的两脚 A、B 与地面间的摩擦因数分别为 $f_A=0.2$，$f_B=0.6$，AC 边的中点放置重物 $P=500\ \text{N}$，不计折梯自重。(1)折梯能否保持平衡？(2)若平衡，计算折梯两脚与地面间的摩擦力。

2.32　如图所示，已知作用于物体上的 $P=40\ \text{kN}$，$F=20\ \text{kN}$，物体与地面间的静摩擦因数 $f_s=0.5$，动摩擦因数 $f_d=0.4$，求物体所受摩擦力的大小。

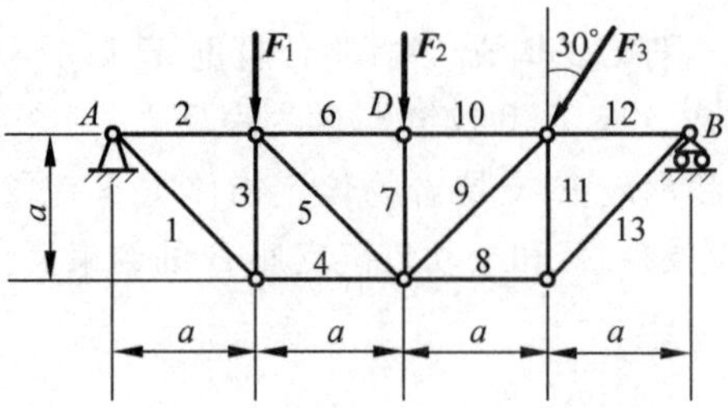

习题 2.29 图

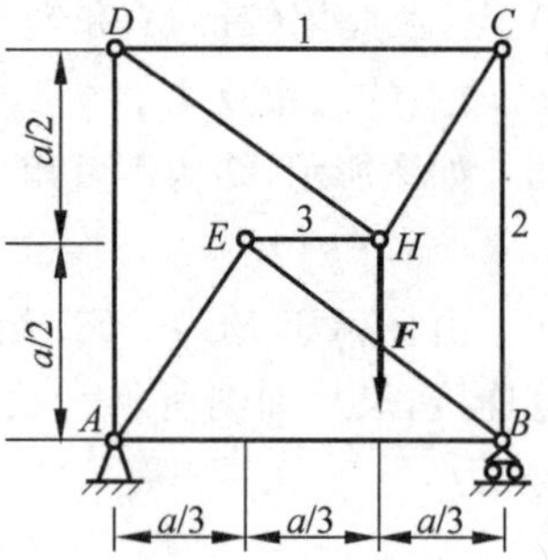

习题 2.30 图

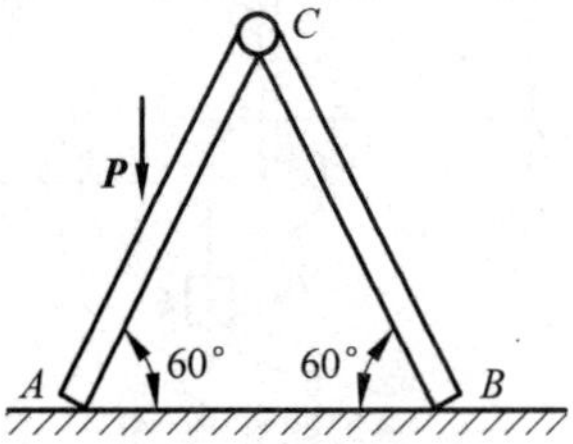

习题 2.31 图

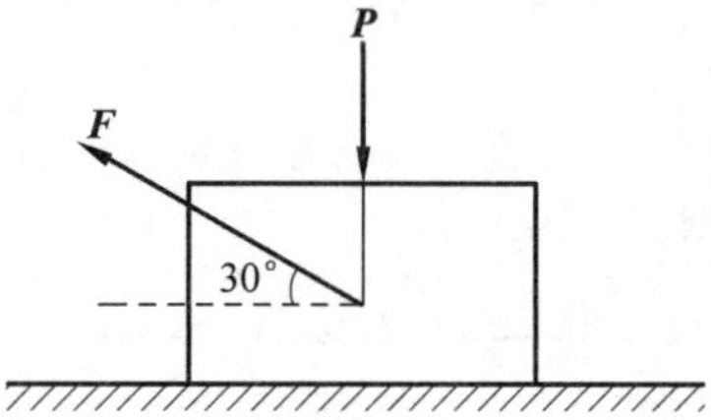

习题 2.32 图

2.33　如图所示，两手施加大小相等的两个力 F 和 F' 将四本相同的书一起搬起，若每本书重为 P，书与书间的静摩擦因数 $f_{s1}=0.1$，书与手间的静摩擦因数 $f_{s2}=0.25$，求力 F 的最小值。

2.34　如图所示，物块 A 和 B 由铰链和无重水平杆 CD 连接，物块 B 重 2000 N，与斜面的摩擦角 $\varphi=15°$，斜面与铅垂面间的夹角为 30°，物块 A 放在摩擦因数 $f=0.4$ 的水平面上。不计杆重，求使物块 B 不致下滑情况下物块 A 的最小重量。

2.35　如图所示结构，球重 $P=400$ N，折杆自重不计，所有接触面的静摩擦因数均为 $f_s=0.2$，铅直力 $F=500$ N，$a=20$ cm。求 F 应作用在何处（x 为多大）时，球才不会落下。

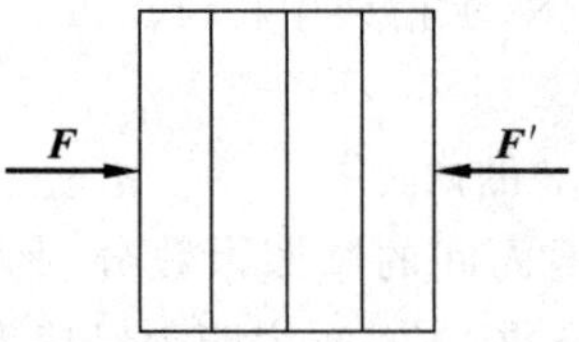

习题 2.33 图

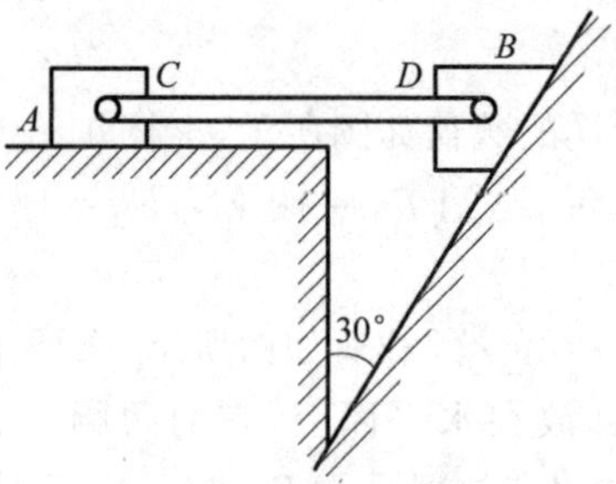

习题 2.34 图

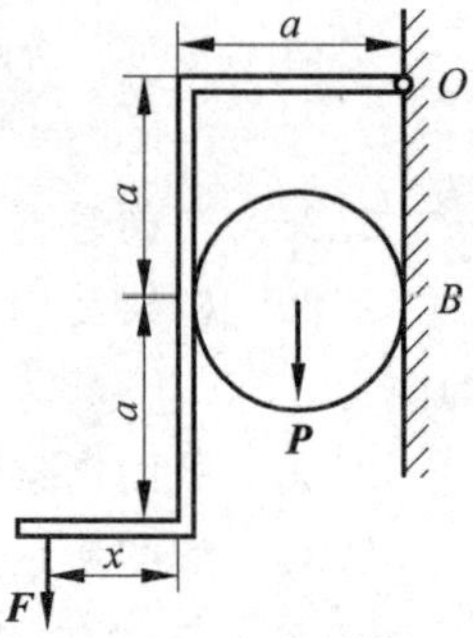

习题 2.35 图

第3章

空间力系

工程中常见物体所受各力的作用线并不都在同一平面内，而是空间分布的，这样的力系称为**空间力系**（system of forces in space）。如图 3.1 所示的传动轴受力。

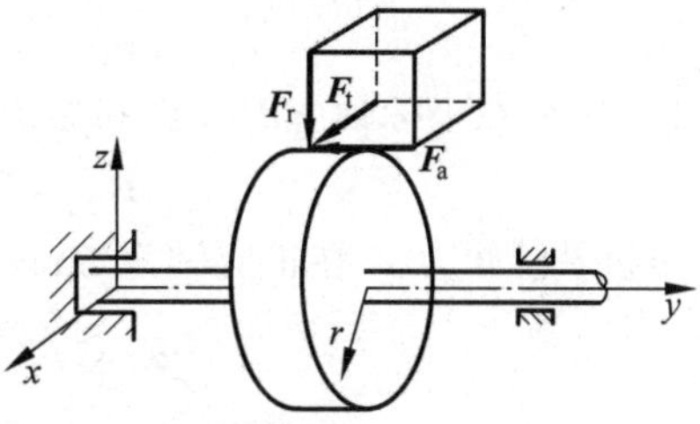

图 3.1

本章将平面力系的基本方法进一步推广，研究空间力系的简化和平衡问题。空间力系又可分为空间汇交力系、空间平行力系及空间任意力系。要解决物体在空间力系作用下的平衡问题，首先要掌握空间力在坐标轴上的投影和力对轴之矩的概念和计算方法。

3.1 力在空间直角坐标轴上的投影

1. 直接投影法

已知空间力 $\boldsymbol{F}$ 与正交坐标系 $Oxyz$ 三轴间的夹角分别为 α、β、γ，如图 3.2 所示，则力在三个轴上的投影等于力 $\boldsymbol{F}$ 的大小乘以与各轴夹角的余弦，即

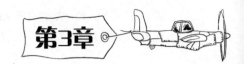

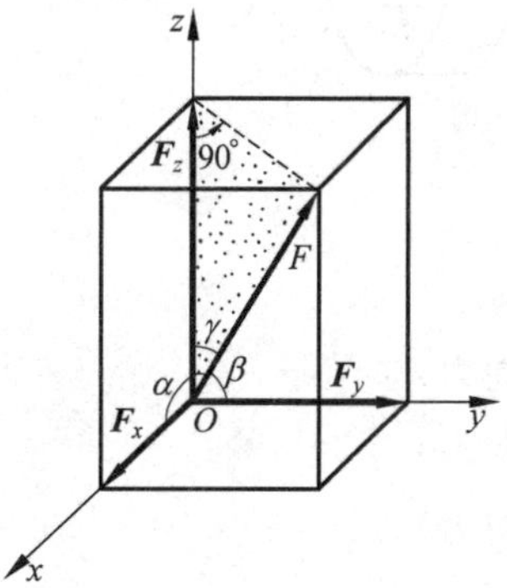

图 3.2

$$\left.\begin{aligned} F_x &= F\cos\alpha \\ F_y &= F\cos\beta \\ F_z &= F\cos\gamma \end{aligned}\right\} \tag{3.1}$$

2. 二次投影法

当力 $\boldsymbol{F}$ 与坐标轴 Ox、Oy 间的夹角不易确定时，可把力 $\boldsymbol{F}$ 先投影到坐标平面 Oxy 上，得到力 $\boldsymbol{F}_{xy}$，然后再把这个力投影到 x、y 轴上。在图 3.3 中，已知角 γ 和 φ，则力 $\boldsymbol{F}$ 在三个坐标轴上的投影分别为

$$\left.\begin{aligned} F_x &= F\sin\gamma\cos\varphi \\ F_y &= F\sin\gamma\sin\varphi \\ F_z &= F\cos\gamma \end{aligned}\right\} \tag{3.2}$$

若以 $\boldsymbol{F}_x$、$\boldsymbol{F}_y$、$\boldsymbol{F}_z$ 表示力 $\boldsymbol{F}$ 沿直角坐标轴 x、y、z 的正交分量，以 $\boldsymbol{i}$、$\boldsymbol{j}$、$\boldsymbol{k}$ 分别表示沿 x、y、z 坐标轴方向的单位矢量(见图 3.4)，则有

$$\boldsymbol{F}=\boldsymbol{F}_x+\boldsymbol{F}_y+\boldsymbol{F}_z=F_x\boldsymbol{i}+F_y\boldsymbol{j}+F_z\boldsymbol{k} \tag{3.3}$$

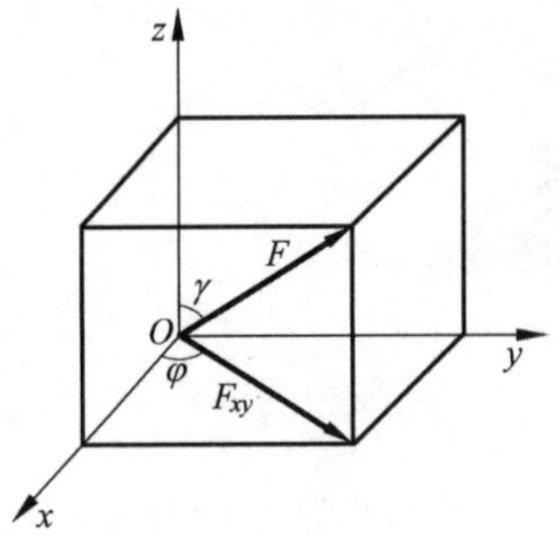

图　3.3

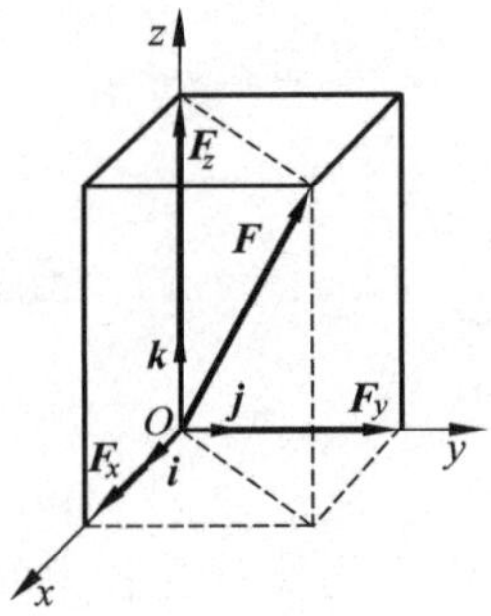

图　3.4

由此，力 $\boldsymbol{F}$ 在坐标轴上的投影和力沿坐标轴的正交分矢量间的关系可表示为

$$\boldsymbol{F}_x=F_x\boldsymbol{i},\boldsymbol{F}_y=F_y\boldsymbol{j},\boldsymbol{F}_z=F_z\boldsymbol{k} \tag{3.4}$$

如果已知力 $\boldsymbol{F}$ 在正交轴系 $Oxyz$ 的三个投影，则力 $\boldsymbol{F}$ 的大小和方向余弦为

$$\left.\begin{array}{l}F=\sqrt{F_x^2+F_y^2+F_z^2}\\ \cos\alpha=\dfrac{F_x}{F},\cos\beta=\dfrac{F_y}{F},\cos\gamma=\dfrac{F_z}{F}\end{array}\right\} \tag{3.5}$$

例 3.1　半径为 r 的斜齿轮，其上作用力 $\boldsymbol{F}$，如图 3.5(a)所示。求力 $\boldsymbol{F}$ 在坐标轴上的投影。

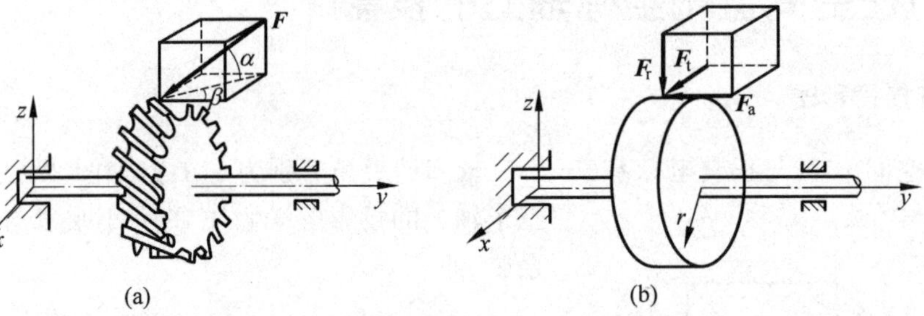

图　3.5

解　用二次投影法求解。由图 3.5(b)得

$$F_x=F_t=F\cos\alpha\sin\beta \quad (\text{圆周力})$$

$$F_y=F_a=-F\cos\alpha\cos\beta \quad (\text{轴向力})$$

$$F_z=F_r=-F\sin\alpha \quad (\text{径向力})$$

3.2　力对点之矩的矢量描述

对于平面力系，用代数量表示力对点之矩，表示力矩的大小及其旋转方向。在空间情况下，不仅要考虑力矩的大小、旋转方向，而且还要考虑力与矩心所组成的平面(力矩作用面)的方位。方位不同，即使力矩大小一样，作用效果也将完全不同。因此，空间力对点之矩可

以用力矩矢 $\boldsymbol{M}_O(\boldsymbol{F})$ 来描述。

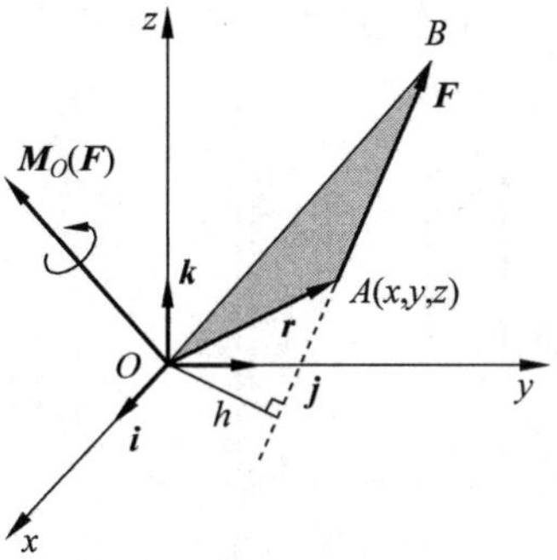

图　3.6

由图 3.6 可知，以 $\boldsymbol{r}$ 表示力作用点 A 的矢径，则力对点之矩的力矩矢等于矩心到力的作用点的矢径与该力的矢量积，即

$$\boldsymbol{M}_O(\boldsymbol{F}) = \boldsymbol{r} \times \boldsymbol{F} \tag{3.6}$$

如图所示，以矩心 O 为原点，建立空间直角坐标系 $Oxyz$，设力作用点 A 的坐标为 $A(x,y,z)$，力 $\boldsymbol{F}$ 在 x、y、z 轴的投影分别为 $\boldsymbol{F}_x$、$\boldsymbol{F}_y$、$\boldsymbol{F}_z$，则矢径 $\boldsymbol{r}$ 和力 $\boldsymbol{F}$ 分别为

$$\boldsymbol{r} = x\boldsymbol{i} + y\boldsymbol{j} + z\boldsymbol{k}$$

$$\boldsymbol{F} = F_x\boldsymbol{i} + F_y\boldsymbol{j} + F_z\boldsymbol{k}$$

$$\boldsymbol{M}_O(\boldsymbol{F}) = \boldsymbol{r} \times \boldsymbol{F} = \begin{vmatrix} \boldsymbol{i} & \boldsymbol{j} & \boldsymbol{k} \\ x & y & z \\ F_x & F_y & F_z \end{vmatrix} = (yF_z - zF_y)\boldsymbol{i} + (zF_x - xF_z)\boldsymbol{j} + (xF_y - yF_x)\boldsymbol{k} \tag{3.7}$$

由上式可知，单位矢量 $\boldsymbol{i}$、$\boldsymbol{j}$、$\boldsymbol{k}$ 前的三个系数应分别表示力对点的矩矢 $\boldsymbol{M}_O(\boldsymbol{F})$ 在三个坐标轴上的投影，即

$$\left.\begin{aligned} [\boldsymbol{M}_O(\boldsymbol{F})]_x &= yF_z - zF_y \\ [\boldsymbol{M}_O(\boldsymbol{F})]_y &= zF_x - xF_z \\ [\boldsymbol{M}_O(\boldsymbol{F})]_z &= xF_y - yF_x \end{aligned}\right\} \tag{3.8}$$

比较式(3.8)和式(2.12)，不难看出，平面(Oxy)问题的力对点之矩实际就是空间问题力对点之矩在 z 轴上的投影(或力对 z 轴之矩)。

由于力矩矢量 $\boldsymbol{M}_O(\boldsymbol{F})$ 的大小和方向都与矩心 O 的位置有关，故力矩矢的始端必须在矩心，不可任意挪动，这种矢量称为定位矢量。

3.3　力对轴之矩

在日常生活中和工程实际中，常常遇到绕轴转动的物体，如门窗、齿轮、传动轴等。**力对轴之矩**(moment of force about an axis)是力使物体绕轴转动效应的度量。

1. 定义

力 $\boldsymbol{F}$ 作用在刚体上 A 点使刚体绕 z 轴转动(见图 3.7(a))。力 $\boldsymbol{F}$ 对 z 轴之矩 $M_z(\boldsymbol{F})$ 等

于该力在与 z 轴垂直的平面上的投影 $\boldsymbol{F}_{xy}$ 对轴与平面交点 O 之矩 $M_O(\boldsymbol{F}_{xy})$，即

$$M_z(\boldsymbol{F})=M_O(\boldsymbol{F}_{xy})=\pm F_{xy}\times h=\pm 2S_{\triangle AOb} \tag{3.9}$$

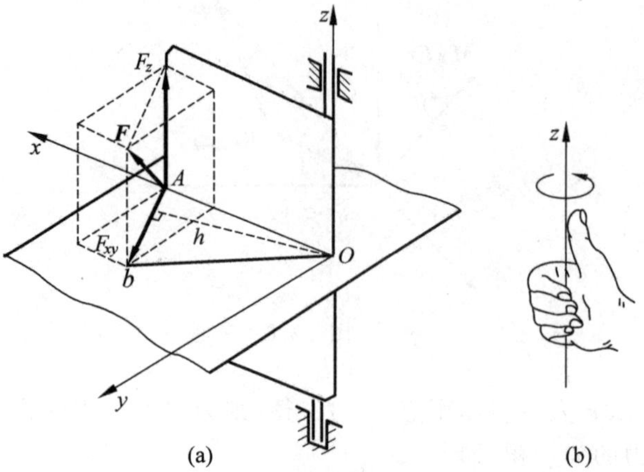

图 3.7

力对轴之矩是代数量，表示力矩的大小和转向，并按右手法则确定其正负号，如图 3.7(b)所示，四指的方向为刚体转动方向，拇指指向与 z 轴一致为正，反之为负。

由上述定义可知：力与 z 轴平行则 $F_{xy}=0$，或力与 z 轴相交则 $h=0$ 时，力对该轴之矩等于零。

2. 力对轴之矩的解析式

力 $\boldsymbol{F}$ 作用在刚体上的 $A(x,y,z)$ 点，如图 3.8 所示。

F_x、F_y、F_z 分别为力 $\boldsymbol{F}$ 在坐标轴上的投影。由合力矩定理得到力对三轴之矩

$$\left.\begin{aligned}M_x(\boldsymbol{F})&=yF_z-zF_y\\M_y(\boldsymbol{F})&=zF_x-xF_z\\M_z(\boldsymbol{F})&=xF_y-yF_x\end{aligned}\right\} \tag{3.10}$$

式中各量均为代数量。

对比式(3.10)和式(3.8)，可见，力对点之矩在三个坐标轴上的投影分别等于该力对这三个坐标轴之矩。

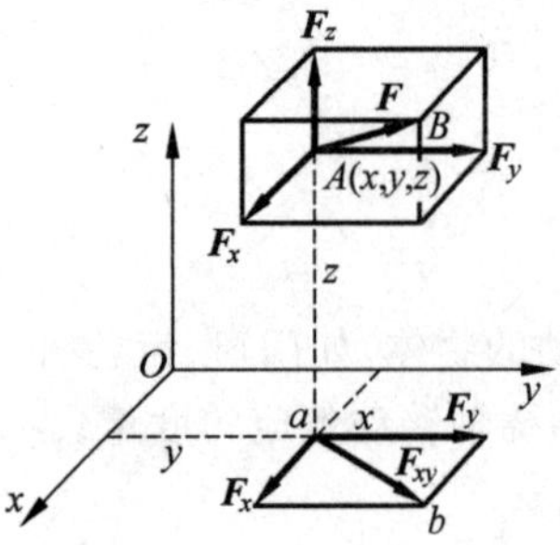

图 3.8

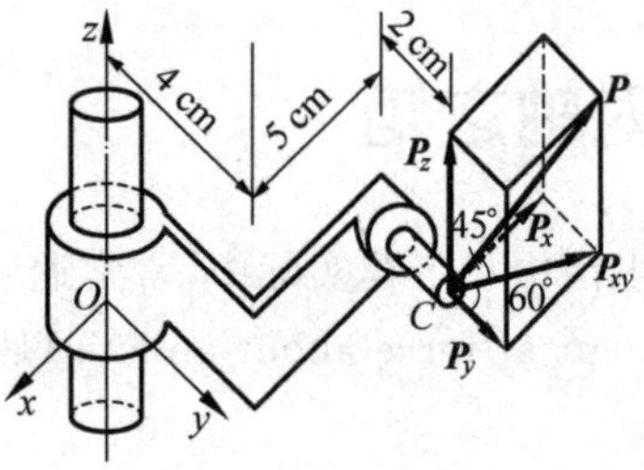

图 3.9

例 3.2 如图 3.9 所示,力 $\boldsymbol{P}$ 作用在 C 点。已知:C 点在 Oxy 平面内,$P=2000$ N。求:力 $\boldsymbol{P}$ 在三轴的投影与对三轴之矩。

解 应用二次投影法求力在轴上的投影:

$$P_x=-P\cos45^\circ\sin60^\circ=-\frac{\sqrt{6}}{2}P$$

$$P_y=P\cos45^\circ\cos60^\circ=\frac{\sqrt{2}}{4}P$$

$$P_z=P\sin45^\circ=\frac{\sqrt{2}}{2}P$$

力 $\boldsymbol{P}$ 的作用点 C 坐标分别为:$x=-5$ cm,$y=6$ cm,$z=0$。利用式(3.10),求力 $\boldsymbol{P}$ 对三轴之矩:

$$M_x(\boldsymbol{P})=yP_z-zP_y=6\times\frac{\sqrt{2}}{2}P=84.8\ \text{N}\cdot\text{m}$$

$$M_y(\boldsymbol{P})=zP_x-xP_z=-(-5)\times\frac{\sqrt{2}}{2}P=70.7\ \text{N}\cdot\text{m}$$

$$M_z(\boldsymbol{P})=xP_y-yP_x=-5\times\frac{\sqrt{2}}{4}P-6\times\left(-\frac{\sqrt{6}}{2}P\right)=38.2\ \text{N}\cdot\text{m}$$

例 3.3 如图 3.10(a)所示,在边长为 a 的立方体上沿对角线 AB 作用一力 $\boldsymbol{F}$,求此力在三轴上的投影和对三轴的矩。

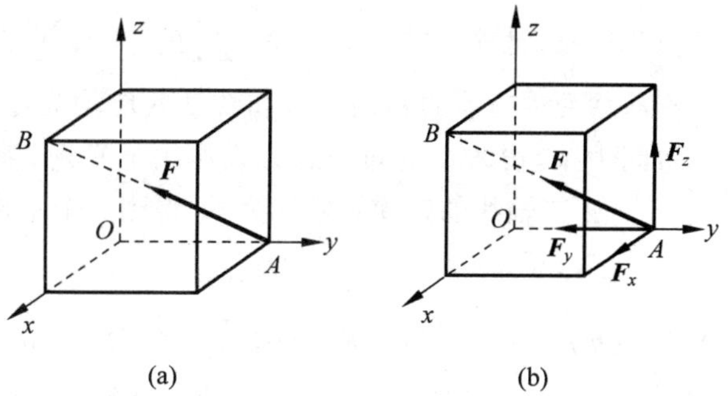

图 3.10

解 在作用点 A 处,把力 $\boldsymbol{F}$ 沿坐标轴 x、y、z 示意分解如图 3.10(b)所示。

由空间几何关系可得

$$F_x=\frac{\sqrt{3}}{3}F,F_y=-\frac{\sqrt{3}}{3}F,F_z=\frac{\sqrt{3}}{3}F$$

求力 $\boldsymbol{F}$ 对坐标轴 x、y、z 之矩,可利用合力矩定理得

$$M_x(\boldsymbol{F})=M_x(F_x)+M_x(F_y)+M_x(F_z)$$

又因为,当力 F 与轴平行或力 F 与轴相交时,也就是当力与轴共面时,力对轴之矩等于零。所以

$$M_x(\boldsymbol{F})=M_x(F_z)=\frac{\sqrt{3}}{3}Fa$$

同理可得

$$M_y(\boldsymbol{F})=0, M_z(\boldsymbol{F})=M_z(F_x)=-\frac{\sqrt{3}}{3}Fa$$

其中,力对轴之矩的正负号用右手法则判定。

特别指出,这里求力 $\boldsymbol{F}$ 对坐标轴 x、y、z 轴之矩,也可以利用力 $\boldsymbol{F}$ 对点 O 之矩来求解。公式为

$$\boldsymbol{M}_O(\boldsymbol{F})=\boldsymbol{r}\times\boldsymbol{F}=\begin{vmatrix}\boldsymbol{i} & \boldsymbol{j} & \boldsymbol{k}\\ 0 & a & 0\\ \frac{\sqrt{3}}{3}F & -\frac{\sqrt{3}}{3}F & \frac{\sqrt{3}}{3}F\end{vmatrix}=\frac{\sqrt{3}}{3}Fa\boldsymbol{i}-\frac{\sqrt{3}}{3}Fa\boldsymbol{k}$$

根据力对点之矩在通过该点的某轴上的投影等于力对该轴之矩,可得

$$M_x(\boldsymbol{F})=[\boldsymbol{M}_O(\boldsymbol{F})]_x=\frac{\sqrt{3}}{3}Fa$$

$$M_y(\boldsymbol{F})=[\boldsymbol{M}_O(\boldsymbol{F})]_y=0$$

$$M_z(\boldsymbol{F})=[\boldsymbol{M}_O(\boldsymbol{F})]_z=-\frac{\sqrt{3}}{3}Fa$$

3.4 空间力系的平衡方程及其应用

由平面任意力系的简化结果,推导出其平衡方程:$\sum F_x=0, \sum F_y=0, \sum M_O=0$。从物理意义上说明,该平面力系对物体的移动效应和转动效应均为零,使物体处于平衡状态。把平面力系推广到空间力系,物体在空间任意力系作用下平衡,则沿空间坐标 x、y、z 三轴线的移动效应和绕 x、y、z 三轴线的转动效应均为零,得到 6 个平衡方程

$$\left.\begin{array}{l}\sum F_x=0, \sum F_y=0,\ \sum F_z=0\\ \sum M_x(\boldsymbol{F})=0,\ \sum M_y(\boldsymbol{F})=0,\ \sum M_z(\boldsymbol{F})=0\end{array}\right\}\tag{3.11}$$

即,空间任意力系平衡的充要条件为所有各力在每一个轴上投影的代数和等于零,且对于每一个坐标轴之矩的代数和也等于零。

空间任意力系的平衡条件包含各种空间特殊力系的平衡条件。下面给出空间特殊力系的平衡方程。

1. 空间汇交力系

空间力系中各力作用线汇交于一点,称为空间汇交力系,其平衡方程为

$$\sum F_x=0, \sum F_y=0, \sum F_z=0\tag{3.12}$$

2. 空间平行力系

设物体受一空间平行力系作用,如图 3.11 所示。令 z 轴与这些力平行,则力系对于 z 轴的矩等于零,力系在 x、y 轴上的投影为零。因此,空间平行力系只有 3 个平衡方程,即

$$\sum F_z = 0,\ \sum M_x(\boldsymbol{F}) = 0,\ \sum M_y(\boldsymbol{F}) = 0 \tag{3.13}$$

例 3.4　如图 3.12(a)所示，重 $P=1000\ \mathrm{N}$ 的均质薄板用止推轴承 A、径向轴承 B 和绳索 CE 支持在水平面上，可以绕水平轴 AB 转动，今在板上作用一力偶，其力偶矩为 M，并假设薄板平衡。已知 $a=3\ \mathrm{m}$，$b=4\ \mathrm{m}$，$h=5\ \mathrm{m}$，$M=2000\ \mathrm{N\cdot m}$，试求绳子的拉力和轴承 A、B 的约束反力。

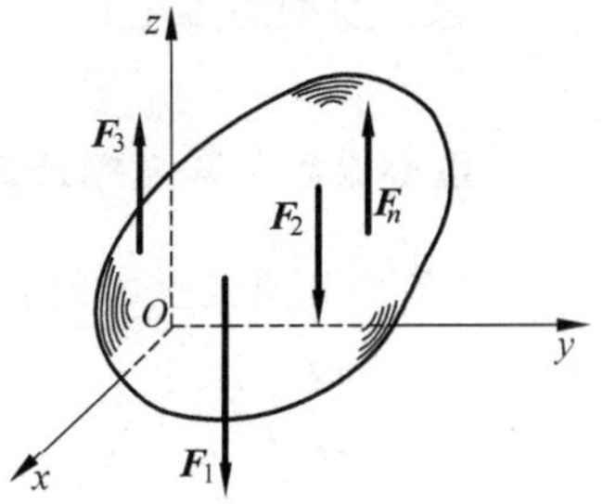

图　3.11

解　(1) 研究均质薄板，受力分析，受力图如图 3.12(b)所示。

(2) 选坐标系 $Axyz$，列出平衡方程，并求解：

$$\sum M_z(\boldsymbol{F}) = 0{:}\ M - F_{By} \times 4 = 0$$

$$F_{By} = 500\ \mathrm{N}$$

$$\sum M_x(\boldsymbol{F}) = 0{:}\ -P \times \frac{a}{2} + F_C \times \frac{\sqrt{2}}{2}a = 0$$

$$F_C = 707\ \mathrm{N}$$

$$\sum M_y(\boldsymbol{F}) = 0{:}\ -F_{Bz} \times b + P \times \frac{b}{2} - F_C \times \frac{\sqrt{2}}{2}b = 0$$

$$F_{Bz} = 0$$

$$\sum F_z = 0{:}\ F_{Bz} + F_{Az} - P + F_C \times \frac{\sqrt{2}}{2} = 0$$

$$F_{Az} = 500\ \mathrm{N}$$

$$\sum F_x = 0{:}\ F_{Ax} - F_C \times \frac{\sqrt{2}}{2} \times \frac{4}{5} = 0$$

$$F_{Ax} = 400\ \mathrm{N}$$

$$\sum F_y = 0{:}\ -F_{By} + F_{Ay} - F_C \times \frac{\sqrt{2}}{2} \times \frac{3}{5} = 0$$

$$F_{Ay} = 800\ \mathrm{N}$$

约束反力的方向如图 3.12(b)所示。

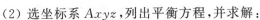

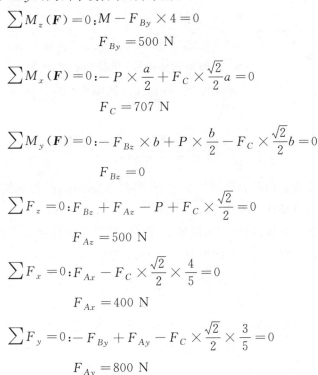

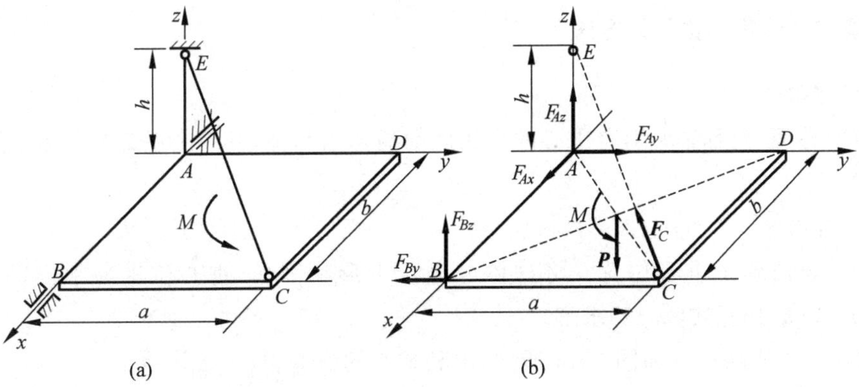

图　3.12

3.5 重心和形心

1. 重心概念及其坐标公式

物体各部分所受重力的合力的作用点称为物体的**重心**(center of gravity)。如将重为P的物体分成许多体积为V_i、重为P_i的微块，则有$P=\sum P_i$。取图3.13所示坐标系，重心C和微块的坐标(x_i，y_i，z_i)如图所示。由合力矩定理得重心坐标公式：

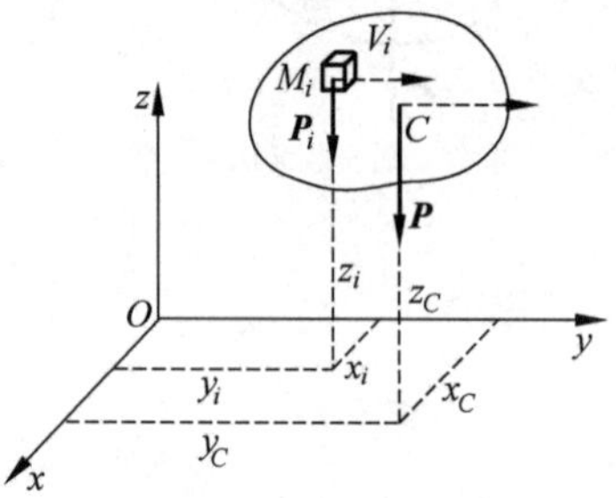

图 3.13

$$x_C=\frac{\sum P_ix_i}{\sum P_i}\quad y_C=\frac{\sum P_iy_i}{\sum P_i}\quad z_C=\frac{\sum P_iz_i}{\sum P_i}\tag{3.14}$$

如果物体均质，单位体积的重量γ为常数，以V_i表示微块体积，则物体总体积为$V=\sum V_i$。将$P_i=\gamma V_i$，$P=\gamma V$代入式(3.14)，得

$$x_C=\frac{\sum V_ix_i}{\cdot V},\ y_C=\frac{\sum V_iy_i}{V},\ z_C=\frac{\sum V_iz_i}{V}\tag{3.15}$$

式(3.15)实际上表达的是物体的形状中心，即**形心**(centroid)位置的计算公式。可见，均质物体的重心恰好就是该物体的形心。

工程中常采用薄壳结构，例如厂房的顶壳、薄壁容器、飞机机翼等。若薄壳是均质等厚的，将其分成许多微块，面积为S_i，体积为$V_i=S_it$，代入式(3.15)，则其重心公式为

$$x_C=\frac{\sum S_ix_i}{S},\ y_C=\frac{\sum S_iy_i}{S},\ z_C=\frac{\sum S_iz_i}{S}\tag{3.16}$$

如果物体是均质等截面的细长线段，其横截面积为A，总长度为l，取微段的长度为l_i，体积$V_i=Al_i$，代入式(3.15)，则其重心公式为

$$x_C=\frac{\sum l_ix_i}{l},\ y_C=\frac{\sum l_iy_i}{l},\ z_C=\frac{\sum l_iz_i}{l}\tag{3.17}$$

2. 确定物体重心位置的方法

1) 对称物体

具有对称面、对称轴和对称中心的形状规则的均质物体，其重心一定在对称面、对称轴和对称中心上。

2) 组合物体

常用分割法确定重心位置。将物体分成若干形状简单、重心位置易求出的物体，由式(3.15)、式(3.16)、式(3.17)求解。

例 3.5 均质块尺寸如图3.14所示，求其重心的位置。

解 均质物体的重心为形心。将该均质块视为三个简单六面体的组合，其形心位置

$C(x_C, y_C, z_C)$可采用式(3.15)计算。

第一块六面体,体积 $V_1=40\times40\times10\ \text{mm}^3$,其形心坐标为(60,20,−5);

第二块六面体,体积 $V_2=40\times30\times20\ \text{mm}^3$,其形心坐标为(10,60,15);

第三块六面体,体积 $V_3=80\times40\times60\ \text{mm}^3$,其形心坐标为(20,40,−30)。这三块六面体的总体积 $V=V_1+V_2+V_3=(40\times40\times10+40\times30\times20+80\times40\times60)\ \text{mm}^3=232\,000\ \text{mm}^3$。

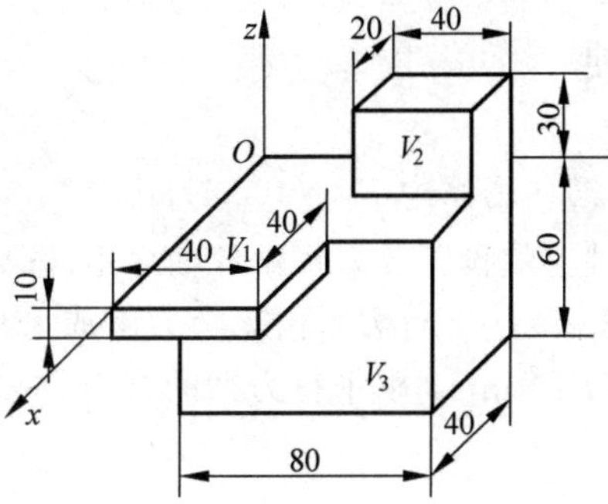

图　3.14

则有

$$x_C=\frac{\sum V_i x_i}{V}=\frac{40\times40\times10\times60+20\times40\times30\times10+80\times40\times60\times20}{232\,000}\ \text{mm}=21.72\ \text{mm}$$

$$y_C=\frac{\sum V_i y_i}{V}=\frac{40\times40\times10\times20+20\times40\times30\times60+80\times40\times60\times40}{232\,000}\ \text{mm}=40.69\ \text{mm}$$

$$z_C=\frac{\sum V_i z_i}{V}=\frac{40\times40\times10\times(-5)+20\times40\times30\times15+80\times40\times60\times(-30)}{232\,000}\ \text{mm}=23.62\ \text{mm}$$

例 3.6　试求图 3.15 所示平面图形的形心位置,尺寸单位为 mm。

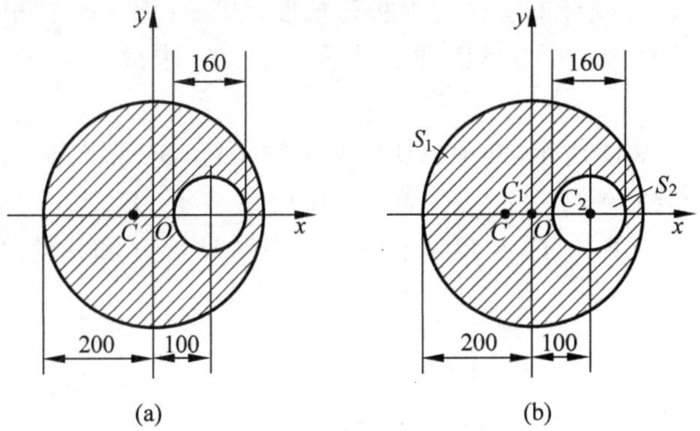

图　3.15

解　将图形看成大圆 S_1 减去小圆 S_2,形心为 C_1 和 C_2;在图示坐标系中,x 轴是图形对称轴,则有 $y_C=0$。两个图形的面积和形心分别为

$$S_1=\pi\times200^2\ \text{mm}^2=40\,000\pi\ \text{mm}^2,\ x_{C1}=0$$

$$S_2=-\pi\times80^2\ \text{mm}^2=-6400\pi\ \text{mm}^2,\ x_{C2}=100\ \text{mm}$$

采用式(3.16)计算图形的形心坐标:

$$x_C=\frac{S_1x_1+S_2x_2}{S_1+S_2}=\frac{-6400\pi\times100}{40\,000\pi-6400\pi}\ \text{mm}=-19.05\ \text{mm}$$

$$y_C=0$$

习题

3.1　力系中 $F_1=100$ N，$F_2=300$ N，$F_3=300$ N，力作用线的位置如图所示。求力系在各轴上的投影及力系对各轴之矩，图中尺寸单位为 mm。

3.2　一平行力系由 5 个力组成，力的大小和作用线的位置如图所示，图中小正方格的边长为 10 mm，求平行力系的合力。

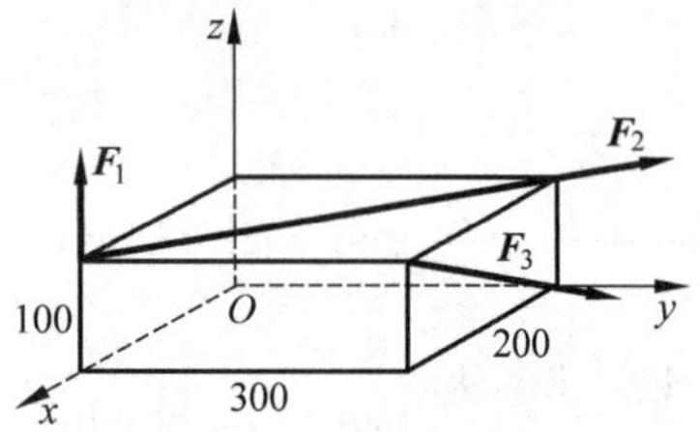

习题 3.1 图

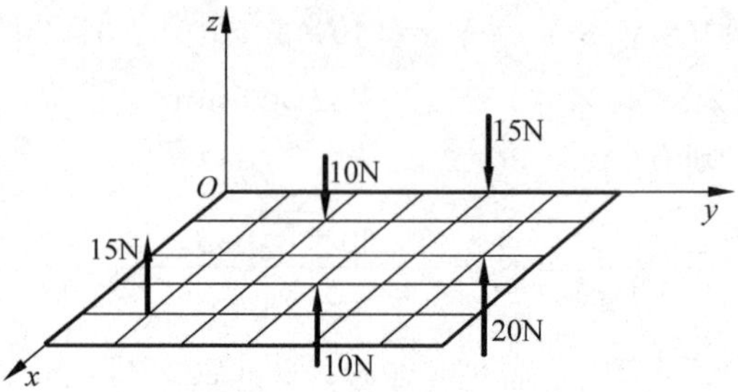

习题 3.2 图

3.3　如图所示，在边长为 a、b、c 的长方体的点 A 作用力 $\boldsymbol{F}$，求力 $\boldsymbol{F}$ 对 x、y、z 轴之矩 $M_x(\boldsymbol{F})$、$M_y(\boldsymbol{F})$、$M_z(\boldsymbol{F})$。

3.4　如图所示，正三棱柱的底面为等腰三角形，$OA=OB=a$，在平面 $ABED$ 内有一沿对角线 AE 作用的力 $\boldsymbol{F}$，力 $\boldsymbol{F}$ 与 AB 边的夹角 $\theta=30°$，求此力对坐标轴之矩 $M_x(\boldsymbol{F})$、$M_y(\boldsymbol{F})$、$M_z(\boldsymbol{F})$。

3.5　构件 $ABCO$ 如图所示，其中 AB 段与 z 轴平行，BC 段与 x 轴平行，CO 段与 y 轴重合，$AB=a$，$BC=b$，$OC=l$，力 $\boldsymbol{F}_1$、$\boldsymbol{F}_2$ 和 $\boldsymbol{F}_3$ 作用在 A 点，$\boldsymbol{F}_1$ 与 z 轴平行，$\boldsymbol{F}_2$ 与 x 轴平行，$\boldsymbol{F}_3$ 与 y 轴平行，$F_1=F_2=F_3=F_4$。试求：该力系对 x、y 和 z 轴之矩。

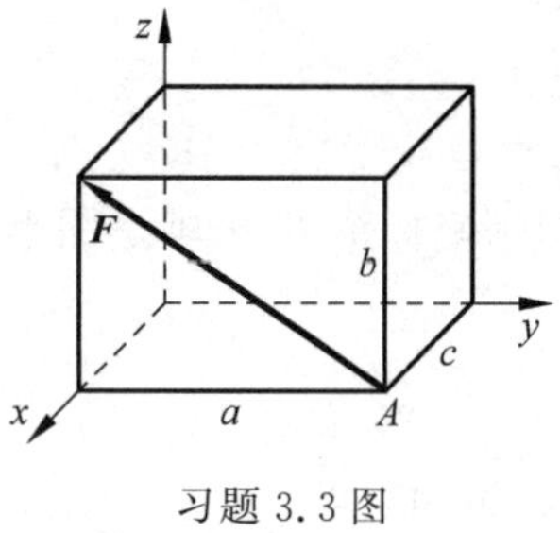

习题 3.3 图

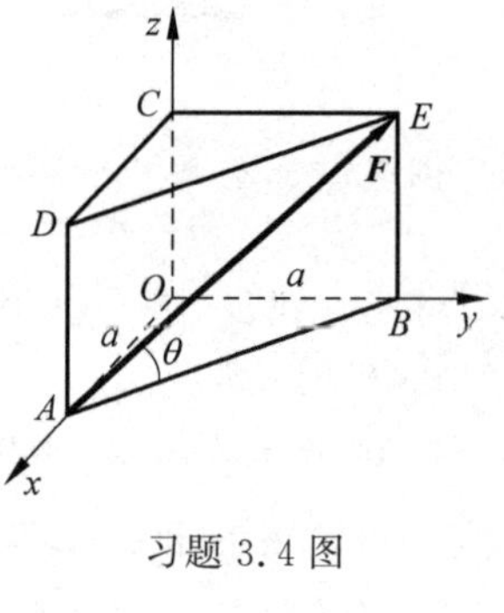

习题 3.4 图

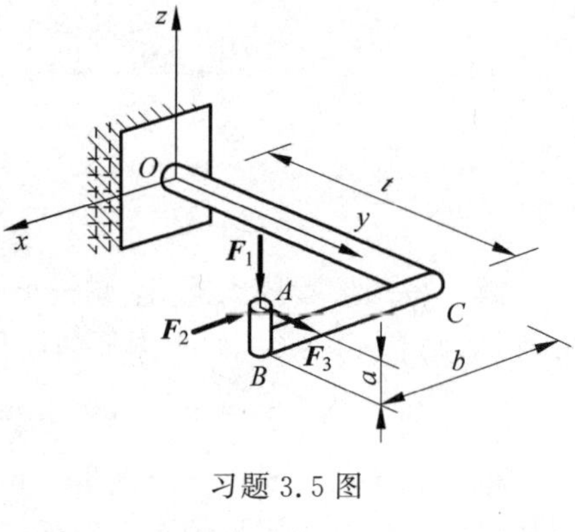

习题 3.5 图

3.6　水平圆盘的半径为 r，外缘 C 点有一作用力 $\boldsymbol{F}$。力 $\boldsymbol{F}$ 位于圆盘 C 处的切平面内，且与 C 处圆盘切线夹角为 60°，其他尺寸如图所示。求力 $\boldsymbol{F}$ 对 x、y、z 轴之矩。

3.7　图示结构由立柱、支架和电动机组成，总重 $P=300$ N，重心位于与立柱垂直中心线相距 305 mm 的 G 点，立柱固定在基础 A 上，电动机按图示方向转动，并驱动力矩 $M=190$ N·m 带动机器转动，力 $F=250$ N 作用在支架 B 上。求支座 A 的约束反力，图中尺寸单位为 mm。

3.8　如图所示，$F_1=100\sqrt{2}$ N，$F_2=200\sqrt{3}$ N，分别作用在正方体的顶点 A 和 B 处。求：(1)此力系向 O 点简化的结果；(2)其最终简化结果。

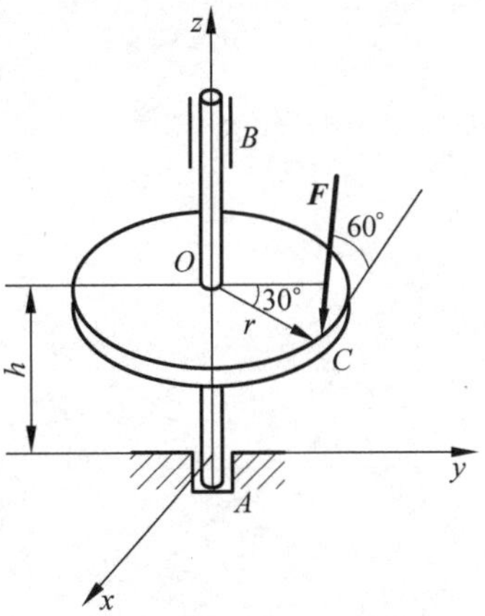

习题 3.6 图

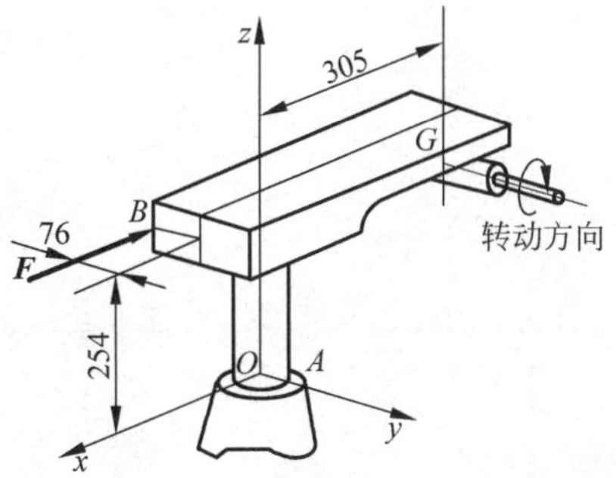

习题 3.7 图

3.9　振动沉桩器中的偏心块尺寸如图所示，单位为 cm。求其重心。

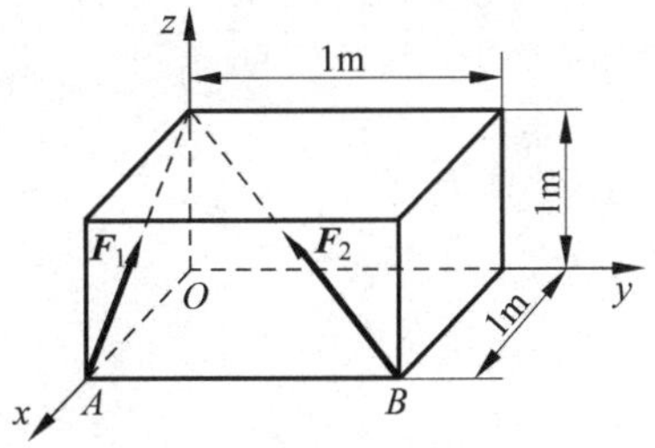

习题 3.8 图

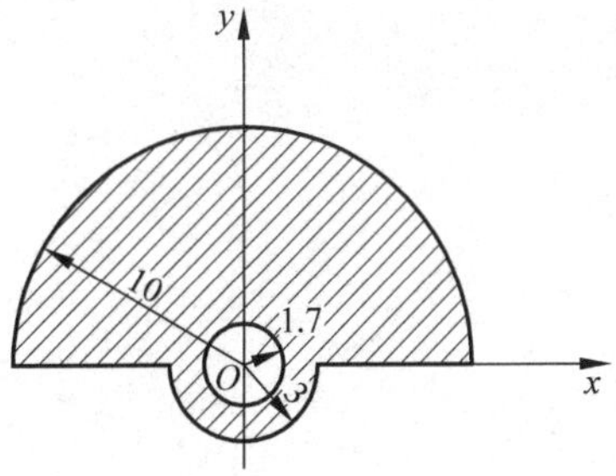

习题 3.9 图

3.10　试求图示两平面图形形心 C 的位置，图中尺寸单位为 mm。

3.11　求图示平面图形形心位置，尺寸单位为 mm。

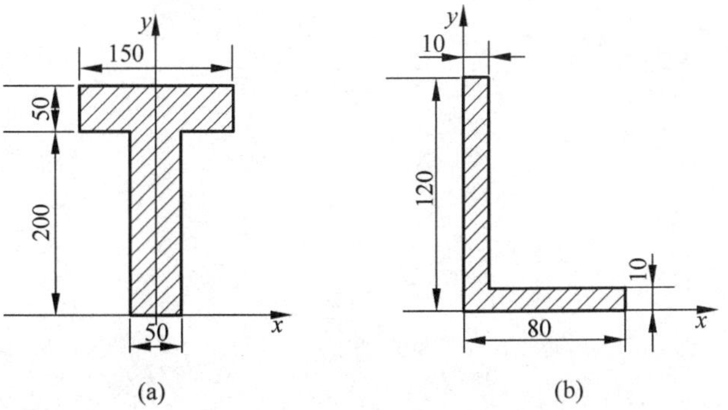

习题 3.10 图

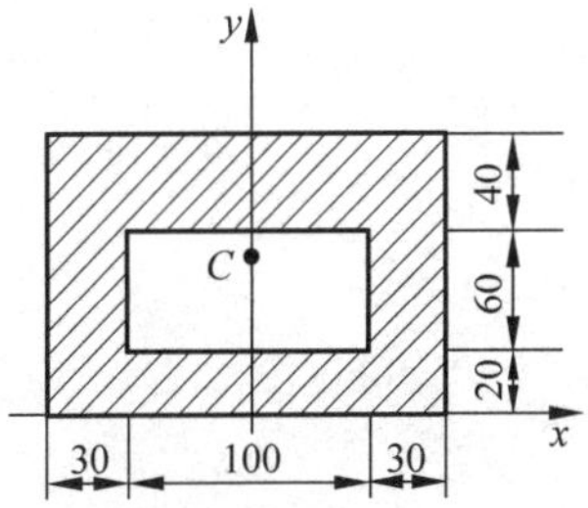

习题 3.11 图

第2篇

运 动 学

第4章

点的运动学

从本章开始研究**运动学**(kinematics),即物体的空间位置随时间的变化规律。运动学仅从几何角度研究物体的运动特征,包括运动方程、运动轨迹、速度、加速度,而不讨论运动产生的原因。运动分析在工程技术中有着广泛的应用,例如在设计机械结构时,先要对各个构件进行运动分析,使构件的动作符合设计要求。运动分析也是对构件进行动力分析的基础,因此掌握运动分析方法十分重要。

物体的运动都是相对的,要确定物体的空间位置和描述物体运动,就需要选择另一个物体作为参考,称为参照物。把坐标系固定连接在参照物上就构成了参考系。物体本身的运动并不随参照系的选择而改变,从这方面说物体运动是绝对的。但选择不同的参考系,观察到物体的运动是不同的,这就是物体运动的相对性。因此进行运动分析时必须先选择参考系,才能描述物体的运动状态。

点的运动是研究一般物体运动的基础,具有独立的意义,本章研究点的简单运动。

4.1 矢径法

选取参考系上某确定点 O 为坐标原点,自点 O 向动点 M 作矢量 $\boldsymbol{r}$,称 $\boldsymbol{r}$ 为点 M 相对原点 O 的位置矢量,简称矢径。当动点 M 运动时,矢径 $\boldsymbol{r}$ 随时间而变化,并且是时间 t 的单值连续函数,即 $\boldsymbol{r}=\boldsymbol{r}(t)$。该式以矢量表示点的运动方程。动点 M 在运动过程中,矢径的末端描绘出一条连续的曲线,就是动点运动轨迹,如图 4.1 所示。

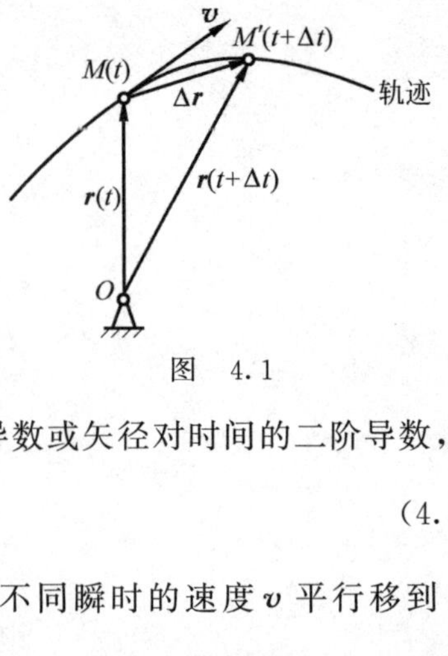

图 4.1

点的速度 $\boldsymbol{v}$ 是矢量,等于矢径对时间的一阶导数,即

$$\boldsymbol{v}=\frac{\mathrm{d}\boldsymbol{r}}{\mathrm{d}t} \tag{4.1}$$

动点的速度矢量 $\boldsymbol{v}$ 沿着运动轨迹的切线,与运动方向相同。速度的大小为 v 的模,表示动点运动的快慢,单位为 m/s。点的加速度也是矢量,等于速度对时间的一阶导数或矢径对时间的二阶导数,即

$$\boldsymbol{a}=\frac{\mathrm{d}\boldsymbol{v}}{\mathrm{d}t}=\frac{\mathrm{d}^2\boldsymbol{r}}{\mathrm{d}t^2} \tag{4.2}$$

$\boldsymbol{a}$ 表征速度大小和方向随时间的变化。把动点 M 在连续不同瞬时的速度 $\boldsymbol{v}$ 平行移到 M

点，速度矢 $\boldsymbol{v}$ 端连接成速度矢端曲线。加速度 $\boldsymbol{a}$ 的方向与速度矢端曲线在相应点 M 的切线相平行，单位为 m/s^2。矢径法最明显的优点是具有几何直观性和鲜明的力学概念。

4.2 直角坐标法

矢径法虽然有很多优点，但计算时往往还需利用坐标法，最常用的就是直角坐标法。取一固定的直角坐标系 $Oxyz$，如图 4.2 所示。

将矢径法中的原点与直角坐标系的原点重合，有如下关系：

$$\boldsymbol{r} = x\boldsymbol{i} + y\boldsymbol{j} + z\boldsymbol{k} \tag{4.3}$$

式中，$\boldsymbol{i}$、$\boldsymbol{j}$、$\boldsymbol{k}$ 分别为沿三个固定坐标轴的基矢量。由于 $\boldsymbol{r}$ 是时间的单值连续函数，因此 x、y、z 也是时间的单值连续函数，即

$$\left.\begin{aligned} x &= x(t) \\ y &= y(t) \\ z &= z(t) \end{aligned}\right\} \tag{4.4}$$

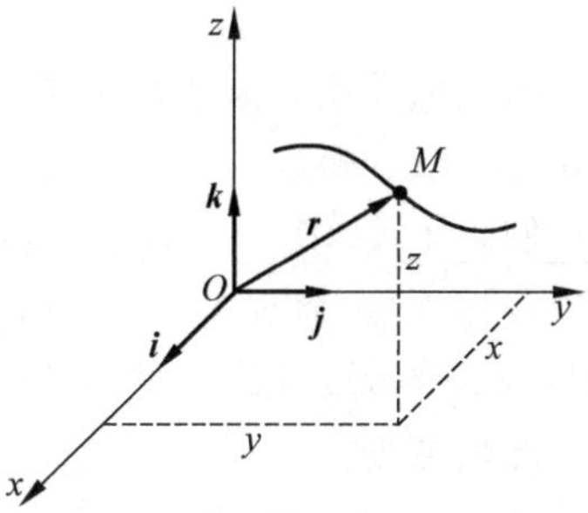

图 4.2

上式为点在直角坐标系中的运动方程。

将运动方程中的时间 t 消去，可以得到点的轨迹方程 $f(x,y,z)=0$。如果点在 Oxy 平面运动，那么轨迹方程为 $f(x,y)=0$。

由于 $\boldsymbol{i}$、$\boldsymbol{j}$、$\boldsymbol{k}$ 均为大小和方向不变的常矢量，点的速度表示为

$$\boldsymbol{v} = v_x\boldsymbol{i} + v_y\boldsymbol{j} + v_z\boldsymbol{k} \tag{4.5}$$

又

$$\boldsymbol{v} = \frac{\mathrm{d}\boldsymbol{r}}{\mathrm{d}t} = \frac{\mathrm{d}x}{\mathrm{d}t}\boldsymbol{i} + \frac{\mathrm{d}y}{\mathrm{d}t}\boldsymbol{j} + \frac{\mathrm{d}z}{\mathrm{d}t}\boldsymbol{k}$$

所以

$$\left.\begin{aligned} v_x &= \frac{\mathrm{d}x}{\mathrm{d}t} = \dot{x} \\ v_y &= \frac{\mathrm{d}y}{\mathrm{d}t} = \dot{y} \\ v_z &= \frac{\mathrm{d}z}{\mathrm{d}t} = \dot{z} \end{aligned}\right\} \tag{4.6}$$

$$v = \sqrt{v_x^2 + v_y^2 + v_z^2}$$

因此速度 $\boldsymbol{v}$ 在各轴上的投影等于动点三个坐标对时间 t 的一阶导数。其大小和方向由 $\boldsymbol{v}_x$、$\boldsymbol{v}_y$、$\boldsymbol{v}_z$ 确定。

同理，加速度可表示为

$$\boldsymbol{a} = a_x\boldsymbol{i} + a_y\boldsymbol{j} + a_z\boldsymbol{k} \tag{4.7}$$

又

$$\boldsymbol{a} = \frac{\mathrm{d}\boldsymbol{v}}{\mathrm{d}t} = \frac{\mathrm{d}^2\boldsymbol{r}}{\mathrm{d}t^2} = \frac{\mathrm{d}^2x}{\mathrm{d}t^2}\boldsymbol{i} + \frac{\mathrm{d}^2y}{\mathrm{d}t^2}\boldsymbol{j} + \frac{\mathrm{d}^2z}{\mathrm{d}t^2}\boldsymbol{k}$$

所以

$$\left.\begin{aligned} a_x &= \frac{\mathrm{d}^2 x}{\mathrm{d}t^2} = \ddot{x} \\ a_y &= \frac{\mathrm{d}^2 y}{\mathrm{d}t^2} = \ddot{y} \\ a_z &= \frac{\mathrm{d}^2 z}{\mathrm{d}t^2} = \ddot{z} \end{aligned}\right\} \tag{4.8}$$

$$a = \sqrt{a_x^2 + a_y^2 + a_z^2}$$

因此加速度 $\boldsymbol{a}$ 在各轴上的投影等于动点三个坐标对时间 t 的二阶导数，其大小和方向由 $\boldsymbol{a}_x$、$\boldsymbol{a}_y$、$\boldsymbol{a}_z$ 确定。

例 4.1 如图 4.3 所示，椭圆规的曲柄 OC 可绕定轴 O 转动，其端点 C 与规尺 AB 中点以铰链相连接，而规尺 A、B 两端分别在相互垂直的滑槽中运动。设 $OC=AC=BC=l$，$MC=a$，$\varphi=\omega t$。试求：规尺上点 M 的运动方程、运动轨迹、速度和加速度。

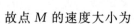

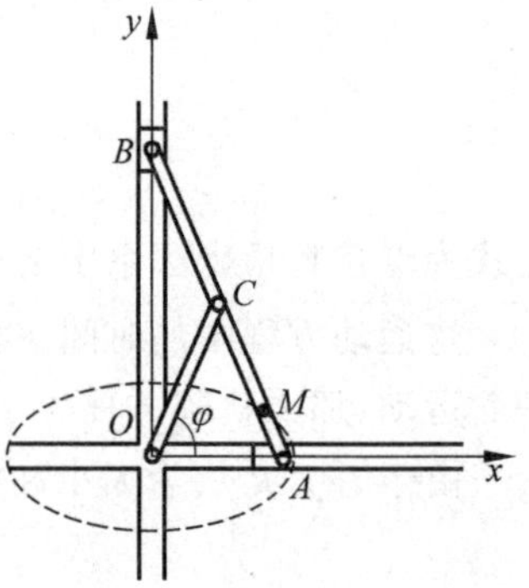

图 4.3

椭圆仪

解 取坐标系 Oxy 如图所示，点 M 的运动方程为

$$x = (OC + CM)\cos\varphi = (l + a)\cos\omega t$$

$$y = AM\sin\varphi = (l - a)\sin\omega t$$

消去时间 t 得点 M 的轨迹方程

$$\frac{x^2}{(l+a)^2} + \frac{y^2}{(l-a)^2} = 1$$

因此，点 M 的运动轨迹为如图 4.3 虚线所示椭圆。

将点 M 的坐标对时间取一阶导数，得

$$v_x = \dot{x} = -(l + a)\omega\sin\omega t$$

$$v_y = \dot{y} = (l - a)\omega\cos\omega t$$

故点 M 的速度大小为

$$\begin{aligned} v &= \sqrt{v_x^2 + v_y^2} = \sqrt{(l+a)^2\omega^2\sin^2\omega t + (l-a)^2\omega^2\cos^2\omega t} \\ &= \omega\sqrt{l^2 + a^2 - 2al\cos 2\omega t} \end{aligned}$$

其方向余弦为

$$\cos(\boldsymbol{v}, \boldsymbol{i}) = \frac{v_x}{v} = \frac{-(l+a)\sin\omega t}{\sqrt{l^2 + a^2 - 2al\cos 2\omega t}}$$

$$\cos(\boldsymbol{v}, \boldsymbol{j}) = \frac{v_y}{v} = \frac{(l-a)\cos\omega t}{\sqrt{l^2 + a^2 - 2al\cos 2\omega t}}$$

将点 M 的坐标对时间取二阶导数，得

$$a_x = \dot{v}_x = \ddot{x} = -(l + a)\omega^2\cos\omega t$$

$$a_y = \dot{v}_y = \ddot{y} = -(l - a)\omega^2\sin\omega t$$

故点 M 的加速度大小为

$$a = \sqrt{a_x^2 + a_y^2} = \sqrt{(l+a)^2\omega^4\cos^2\omega t + (l-a)^2\omega^4\sin^2\omega t}$$

$$=\omega^2\sqrt{l^2+a^2+2al\cos 2\omega t}$$

其方向余弦为

$$\cos(\boldsymbol{a},\boldsymbol{i})=\frac{a_x}{a}=\frac{-(l+a)\cos\omega t}{\sqrt{l^2+a^2+2al\cos 2\omega t}}$$

$$\cos(\boldsymbol{a},\boldsymbol{j})=\frac{a_y}{a}=\frac{-(l-a)\sin\omega t}{\sqrt{l^2+a^2+2al\cos 2\omega t}}$$

4.3 自然法

当点的运动轨迹为已知曲线时(见图 4.4),可在轨迹上建立弧坐标及自然轴系,并用它们来描述和分析点的运动,这种方法称为自然法。

在动点 M 的运动轨迹上任选一点 O 为参考点,并设点 O 的某一侧为正向,另一侧为负向,动点 M 在轨迹上的位置由弧长 s 确定,s 为代数量,称它为动点 M 在轨迹上的弧坐标。s 随着时间变化,它是时间的单值连续函数,即

$$s=s(t) \tag{4.9}$$

上式称为点的弧坐标运动方程。如果已知点的运动方程,可以确定任一瞬时点的弧坐标 s 的值,也就确定了该瞬时动点 M 在轨迹上的位置。

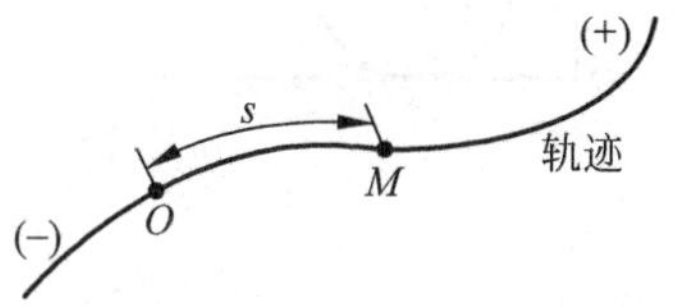

图 4.4

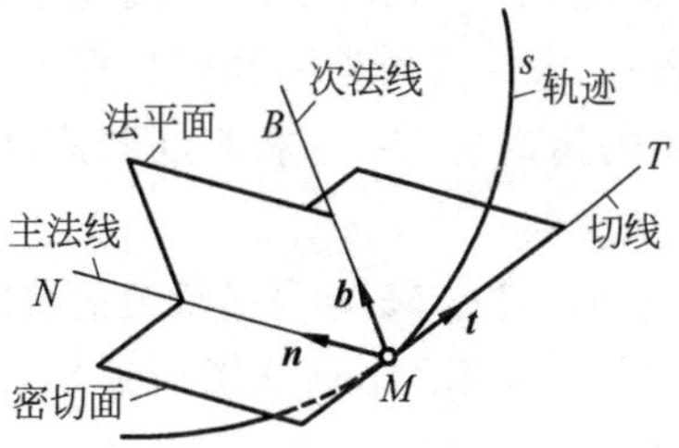

图 4.5

$\boldsymbol{t}$、$\boldsymbol{n}$、$\boldsymbol{b}$ 构成一个以点 M 为坐标原点,并跟随点 M 一起运动的直角坐标系,称为自然轴系,如图 4.5 所示。点 M 附近的无限小一段轨迹曲线近似看作是平面曲线,此平面曲线所在的平面即为点 M 处的密切面。

切线单位矢量 $\boldsymbol{t}$:过点 M 作轨迹的切线 T。与切线垂直的平面为曲线在点 M 处的法平面。

主法线单位矢量 $\boldsymbol{n}$:法平面与密切面的交线,称为主法线,正向指向曲线凹侧。

次法线单位矢量 $\boldsymbol{b}$:过点 M,在法平面内作一直线 $MB\perp\boldsymbol{n}$,MB 线称为次法线(或称副法线),且满足式

$$\boldsymbol{b}=\boldsymbol{t}\times\boldsymbol{n} \tag{4.10}$$

或者采用右手法则确定 $\boldsymbol{b}$。

自然轴系下的速度表达式为

$$\boldsymbol{v}=\frac{\mathrm{d}s}{\mathrm{d}t}\boldsymbol{t}=v\boldsymbol{t} \tag{4.11}$$

$\boldsymbol{v}$ 沿轨迹切线方向。当$\frac{ds}{dt}>0$时，$\boldsymbol{v}$ 与 $\boldsymbol{t}$ 同向，点沿轨迹正向运动；当$\frac{ds}{dt}<0$时，$\boldsymbol{v}$ 与 $\boldsymbol{t}$ 反向，点沿轨迹负向运动。

全加速度的表达式为

$$\boldsymbol{a}=\frac{d\boldsymbol{v}}{dt}=\frac{d}{dt}(v\boldsymbol{t})=\frac{dv}{dt}\boldsymbol{t}+v\frac{d\boldsymbol{t}}{dt} \tag{4.12}$$

上式第一项表示速度大小随时间的变化率，方向沿切线方向，称为**切向加速度** $\boldsymbol{a}_t$（tangential acceleration），即

$$\boldsymbol{a}_t=\frac{dv}{dt}\boldsymbol{t},\ a_t=\frac{dv}{dt} \tag{4.13}$$

第二项表示速度方向随时间的变化率，方向沿法线指向曲线凹侧，称为**法向加速度** $\boldsymbol{a}_n$（normal acceleration），即

$$\boldsymbol{a}_n=\frac{v^2}{\rho}\boldsymbol{n},\ a_n=\frac{v^2}{\rho} \tag{4.14}$$

式中 ρ 为轨迹曲线在点 M 处的曲率半径。$\boldsymbol{a}_n$ 亦称**向心加速度**（centripetal acceleration）。

全加速度的大小为

$$a=\sqrt{a_t^2+a_n^2} \tag{4.15}$$

例 4.2 如图 4.6 所示，半径为 r 的轮子沿直线轨道无滑动地滚动（称为纯滚动），设轮子转角 $\varphi=\omega t$（ω 为常数）。求用直角坐标和弧坐标表示的轮缘上任一点 M 的运动方程，并求该点的速度、切向加速度及法向加速度。

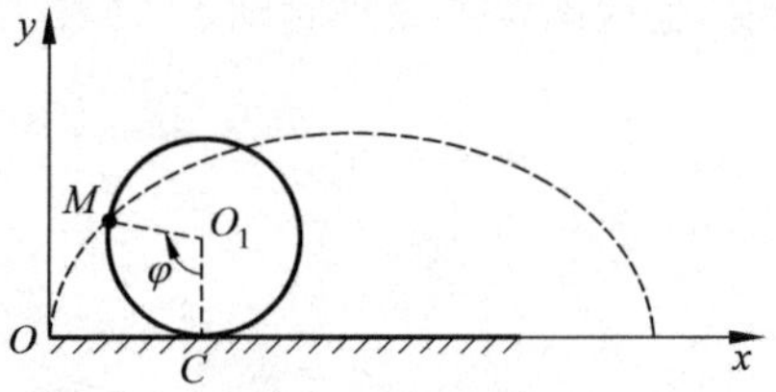

图 4.6

解 取 $\varphi=0$ 时点 M 与直线轨道的接触点 O 为原点，建立直角坐标系 Oxy（如图所示）。当轮子转过 φ 时，轮子与直线轨道的接触点为 C。由于是纯滚动，有

$$OC=\widehat{MC}=r\varphi$$

则用直角坐标表示的 M 点的运动方程为

$$\left.\begin{aligned}x&=OC-O_1M\sin\varphi=r(\omega t-\sin\omega t)\\y&=O_1C-O_1M\cos\varphi=r(1-\cos\omega t)\end{aligned}\right\} \tag{a}$$

上式对时间求导，即得 M 点的速度沿坐标轴的投影：

$$\left.\begin{aligned}v_x&=\dot{x}=r\omega(1-\cos\omega t)\\v_y&=\dot{y}=r\omega\sin\omega t\end{aligned}\right\} \tag{b}$$

M 点的速度大小为

$$\begin{aligned}v&=\sqrt{v_x^2+v_y^2}=r\omega\sqrt{2-2\cos\omega t}\\&=2r\omega\sin\frac{\omega t}{2},0\leqslant\omega t\leqslant 2\pi\end{aligned} \tag{c}$$

运动方程式(a)实际上也是 M 点运动轨迹的参数方程（以 t 为参变量）。这是一个摆线（或称旋轮线）方程，这表明 M 点的运动轨迹是摆线，如图 4.6 所示。

取 M 的起始点 O 作为弧坐标原点，将式(c)的速度 v 积分，即得用弧坐标表示的运动方程：

$$s=\int_0^t 2r\omega\sin\frac{\omega t}{2}\mathrm{d}t=4r\left(1-\cos\frac{\omega t}{2}\right),0\leqslant\omega t\leqslant 2\pi$$

将式(b)再对时间求导，即得加速度在直角坐标系上的投影：

$$\left.\begin{aligned}a_x&=\ddot{x}=r\omega^2\sin\omega t\\a_y&=\ddot{y}=r\omega^2\cos\omega t\end{aligned}\right\}\tag{d}$$

由此得到全加速度的大小

$$a=\sqrt{a_x^2+a_y^2}=r\omega^2$$

将式(c)对时间求导即得点 M 的切向加速度

$$a_{\mathrm{t}}=\dot{v}=r\omega^2\cos\frac{\omega t}{2}$$

法向加速度

$$a_{\mathrm{n}}=\sqrt{a^2-a_{\mathrm{t}}^2}=r\omega^2\sin\frac{\omega t}{2}\tag{e}$$

由于 $a_{\mathrm{n}}=\dfrac{v^2}{\rho}$，因此还可由式(c)、(e)求得轨迹的曲率半径

$$\rho=\frac{v^2}{a_{\mathrm{n}}}=\frac{4r^2\omega^2\sin^2\dfrac{\omega t}{2}}{r\omega^2\sin\dfrac{\omega t}{2}}=4r\sin\frac{\omega t}{2}$$

再讨论一个特殊情况。当 $t=2\pi/\omega$ 时，$\varphi=2\pi$，这时点 M 运动到与地面相接触的位置。由式(c)知，此时点 M 的速度为零，这表明沿地面作纯滚动的轮子与地面接触点的速度为零。另一方面，由于点 M 全加速度的大小恒为 $r\omega^2$，因此纯滚动的轮子与地面接触点的速度虽然为零，但加速度却不为零。将 $t=2\pi/\omega$ 代入式(d)，得

$$a_x=0,\ a_y=r\omega^2$$

即接触点的加速度方向向上。

习题

4.1 图示雷达在距离火箭发射台为 l 的 O 点观察铅直上升的火箭发射，测得角 θ 的变化规律为 $\theta=kt$（k 为常数）。试写出火箭的运动方程，并计算当 $\theta=\dfrac{\pi}{6}$ 和 $\theta=\dfrac{\pi}{3}$ 时火箭的速度和加速度。

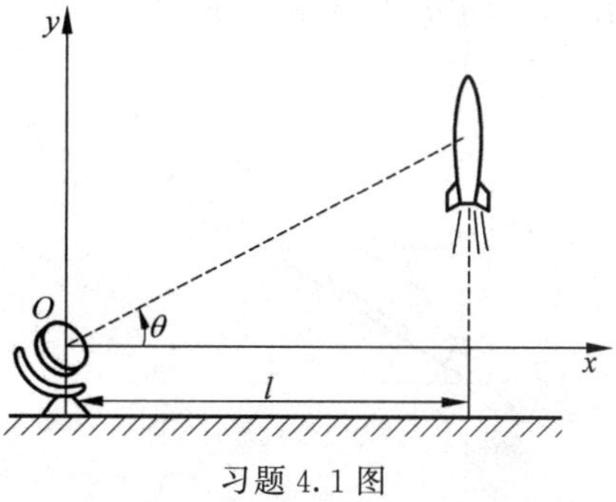

习题 4.1 图

4.2 动点沿水平直线运动。已知其加速度的变化规律为 $a=(30t-120)\mathrm{mm/s^2}$，其中 t 以 s 为单位，规定向右的方向为正。动点在 $t=0$ 时的初速度的大小为 150 mm/s，方向与初加速度一致。求 $t=10$ s 时动点的速度和位置。

4.3　如图所示，岸上的人用绳索绕过滑轮拉一小船，若人水平向右以 $v_D=1$ m/s 匀速前进，求当 $\varphi=30°$时小船的速度。

4.4　图示直杆 AB 在铅垂面内沿互相垂直的墙壁和地面滑动。已知 $\varphi=\omega t$（ω 为常量），$MA=b$，$MB=c$，试求杆上点 M 的运动方程、轨迹、速度和加速度。

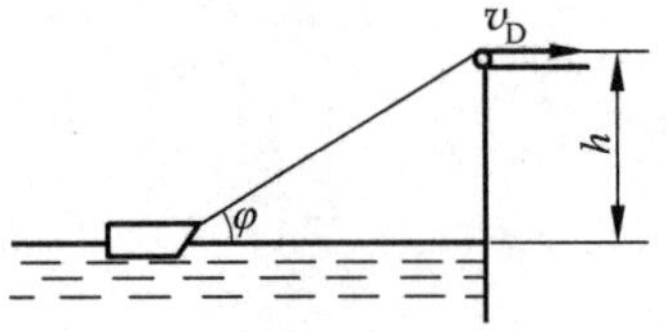

习题 4.3 图

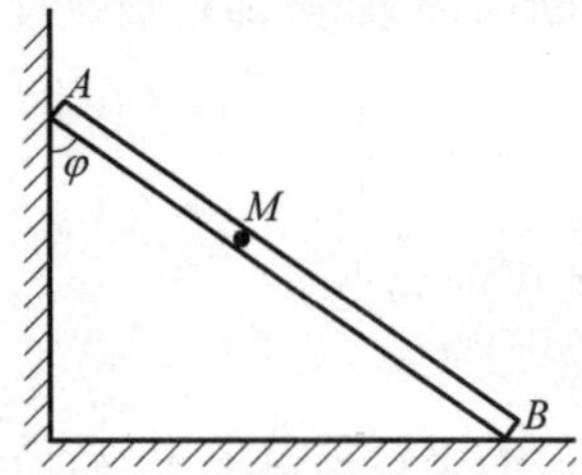

习题 4.4 图

4.5　图示曲线规尺的各杆，长为 $OA=AB=200$ mm，$CD=DE=AC=AE=50$ mm。运动开始时，杆 OA 水平向右；运动过程中，杆 OA 与 x 轴的夹角 $\theta=\dfrac{\pi}{5}t$ rad。求尺上点 D 的运动方程和轨迹。

4.6　套管 A 由绕过定滑轮 B 的绳索牵引沿导轨上升，滑轮中心到导轨的距离为 l，如图所示。设绳索以等速 v_0 下拉，忽略滑轮尺寸，求套管 A 的速度和加速度与距离 x 的关系式。

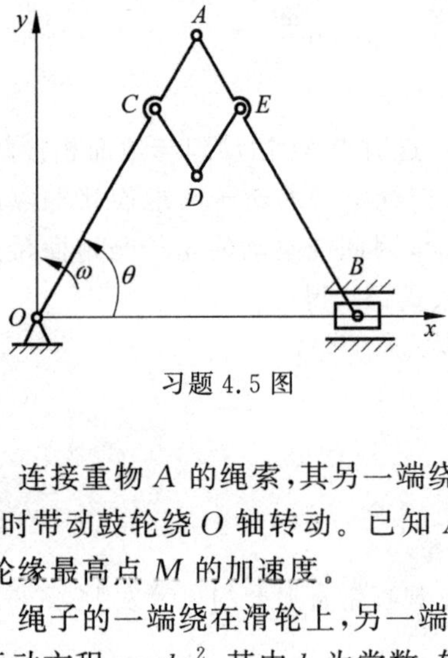

习题 4.5 图

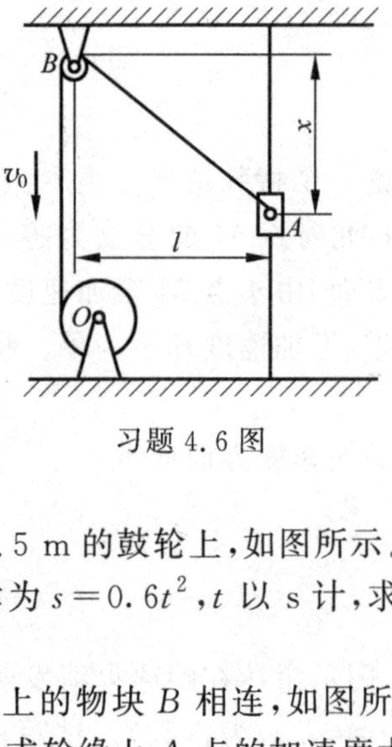

习题 4.6 图

4.7　连接重物 A 的绳索，其另一端绕在半径 $R=0.5$ m 的鼓轮上，如图所示。当 A 沿斜面下滑时带动鼓轮绕 O 轴转动。已知 A 的运动规律为 $s=0.6t^2$，t 以 s 计，求当 $t=1$s 时，鼓轮轮缘最高点 M 的加速度。

4.8　绳子的一端绕在滑轮上，另一端与置于水平面上的物块 B 相连，如图所示。若物块 B 的运动方程 $x=kt^2$，其中 k 为常数，轮子半径为 R，求轮缘上 A 点的加速度大小。

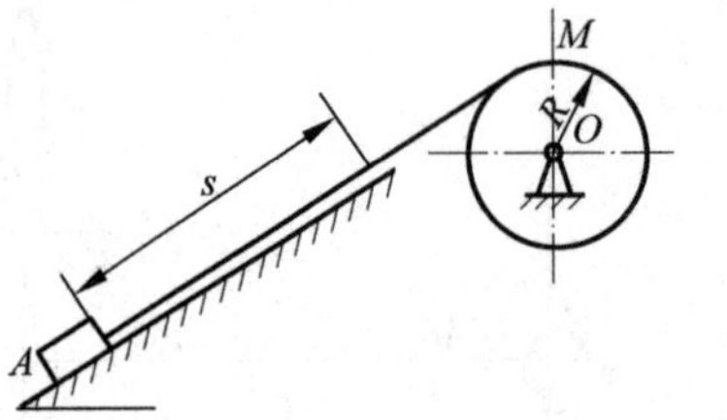

习题 4.7 图

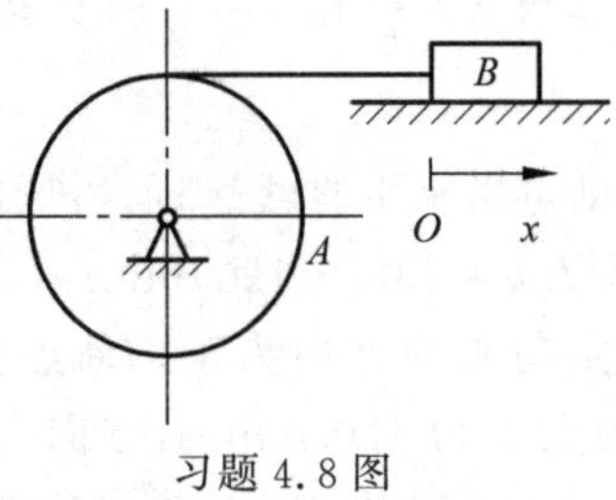

习题 4.8 图

4.9　点 M 沿半径为 r 的圆弧 AB 运动，如图所示，它的速度 v 在直径 AB 方向的投影 u 为常数。试求点 M 的速度和加速度与角 φ 的关系。

4.10　如图所示，点 M 沿半径为 R 的圆周作匀加速运动，初速度为零。如点的全加速度 a 与切线的夹角为 θ，并以 β 表示点所走过的弧 s 所对的圆心角。试证：$\tan\theta=2\beta$。

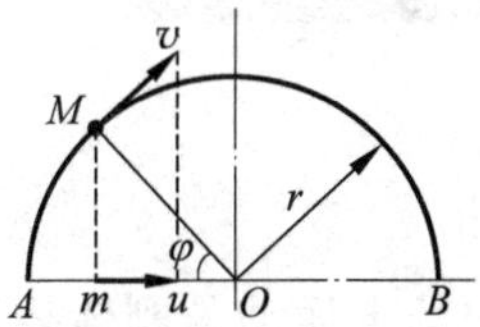

习题 4.9 图

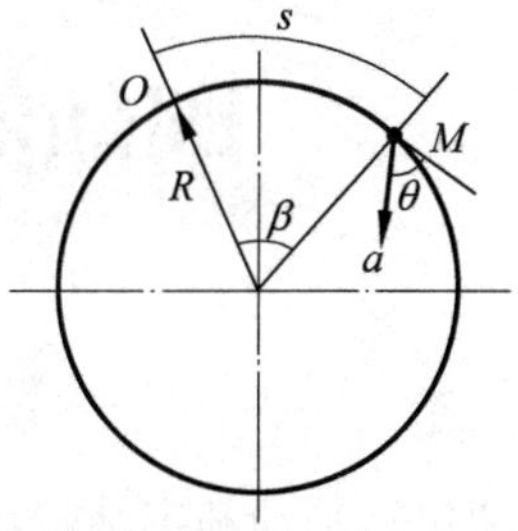

习题 4.10 图

第5章

刚体的基本运动

刚体基本运动

欧拉简介

平行四边形机构

刚体的基本运动包括平动和定轴转动。刚体的基本运动是刚体运动的最简单形式，是不可分解的运动形态。刚体的复杂运动均可分解成若干基本运动。

5.1 刚体的平行移动（平动）

1. 定义

刚体运动过程中，刚体上任意两点 A、B 的连线始终与其初始位置保持平行，这种运动称为**平行移动**（translation），简称平动。如图 5.1 所示，秋千的坐板和筛盘的运动均为平动。

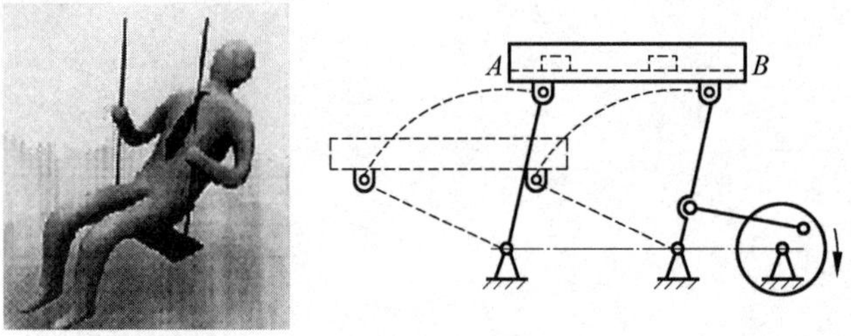

(a) (b)

图 5.1

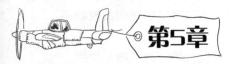

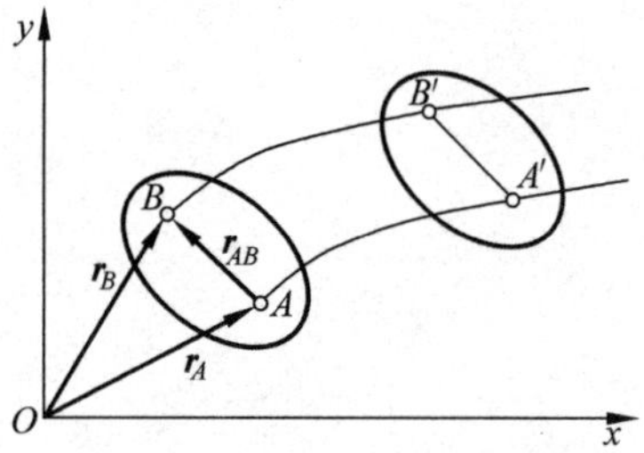

图 5.2

2. 平动的特点

如图 5.2 所示，在平动刚体内任选两点 A、B，令点 A 的矢径为 $\boldsymbol{r}_A$，点 B 的矢径为 $\boldsymbol{r}_B$，则两条矢端曲线就是 A、B 两点的轨迹。

根据矢量的三角形法则，得到

$$\boldsymbol{r}_B = \boldsymbol{r}_A + \boldsymbol{r}_{AB}$$

上式两边同时对时间 t 求导得

$$\frac{\mathrm{d}\boldsymbol{r}_B}{\mathrm{d}t} = \frac{\mathrm{d}\boldsymbol{r}_A}{\mathrm{d}t} + \frac{\mathrm{d}\boldsymbol{r}_{AB}}{\mathrm{d}t}$$

刚体平动，无论轨迹如何，其上任意两点 A、B 的连线在运动过程中始终方向不变，即 $\boldsymbol{r}_{AB}$ 为常矢量，则 $\frac{\mathrm{d}\boldsymbol{r}_{AB}}{\mathrm{d}t}=\boldsymbol{0}$，即

$$\frac{\mathrm{d}\boldsymbol{r}_B}{\mathrm{d}t}=\frac{\mathrm{d}\boldsymbol{r}_A}{\mathrm{d}t},\quad \text{即}\ \boldsymbol{v}_B=\boldsymbol{v}_A \tag{5.1}$$

上式两边同时对时间 t 求导得

$$\frac{\mathrm{d}^2\boldsymbol{r}_B}{\mathrm{d}t^2}=\frac{\mathrm{d}^2\boldsymbol{r}_A}{\mathrm{d}t^2},\quad \text{即}\ \boldsymbol{a}_B=\boldsymbol{a}_A \tag{5.2}$$

因此可知，刚体平动时各点轨迹形状相同，某一瞬时，各点的速度相同，加速度相同。

刚体平动可以简化成一个点的运动，即刚体上任何一点的运动可代表平动刚体上其他各点的运动。

例 5.1 如图 5.3(a)所示，质量为 M 的平板质心在 C 处，与曲柄 OA、DB 铰接，$OA /\!/ DB$，$OA=DB=R$，两曲柄的质量不计。图示瞬时 OA 的角速度为 ω，角加速度为 α。

(1) 平板作什么运动？刚体的这种运动有什么特点？

(2) 求平板质心 C 的速度和加速度，并在图上标出其方向。

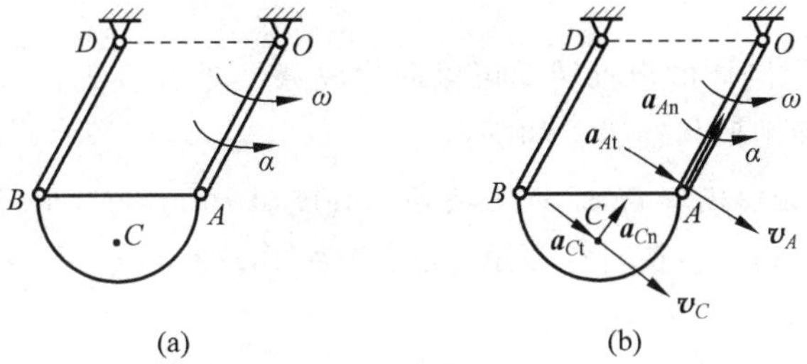

图 5.3

解 (1) 平板作平动，平动刚体，其上各点的速度和加速度大小相等，方向相互平行。

(2) 因为 OA 作定轴转动，所以

$$v_A=\omega R,\ a_{An}=\omega^2 R,\ a_{At}=\alpha R$$

又因为平板 C 作平动，所以

$$v_C=v_A=\omega R,\ a_{Cn}=a_{An}=\omega^2 R,\ a_{Ct}=a_{At}=\alpha R$$

方向见图 5.3(b)。

5.2 刚体绕固定轴转动(定轴转动)

1. 定义

刚体在运动过程中，其上有且只有一条直线始终固定不动时，称刚体**绕固定轴转动**(rotation about a fixed axis)，简称刚体定轴转动，该固定直线称为轴线或转轴。如开门时，门绕门轴转动(见图 5.4(a))；构件绕轴线 z 转动(见图 5.4(b))。

定轴转动

2. 定轴转动的特点

观察定轴转动刚体上任一点 A 的轨迹(见图 5.5(a))，可以看出定轴转动具有以下特

点：刚体上不在转轴上的各点均作圆周运动；圆周所在平面垂直转轴；圆心均在轴线上；半径为点到转轴的距离。

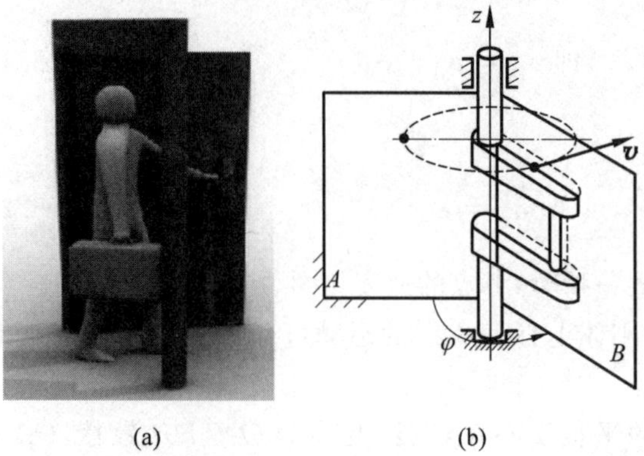

图 5.4

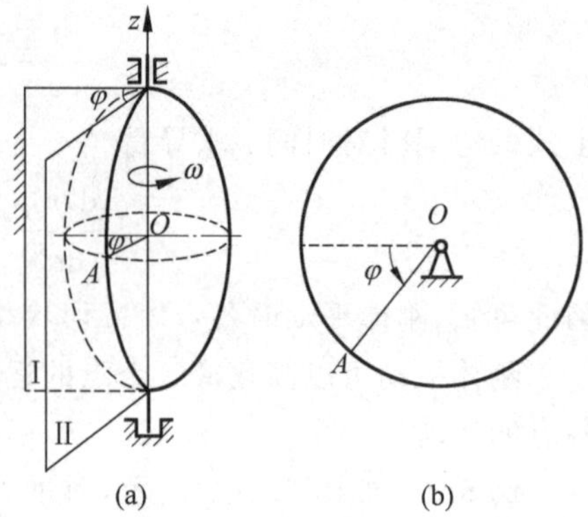

图 5.5

3. 转角和转动方程

如图 5.5(b)所示，刚体的定轴转动可以简化成 A 点所在且垂直于轴线的平面图形绕 O 点的转动，O 点为平面图形与轴线 z 的交点。

平面图形的位置是可由 φ 决定，φ 为**转角**(angle of rotation)，单位为弧度(rad)。

方向：从 z 轴正向看去，逆时针为正，顺时针为负，用↶+、↷−表示。

刚体转动方程为

$$\varphi = f(t) = \varphi(t) \tag{5.3}$$

4. 角速度和角加速度

可以用转动方程求刚体的**角速度**(angular velocity)：

$$\omega = \lim_{\Delta t \to 0} \frac{\Delta \varphi}{\Delta t} = \frac{d\varphi}{dt} = \varphi'(t) \tag{5.4}$$

ω 表示刚体转动的快慢，为代数量，其正负号规定同 φ，单位为弧度/秒(rad/s)。

工程中常用**转速**(rotation velocity)n(单位为转/分(r/min))表示刚体转动的快慢，可以把转速转换成角速度：

$$\omega = \frac{2\pi n}{60} = \frac{n\pi}{30} \tag{5.5}$$

角加速度(angular acceleration)反映角速度随时间的变化率，其定义为

$$\alpha = \frac{d^2\varphi}{dt^2} = \frac{d\omega}{dt} \tag{5.6}$$

单位为 rad/s^2。

5. 转动刚体上各点的速度和加速度

设刚体绕 O 轴转动，角速度为 ω，角加速度为 α(见图 5.6)，分析刚体上任意点 M 的运

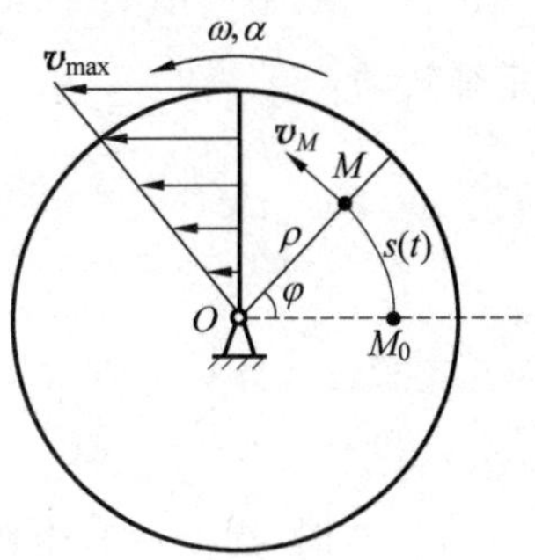

图　5.6

动速度和加速度。刚体转过 φ 角，其上一点从初始位置 M_O 运动到 M，经过的弧长 $s(t)=\varphi(t)\rho$，转动半径 $\rho=\overline{OM}$，ρ 为 M 点到 O 轴的距离。M 点的速度大小为

$$v=s'(t)=\varphi'(t)\rho=\omega\rho \tag{5.7}$$

$\boldsymbol{v}$ 沿点运动的圆周切向，在某一瞬时，各点绕轴转动的角速度 ω 相同，因此各点速度与曲率半径 ρ 成正比。

转动刚体上的点作圆周运动，因此其加速度 $\boldsymbol{a}$ 包括切向加速度 $\boldsymbol{a}_t$ 和法向加速度 $\boldsymbol{a}_n$。切向加速度的大小等于刚体角加速度 α 与曲率半径 ρ 的乘积，即

$$a_t=s''(t)=\varphi''(t)\rho=\alpha\rho \tag{5.8}$$

$\boldsymbol{a}_t$ 的方向沿点运动轨迹圆周的切向。

法向加速度的大小等于刚体角速度的平方 ω^2 和曲率半径 ρ 的乘积，即

$$a_n=\frac{v^2}{\rho}=\omega^2\rho \tag{5.9}$$

$\boldsymbol{a}_n$ 的方向沿法线指向转动中心 O。

可以用矢量合成法由切向加速度和法向加速度求点的**全加速度**(total acceleration)$\boldsymbol{a}$，如图 5.7 所示。全加速度的大小和方向为

$$\left.\begin{aligned} a&=\sqrt{a_t^2+a_n^2}=\rho\sqrt{\alpha^2+\omega^4}\\ \tan\theta&=\frac{a_t}{a_n}=\frac{\alpha\rho}{\omega^2\rho}=\frac{\alpha}{\omega^2}\end{aligned}\right\} \tag{5.10}$$

式中，$\boldsymbol{a}$ 的大小与曲率半径 ρ 成正比；θ 为 $\boldsymbol{a}$ 与 $\boldsymbol{a}_n$ 的夹角，与曲率半径 ρ 无关，对于圆边缘上的点 M，曲率半径等于圆半径，即 $\rho=R$。ω、α 转动方向相同，为加速转动(见图 5.7(a))，θ 为正(逆时针)；ω、α 转动方向相反，为减速转动(见图 5.7(b))，θ 为负(顺时针)。

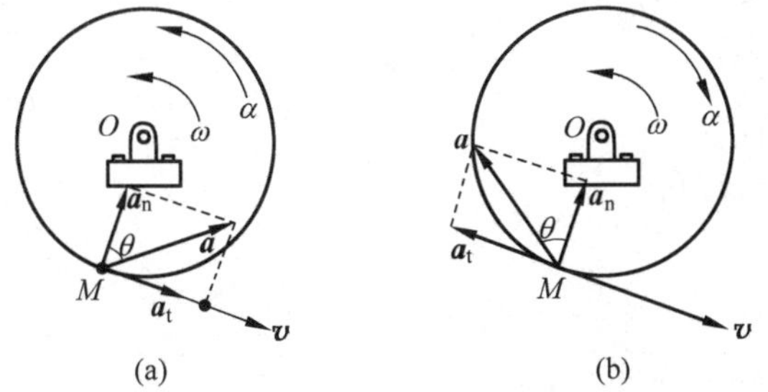

图　5.7

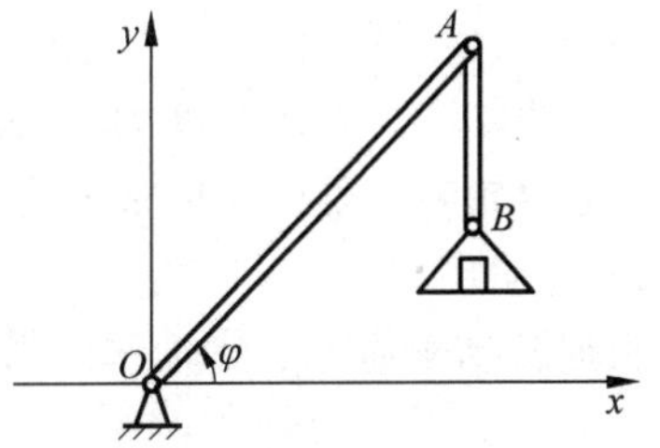

图　5.8

例 5.2　如图 5.8 所示，为把工件送入干燥炉内的机构，叉杆 OA(其长度 $l=1.5$ m)在铅垂面内转动，杆 $AB=0.8$ m，A 端为铰链，B 端有放置工件的框架。在机构运动时，工件的速度恒为 0.05 m/s，杆 AB 始终沿铅垂方向。设运动开始时，转角 $\varphi=0$。求运动过程中转角 φ 与时间 t 的关系，以及点 B 的轨迹方程。

解　(1) AB 平行移动，

$$v_A = v_B = 0.05\ \text{m/s}$$

OA 定轴转动，

$$v_A = \omega l = \frac{d\varphi}{dt} l\ \text{m/s}$$

即

$$\varphi = \frac{v_A}{l} t + C = \frac{t}{30} + C$$

当 $t=0, \varphi=0$ 时，得 $C=0$，由此得 $\varphi = \dfrac{t}{30}$ rad。

（2）由 $OA=1.5$ m，根据几何关系可得点 B 的轨迹方程为

$$x_B^2 + (y_B + 0.8)^2 = 1.5^2$$

5.3 轮系的传动比

齿轮传动

1. 齿轮传动

机械中常采用齿轮传动机构，以达到传递转动和变速的目的。图 5.9 所示为一对外接（啮合）齿轮和一对内接齿轮。

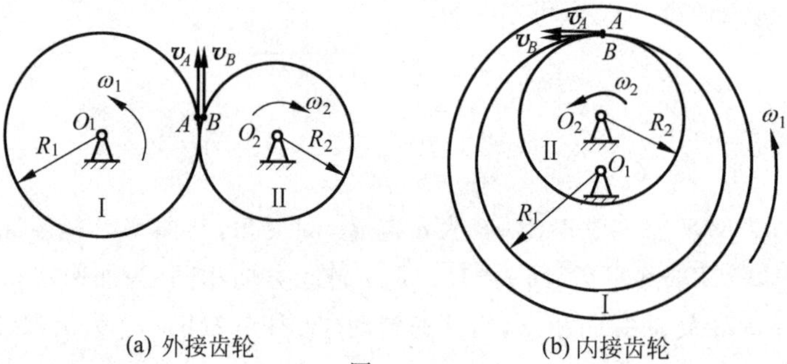

图 5.9

1）齿轮传动的特点

（1）两轮啮合处的速度大小、方向相同；

（2）两轮啮合处的切向加速度大小、方向相同。

2）传动比

根据转动刚体上点绕轴作圆周运动，可得

$$v_A = R_1\omega_1, v_B = R_2\omega_2$$

由齿轮啮合处速度相等，即 $v_A = v_B$，得

$$R_1\omega_1 = R_2\omega_2 \tag{5.11}$$

定义主动轮Ⅰ与从动轮Ⅱ的角速度比为**传动比**(ratio of transmission)，即

$$i_{12} = \frac{\omega_1}{\omega_2} \tag{5.12}$$

由于齿轮传动无相对滑动，又因齿轮的齿数 z 与半径成正比，可得传动比为

$$i_{12}=\frac{\omega_1}{\omega_2}=\frac{R_2}{R_1}=\frac{z_2}{z_1} \tag{5.13}$$

例 5.3　减速箱由 4 个齿轮构成，如图 5.10 所示。齿轮Ⅱ和Ⅲ安装在同一轴上，与轴一起转动。各齿轮的齿数分别为 $z_1=36$，$z_2=112$，$z_3=32$ 和 $z_4=128$。如主动轴Ⅰ的转速 $n_1=1450$ r/min，试求从动轮Ⅳ的转速 n_4。

解　用 n_1、n_2、n_3 和 n_4 分别表示各齿轮的转速，且有 $n_2=n_3$，应用齿轮的传动比公式，得

$$i_{12}=\frac{n_1}{n_2}=\frac{z_2}{z_1},\ i_{34}=\frac{n_3}{n_4}=\frac{z_4}{z_3}$$

将两式相乘，得

$$\frac{n_1n_3}{n_2n_4}=\frac{z_2z_4}{z_1z_3}$$

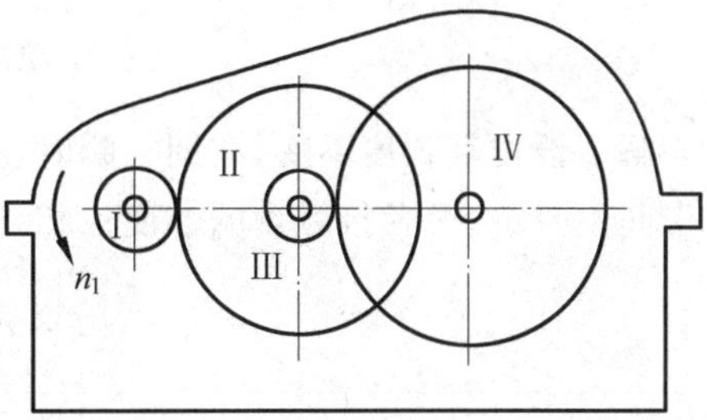

减速箱

图　5.10

因为 $n_2=n_3$，因此可得从齿轮Ⅰ到齿轮Ⅳ的传动比为

$$i_{14}=\frac{n_1}{n_4}=\frac{z_2z_4}{z_1z_3}=\frac{112\times128}{36\times32}=12.4$$

由图 5.10 可知，从动轮Ⅳ和主动轮Ⅰ的转向相同。

最后，求得从动轮Ⅳ的转速为

$$n_4=\frac{n_1}{i_{14}}=\frac{1450}{12.4}\ \text{r/min}=117\ \text{r/min}$$

2. 皮带轮(链轮)传动

皮带轮(链轮)传动适用于两轴距离较远的情况，如图 5.11 所示。

1) 皮带轮(链轮)传动的特点

(1) 轮带不可伸长；

(2) 设皮带与轮之间无相对滑动，则轮缘和轮带接触点的速度和切向加速度相同；

(3) 两轮转动方向相同，轮缘上各点速度 v 大小相同，加速度 a_t 大小相同。

2) 传动比

由上述皮带传动特点可知

$$v_A=v'_A=v_B=v'_B$$

由式(5.4)，得

$$r_1\omega_1=r_2\omega_2$$

所以传动比为

$$i_{12}=\frac{\omega_1}{\omega_2}=\frac{r_2}{r_1} \tag{5.14}$$

例 5.4　皮带轮传动机构如图 5.12 所示，设小皮带轮Ⅰ的半径为 r_1，以转速 n_1(r/min)绕固定轴 O_1 转动，通过皮带带动大皮带轮Ⅱ绕定轴 O_2 转动，其半径为 r_2。若皮带长度不变且皮带与皮带轮间不打滑，求大皮带轮Ⅱ的转速 n_2。

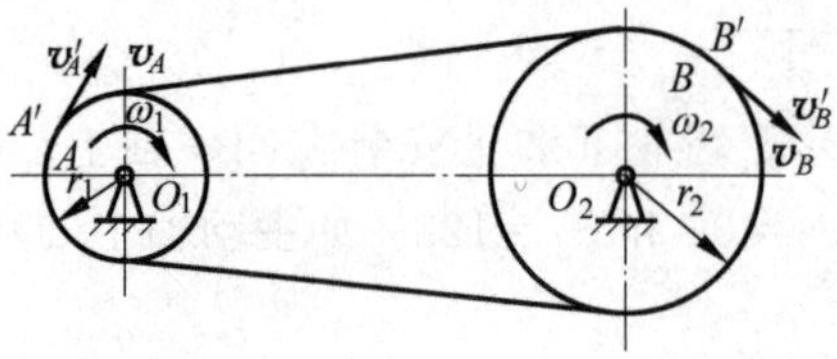

图 5.11

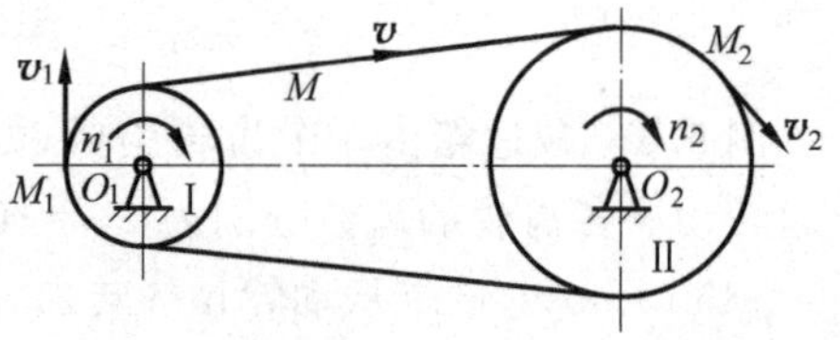

图 5.12

解 设皮带长度不变，在同一瞬时皮带上各点的速度大小都相同，即 $v_1=v_2=v$。又因皮带间不打滑，两者接触点的速度也相同，即

$$v_1=r_1\omega_1=r_1\cdot\frac{2\pi n_1}{60}$$

$$v_2=r_2\omega_2=r_2\cdot\frac{2\pi n_2}{60}$$

此处 ω_1 和 ω_2 分别表示两皮带轮的角速度(rad/s)，于是得

$$r_1\omega_1=r_2\omega_2,\ \omega_2=\frac{r_1}{r_2}\omega_1,n_2=\frac{r_1}{r_2}n_1$$

$$\frac{n_2}{n_1}=\frac{\omega_2}{\omega_1}=\frac{r_1}{r_2}$$

即两皮带轮的角速度(或转速)与其半径成反比。

习题

5.1 揉茶机的揉茶桶由三个曲柄 O_1A、O_2B、O_3C 支承，三曲柄互相平行且曲柄长均为 $r=0.2$ m。设三曲柄以转速 $n=48$ r/min 匀速转动，求揉茶桶中心点 O 的速度、加速度。

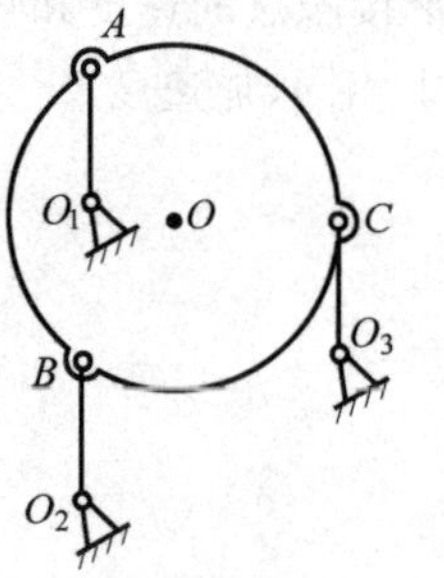

习题 5.1 图

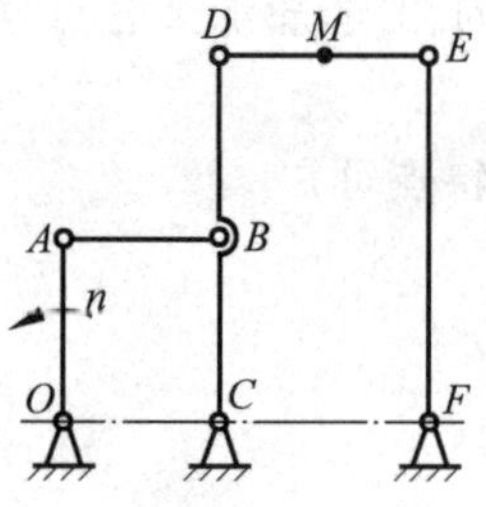

习题 5.2 图

5.2 如图所示，曲柄 OA 以转速 $n=50$ r/min 等角速度转动，并通过连杆 AB 带动 $CDEF$ 连杆机构。已知 B 为 CD 中点，$OA=BC=BD=1$ m，$EF=2$ m，$AB=OC$，$DE=CF$。当 OA、CD 在垂直位置时，求连杆 DE 中点 M 的速度和加速度。

5.3 摇筛机构如图所示，已知 $O_1A=O_2B=0.4$ m，$O_1O_2=AB$，杆 O_1A 按 $\varphi=\frac{1}{2}\sin\frac{\pi}{4}t$

规律摆动(式中 φ 以 rad 计,t 以 s 计)。求当 $t=0$ 和 $t=2\mathrm{s}$ 时,筛面中点 M 的速度和加速度。

5.4　带轮边缘上的 A 点速度 $v_A=500\ \mathrm{mm/s}$,与 A 点在同一条直径上的 B 点速度 $v_B=100\ \mathrm{mm/s}$,$AB=20\ \mathrm{cm}$。试求带轮直径 D 与角速度。

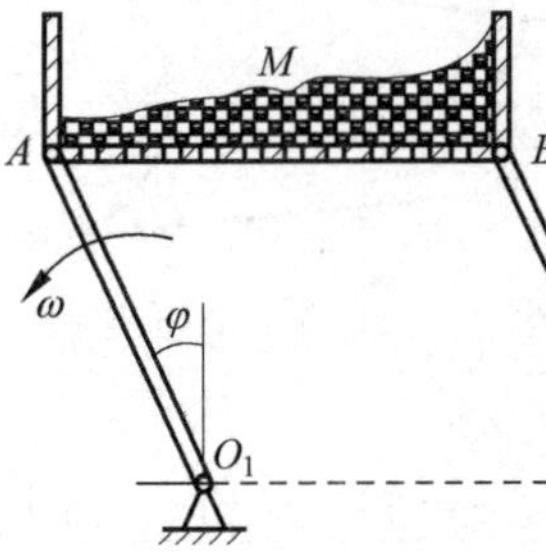

习题 5.3 图

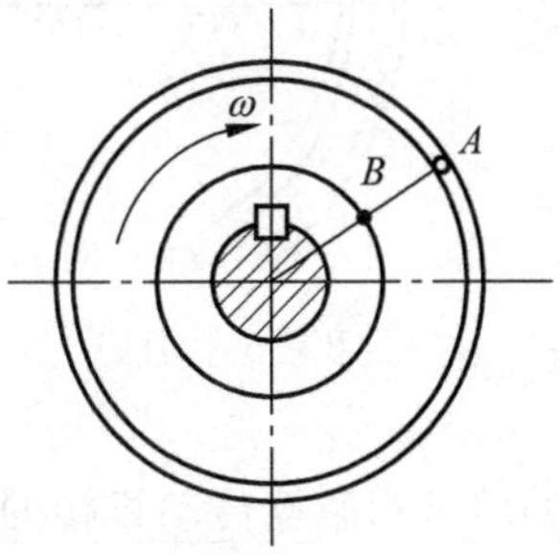

习题 5.4 图

5.5　如图所示的直角刚杆绕轴 O 作定轴转动,$AO=2\ \mathrm{m}$,$BO=3\ \mathrm{m}$。已知某瞬时 A 点的速度大小 $v_A=6\ \mathrm{m/s}$,方向与 AO 垂直,B 点的加速度方向与 BO 成 $\theta=60°$,求该瞬时刚杆的角速度 ω 和角加速度 α。

5.6　一绕轴 O 转动的带轮,某瞬时轮缘上点 A 的速度大小为 $v_A=50\ \mathrm{cm/s}$,加速度大小为 $a_A=150\ \mathrm{cm/s^2}$；轮内另一点 B 的速度大小为 $v_B=10\ \mathrm{cm/s}$。已知该两点到轮轴的距离相差 20 cm。试求此瞬时：(1)带轮的角速度；(2)带轮的角加速度及 B 点的加速度。

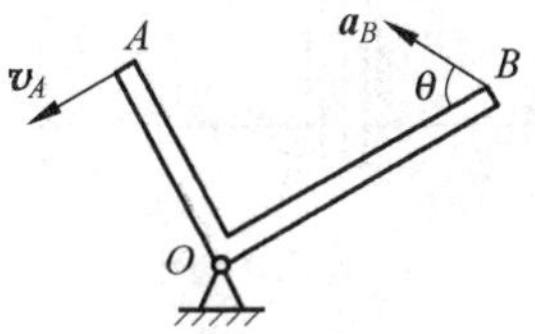

习题 5.5 图

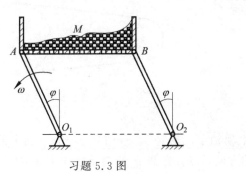

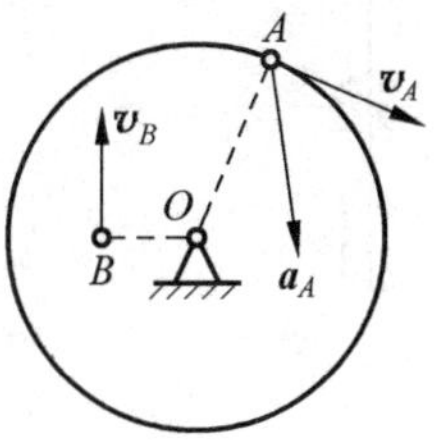

习题 5.6 图

5.7　图示曲柄滑杆机构中,滑杆上有一圆弧形滑道,其半径 $R=100\ \mathrm{mm}$,圆心 O_1 在导杆 BC 上,曲柄长 $OA=100\ \mathrm{mm}$,以等角速度 $\omega=4\ \mathrm{rad/s}$ 绕 O 轴转动。求：(1)导杆 BC 上 O_1 点的运动规律；(2)当曲柄与水平线间的交角为 $\varphi=30°$时,导杆 BC 的速度和加速度。

5.8　皮带轮传动机构如图所示,皮带轮半径为 $2r_1=r_2$,主动轮 O_1 以角加速度 $\alpha_1=2\ \mathrm{rad/s^2}$ 从静止开始匀加速转动,问经过多少时间 t 主动轮 O_1 的转速 $n_1=400\ \mathrm{r/min}$？若皮带长度不变且皮带不打滑,求此时大皮带轮 O_2 的转速 n_2 和传动比 i_{12}。

5.9　机构如图所示,假定杆 AB 以匀速 v 运动,开始时 $\varphi=0$。求当 $\varphi=\dfrac{\pi}{4}$时,摇杆 OC 的角速度和角加速度。

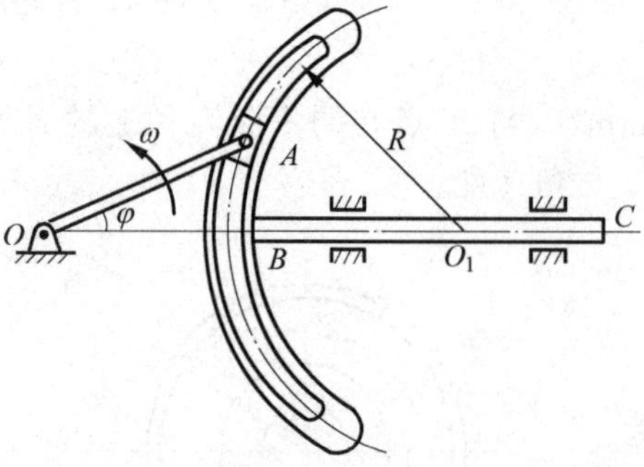

习题 5.7 图

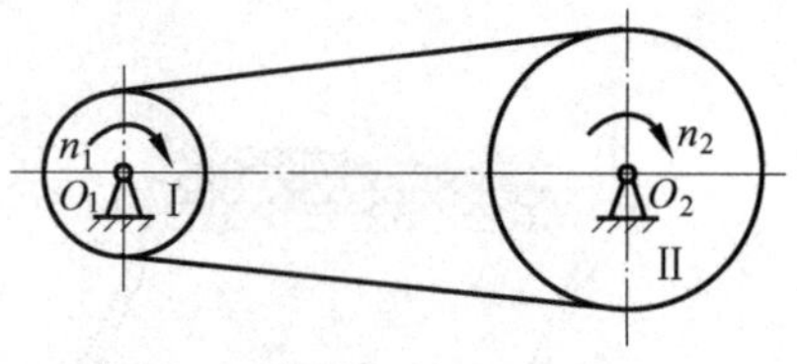

习题 5.8 图

5.10　如图所示摩擦传动机构的主动轴Ⅰ的转速为 $n=600$ r/min。轴Ⅰ的轮盘与轴Ⅱ的轮盘接触，接触点按箭头 A 所示的方向移动。距离 d 的变化规律为 $d=100-5t$，其中 d 以 mm 计，t 以 s 计。已知 $r=50$ mm，$R=150$mm。求：(1)以距离 d 表示轴Ⅱ的角加速度；(2)当 $d=r$ 时，轮 B 边缘上一点的全加速度。

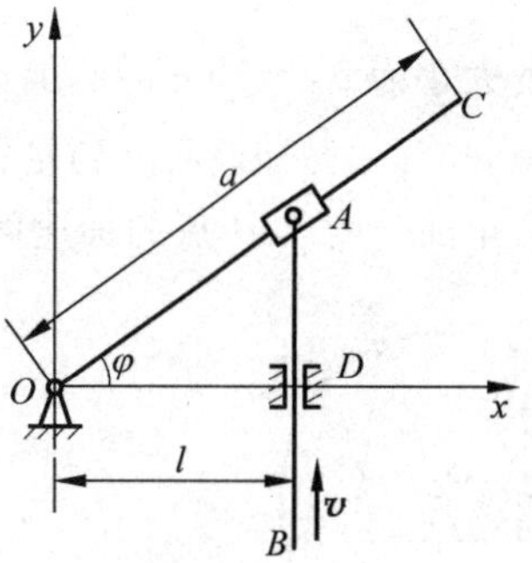

习题 5.9 图

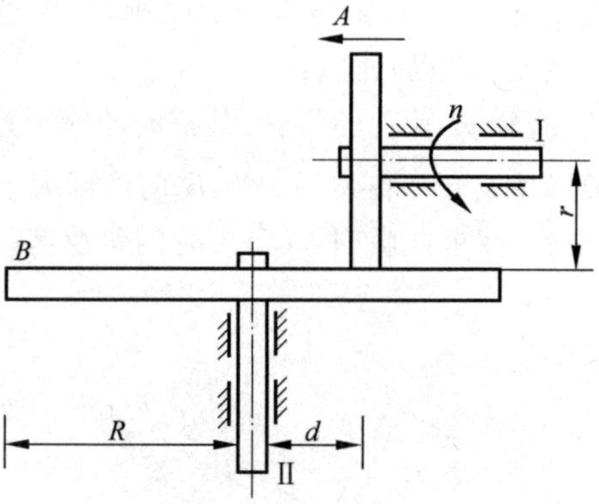

习题 5.10 图

第6章

点的合成运动

研究刚体基本运动时，我们选择与地面固定的参考系。由于运动描述具有相对性，选择不同参考系来描述物体的运动是不同的。在工程问题中，点的运动有时比较复杂，如果适当选择两个不同的坐标系来描述同一点的运动，往往可以使复杂运动分解成两个简单运动。本章将介绍点的运动合成和分解的基本概念和方法。

6.1　相对运动·牵连运动·绝对运动

1. 动点· 定系·动系

在运动学中，所描述的一切运动只有相对的意义。为便于分析，我们把所研究的点称为动点。把建立在地面或与地面固结物体上的坐标系称为定参考系，简称**定系**（fixed coordinate system）。建立在相对于定系运动的物体上的坐标系称为动参考系，简称**动系**（moving coordinate system）。

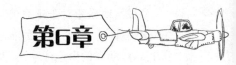

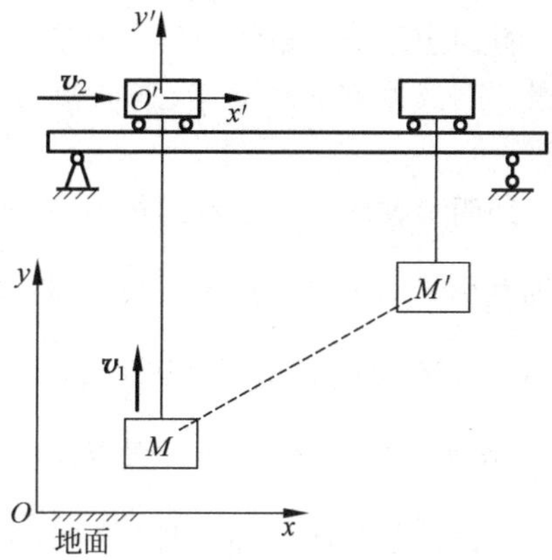

图　6.1

图 6.1 中，起重机桁车吊重物的运动，重物相对于桁车作匀速上升，桁车相对于横梁作匀速向右运动。重物平动，每个点的运动状态相同，因此可以简化成一个点的运动。把重物看成动点 M，Oxy 坐标系与地面固结，为定系；$O'x'y'$ 坐标系建立在桁车上，为动系。

2. 绝对运动·相对运动·牵连运动

(1) 动点 M 相对定系的运动称为**绝对运动**(absolute motion)，动点在绝对运动中的轨迹、速度和加速度分别称为**绝对轨迹**、**绝对速度** $\boldsymbol{v}_a$(absolute velocity)和**绝对加速度** $\boldsymbol{a}_a$(absolute acceleration)。

(2) 动点 M 相对动系的运动称为**相对运动**(relative motion)，动点在相对运动中的轨迹、速度和加速度分别称为**相对轨迹**、**相对速度** $\boldsymbol{v}_r$(relative velocity)和**相对加速度** $\boldsymbol{a}_r$(relative acceleration)。

(3) 动系相对于定系的运动称为**牵连运动**(transport motion)。注意：动系作为一个整体运动，因此，牵连运动是描述动系作为刚体的运动，常见的牵连运动形式为平动或定轴转动。切勿称“动点的牵连运动”。如果没有牵连运动，那么绝对运动和相对运动之间毫无差别。

某瞬时，动系上与动点 M 重合的点 M' 为此瞬时的牵连点。注意：牵连点是动系上的点。某瞬时牵连点的速度称为动点的**牵连速度** $\boldsymbol{v}_{\mathrm{e}}$(transport velocity)。牵连速度是牵连点 M' 相对于定系的运动速度。某瞬时牵连点的加速度称为动点的**牵连加速度** $\boldsymbol{a}_{\mathrm{e}}$(transport acceleration)。

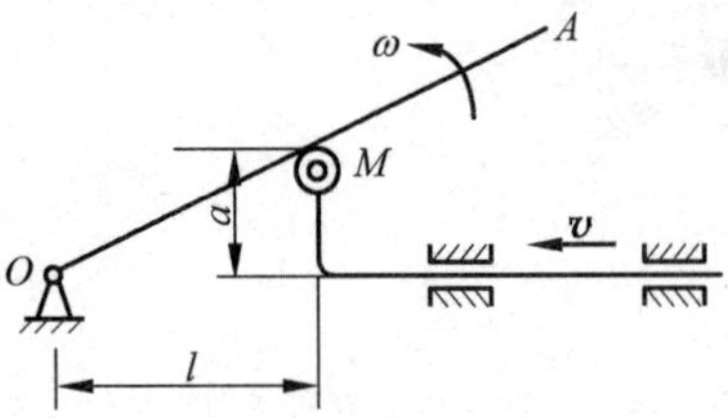

图 6.2

如图 6.2 所示的运动机构，直角推杆以速度 $\boldsymbol{v}$ 推动 OA 杆绕 O 轴转动。直角推杆上的 M 点在 OA 杆上相对滑动，以直角推杆上的 M 点为动点，固结于机架上的坐标系为定系，固结于 OA 杆的坐标系为动系。M 点水平向左运动为绝对运动，M 点沿 OA 斜向下运动为相对运动，OA 杆绕 O 轴转动为牵连运动。

6.2 点的速度合成定理

点的速度合成定理：动点的绝对速度等于该瞬时动点的相对速度和牵连速度的矢量和，即

$$\boldsymbol{v}_{\mathrm{a}} = \boldsymbol{v}_{\mathrm{r}} + \boldsymbol{v}_{\mathrm{e}} \tag{6.1}$$

上式为矢量式，若以 $\boldsymbol{v}_{\mathrm{a}}$、$\boldsymbol{v}_{\mathrm{r}}$、$\boldsymbol{v}_{\mathrm{e}}$ 绘矢量图，则遵守矢量合成的平行四边形法则。绝对速度 $\boldsymbol{v}_{\mathrm{a}}$ 为平行四边形的对角线。每个矢量都有大小和方向两个要素，用一个矢量式可求解两个未知量。上式中有 6 个要素，若已知其中任意 4 个要素，均可利用该矢量式求出另外两个未知量。

证明 如图 6.3 所示的板 A 上开槽，动点 M 沿槽相对于板运动，同时跟随板运动。板 A 即载体。设 t 瞬时点 M 与板上点 M_1 重合，经过 Δt 后，A 板运动到 A' 处，M 沿 $\overset{\frown}{MM'}$ 运动到 M'，M_1 沿 $\overset{\frown}{M_1M_1'}$ 运动到 M_1'。

$\overset{\frown}{MM'}$ 为动点 M 的绝对轨迹，$\overline{MM'}$ 为绝对位移。

$\overset{\frown}{M_1'M'}$ 为动点 M 的相对轨迹，$\overline{M_1'M'}$ 为相对位移。

$\overset{\frown}{M_1M_1'}$ 为牵连点的轨迹，$\overline{M_1M_1'}$ 为牵连位移。

于是有

$$\overline{MM'} = \overline{M_1M_1'} + \overline{M_1'M'}$$

由上式得

$$\frac{\overline{MM'}}{\Delta t} = \frac{\overline{M_1M_1'}}{\Delta t} + \frac{\overline{M_1'M'}}{\Delta t}$$

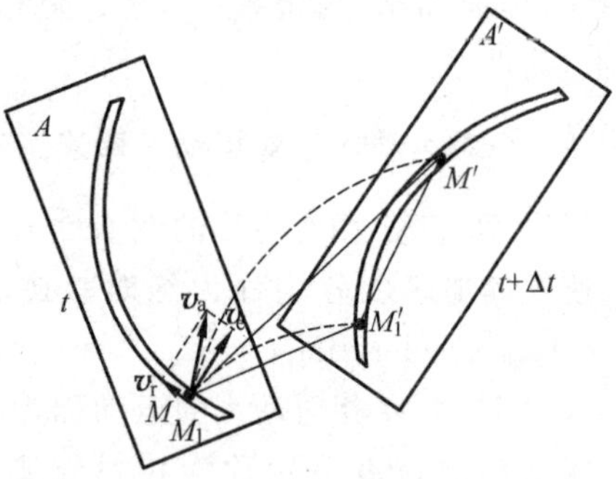

图 6.3

当 $\Delta t \to 0$ 时，对上式取极限，即

$$\lim_{\Delta t \to 0} \frac{\overline{MM'}}{\Delta t} = \lim_{\Delta t \to 0} \frac{\overline{M_1M_1'}}{\Delta t} + \lim_{\Delta t \to 0} \frac{\overline{M_1'M'}}{\Delta t}$$

得

$$\boldsymbol{v}_a = \boldsymbol{v}_r + \boldsymbol{v}_e$$

例 6.1　如图 6.4 所示，半径为 R 的半圆形凸轮 D 以匀速 $\boldsymbol{v}_0$ 沿水平线向右运动，带动从动杆 AB 沿铅直方向运动。求 $\varphi=30°$ 时杆 AB 的速度和杆 AB 相对凸轮的速度。

解　已知凸轮的运动，求顶杆 AB 的运动，两刚体在 A 点接触，选取顶杆上的 A 点为动点。地面为定系，动点相对于动系要有清晰的相对运动轨迹，因此动系固定在凸轮上。

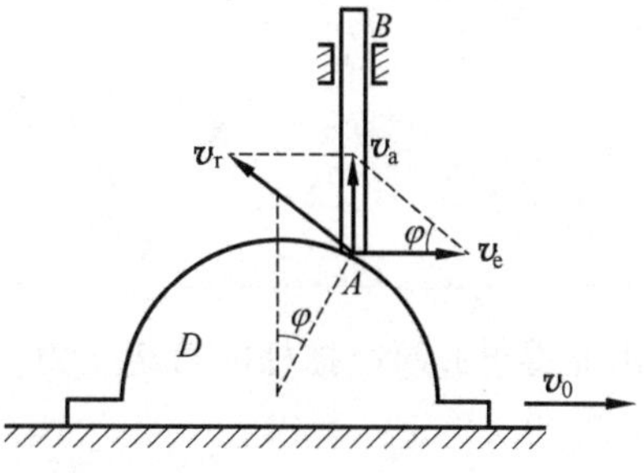

图　6.4

运动分析：绝对运动——直线上下运动；相对运动——圆周运动；牵连运动——直线水平向右平动。

速度分析：当 $\varphi=30°$ 时，绝对速度 $\boldsymbol{v}_a$ 直线向上；相对速度 $\boldsymbol{v}_r$ 沿凸轮切线向上；牵连速度 $\boldsymbol{v}_e$ 直线向右，$\boldsymbol{v}_e=\boldsymbol{v}_0$。

根据 $\boldsymbol{v}_a=\boldsymbol{v}_r+\boldsymbol{v}_e$，已知其中 4 个要素，其速度平行四边形如图 6.4 所示，根据几何关系可求出其他两个要素：

凸轮顶杆（点的合成运动）

$$v_{AB} = v_a = \frac{\sqrt{3}}{3} v_0$$

$$v_r = \frac{2\sqrt{3}}{3} v_0$$

例 6.2　刨床机构如图 6.5 所示。曲柄 OA 的一端与滑块用铰链连接。当曲柄 OA 以匀角速度 ω 绕固定轴 O 转动时，套筒在摇杆 O_1B 上滑动，并带动摇杆 O_1B 绕固定轴 O_1 摆动。设曲柄长 $OA=r$，两轴间的距离 $OO_1=l$。求当曲柄在水平位置时摇杆的角速度 ω_1。

摆动导杆机构

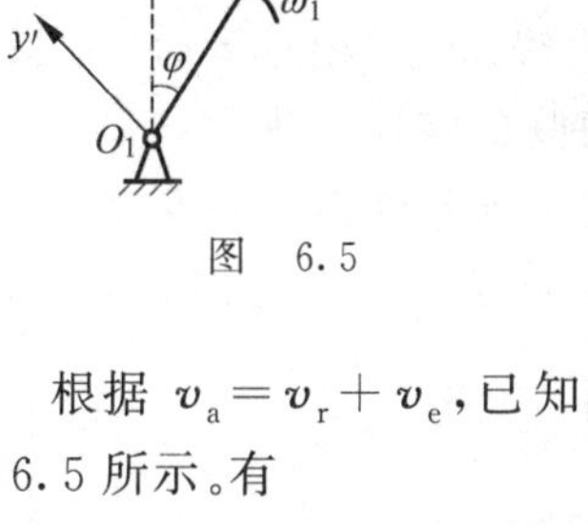

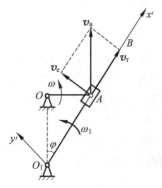

图　6.5

解　选取曲柄 OA 上与套筒的铰接点 A 为动点，地面为定系，动点相对 O_1B 有清晰的相对运动轨迹，动系 $O_1x'y'$ 固定在摇杆 O_1B 上，并与 O_1B 一起绕 O_1 轴摆动。

运动分析：绝对运动——以点 O 为圆心的圆周运动；相对运动——沿 O_1B 方向的直线运动；牵连运动——摇杆绕 O_1 轴的转动。

速度分析：绝对速度 $\boldsymbol{v}_a$ 大小为 ωr，方向与曲柄 OA 垂直；相对速度 $\boldsymbol{v}_r$ 沿 O_1B 向上；牵连速度 $\boldsymbol{v}_e$ 是动系 O_1B 上与动点 A 重合的牵连点速度，它的方向垂直于 O_1B。

根据 $\boldsymbol{v}_a=\boldsymbol{v}_r+\boldsymbol{v}_e$，已知其中 4 个要素，可求出其他两个要素。作出速度四边形，如图 6.5 所示。有

$$v_e = v_a \sin\varphi$$

又

$$\sin\varphi = \frac{r}{\sqrt{l^2 + r^2}}$$

$$v_a = \omega r$$

所以

$$v_e = \frac{\omega r^2}{\sqrt{l^2 + r^2}}$$

设摇杆在此瞬时的角速度为 ω_1,则

$$v_e = O_1A \cdot \omega_1 = \frac{\omega r^2}{\sqrt{l^2 + r^2}}$$

其中

$$O_1A = \sqrt{l^2 + r^2}$$

由此得出此瞬时摇杆的角速度为

$$\omega_1 = \frac{\omega r^2}{l^2 + r^2}$$

方向如图 6.5 所示。

例 6.3 如图 6.6(a)所示,凸轮半径为 r,图示瞬时凸轮向右运动速度为$\boldsymbol{v}$,$\theta = 30°$,杆 OA 靠在凸轮上。求此瞬时杆 OA 的角速度。

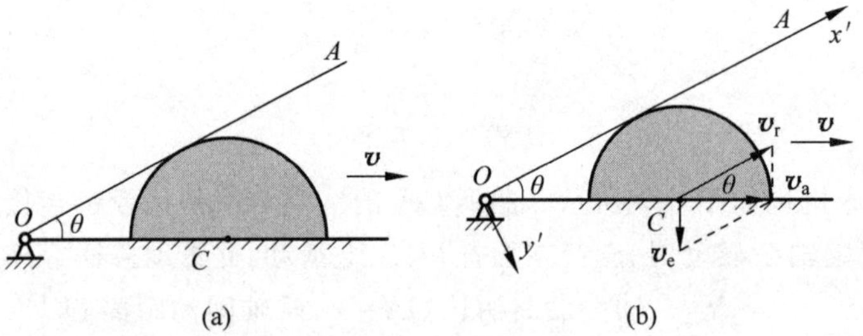

图 6.6

解 相互接触的两个物体的接触点位置都随时间而变化,因此两物体的接触点都不宜选为动点,否则相对运动的分析就会很困难。由于在运动过程中杆始终与凸轮相切,所以凸轮的圆心 C 到杆 OA 的距离不变。这种特殊情况下,取非接触点凸轮上的圆心 C 点为动点,动系固结于 OA 杆上,静系固结于基座。

分析三种运动:绝对运动——凸轮上的圆心 C 作向右的直线运动;相对运动——圆心 C 相对于杆 OA 作沿 OA 的直线运动;牵连运动——杆 OA 绕 O 的定轴转动。

速度分析:绝对速度就是凸轮向右运动的速度$\boldsymbol{v}$,牵连速度就是牵连点 C 随着杆 OA 绕 O 点作圆周运动的速度,因此垂直于 OC 向下,相对速度平行于杆 OA 方向斜向上,如图 6.6(b)所示。有

$$\boldsymbol{v}_a = \boldsymbol{v}_e + \boldsymbol{v}_r$$

根据速度合成定理作出速度平行四边形,有

$$v_e = v_a \cdot \tan\theta = \frac{\sqrt{3}}{3}v$$

又

$$v_{\mathrm{e}}=OC\cdot\omega=\frac{r}{\sin\theta}\cdot\omega=2r\omega$$

可得

$$\omega=\frac{v_{\mathrm{e}}}{2r}=\frac{1}{2r}\cdot\frac{\sqrt{3}}{3}v=\frac{\sqrt{3}\,v}{6r}(\curvearrowright)$$

总结解题步骤：

(1) 选取动点、动系和定系。所选的参考系应能将动点的运动分解成相对运动和牵连运动。因此，动点和动系不能选在同一个物体上；一般要求相对运动轨迹清晰。

(2) 分析三种运动和三种速度。

绝对运动：以定系为参考，动点的运动(直线运动、圆周运动或其他某种曲线运动)。

相对运动：以动系为参考，动点的运动(直线运动、圆周运动或其他某种曲线运动)。

牵连运动：以定系为参考，动系的运动(平动、转动或其他某一种刚体运动)。

各种运动的速度都包括大小和方向两个要素，只有已知其中 4 个要素才能画出速度平行四边形。

点的合成运动

(3) 应用速度合成定理，作出速度平行四边形。必须注意，作图时要使绝对速度成为平行四边形的对角线。

(4) 利用速度平行四边形的几何关系解出未知量。

6.3 动系平动时点的加速度合成定理

动系平动时点的加速度合成定理：当动系平动时，某瞬时动点的绝对加速度 $\boldsymbol{a}_{\mathrm{a}}$ 等于相对加速度 $\boldsymbol{a}_{\mathrm{r}}$ 和牵连加速度 $\boldsymbol{a}_{\mathrm{e}}$ 的矢量和。即

$$\boldsymbol{a}_{\mathrm{a}}=\boldsymbol{a}_{\mathrm{r}}+\boldsymbol{a}_{\mathrm{e}} \tag{6.2}$$

证明 如图 6.7 所示，取 $Oxyz$ 为定系，$O'x'y'z'$为动系，动系的原点 O'在定系中，矢径为 $\boldsymbol{r}_{O'}$，沿动系的三个基矢量分别为 $\boldsymbol{i}'$、$\boldsymbol{j}'$、$\boldsymbol{k}'$。动点在定系中，矢径为 $\boldsymbol{r}_M$，在动系中，矢径为 $\boldsymbol{r}$。有

$$\boldsymbol{a}_{\mathrm{a}}=\frac{\mathrm{d}\boldsymbol{v}_{\mathrm{a}}}{\mathrm{d}t}=\frac{\mathrm{d}\boldsymbol{v}_{\mathrm{r}}}{\mathrm{d}t}+\frac{\mathrm{d}\boldsymbol{v}_{O'}}{\mathrm{d}t}$$

$$\frac{\mathrm{d}\boldsymbol{v}_{O'}}{\mathrm{d}t}=\boldsymbol{a}_{O'}=\boldsymbol{a}_{\mathrm{e}}\text{(平动动系上各点加速度相同)}$$

$$\frac{\mathrm{d}\boldsymbol{v}_{\mathrm{r}}}{\mathrm{d}t}=\ddot{x}'\boldsymbol{i}'+\ddot{y}'\boldsymbol{j}'+\ddot{z}'\boldsymbol{k}'=\boldsymbol{a}_{\mathrm{r}}(\boldsymbol{i}'\text{、}\boldsymbol{j}'\text{、}\boldsymbol{k}'\text{ 的方向不变})$$

证得

$$\boldsymbol{a}_{\mathrm{a}}=\boldsymbol{a}_{\mathrm{r}}+\boldsymbol{a}_{\mathrm{e}}$$

例 6.4 如图 6.8 所示，小车水平向右作加速运动，加速度 $a=0.493\ \mathrm{m/s^2}$。在小车上有一轮绕轴 O 转动，转动规律为 $\varphi=t^2$(t 以 s 计，φ 以 rad 计)。当 $t=1$ s 时，轮缘上点 A 的位置如图所示。已知轮的半径 $r=0.2$ m，求此时点 A 的绝对加速度。

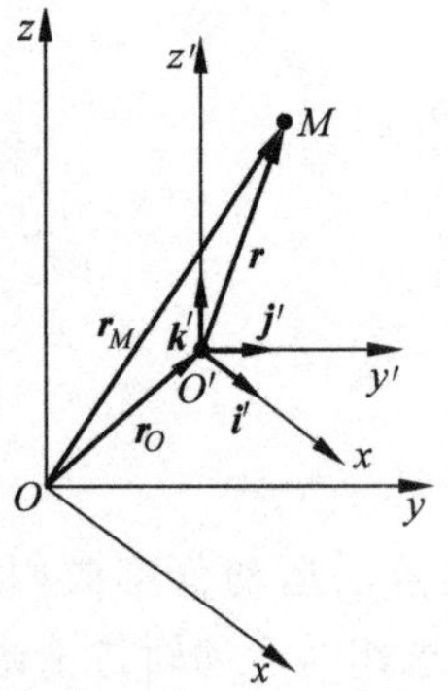

图 6.7

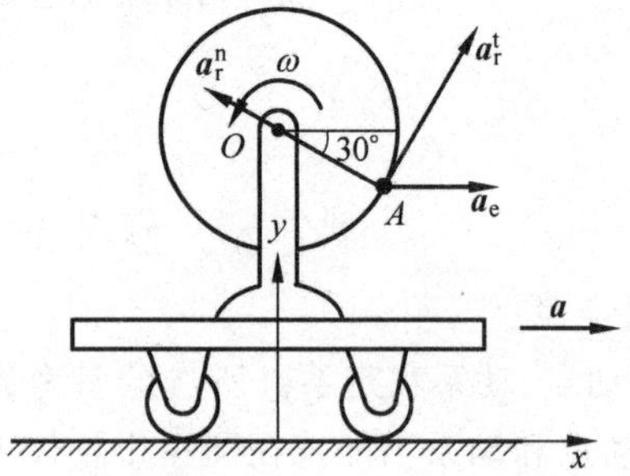

图 6.8

解 点 A 为动点，动系固结于小车；牵连运动为沿水平方向的平动，相对运动为绕点 O 的圆周运动，绝对运动为平面曲线。加速度分析如图 6.8 所示，图中 $\boldsymbol{a}_r^t$、$\boldsymbol{a}_r^n$ 为 A 点相对加速度的两个分量。

由题意知，$t=1$ s 时，相对运动为圆周运动。

角速度 $\omega=\varphi'=2t=2$ rad/s，角加速度 $\alpha=\varphi''=2$ rad/s^2，相对运动的切向加速度 $a_r^t=\alpha r=0.4$ m/s^2，法向加速度 $a_r^n=\omega^2 r=0.8$ m/s^2。

动系平动时加速度合成定理为

$$\boldsymbol{a}_a=\boldsymbol{a}_r^t+\boldsymbol{a}_r^n+\boldsymbol{a}_e$$

分别向轴 x、y 方向投影得

$$a_x=a_r^t\sin30^\circ-a_r^n\cos30^\circ+a_e$$

$$a_y=a_r^t\cos30^\circ+a_r^n\sin30^\circ$$

代入有关数据，解得

$$a_x=0.0002\ \text{m/s}^2,\ a_y=0.7464\ \text{m/s}^2$$

$$a_a=\sqrt{a_x^2+a_y^2}\approx0.7464\ \text{m/s}^2$$

例 6.5 如图 6.9(a)所示，铰接四边形机构中，$O_1A=O_2B=100$ mm，又 $O_1O_2=AB$，杆 O_1A 以等角速度 $\omega=2$ rad/s 绕 O_1 轴转动。杆 AB 上有一套筒 C，此筒与杆 CD 铰接。机构的各部件都在同一铅直面内运动。求当 $\varphi=60°$时，CD 杆的速度和加速度。

解 机构在 C 处有相对移动，取 CD 上点 C 为动点，动系固结于 AB。

运动分析：绝对运动为上下直线运动；相对运动为沿 AB 直线运动；牵连运动为曲线平动。速度与加速度分析分别如图 6.9(b)、(c)所示，AB 平动，其上各点在某一瞬时速度相同，加速度相同，可得

$$\boldsymbol{v}_A=\boldsymbol{v}_e,\ a_A^n=a_e^n$$

动点固结于 CD 上，可得

$$v_{CD}=v_a,\ a_{CD}=a_a$$

例 6.5 精讲

根据矢量合成的平行四边形法则有

$$\boldsymbol{v}_a=\boldsymbol{v}_r+\boldsymbol{v}_e$$

得

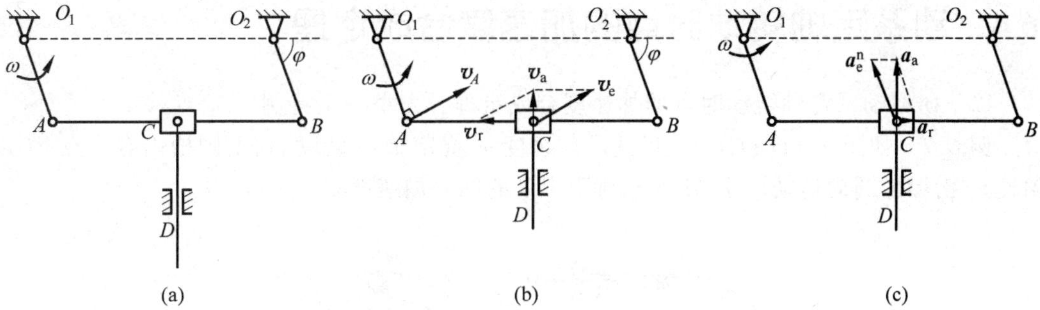

图 6.9

$$v_a = v_{CD} = v_e\cos 60^\circ = O_1A \cdot \omega\cos 60^\circ = 0.10\ \text{m/s}$$

由

$$\boldsymbol{a}_a = \boldsymbol{a}_r + \boldsymbol{a}_e^n$$

得

$$a_a = a_{CD} = a_e^n\sin 60^\circ = O_1A \cdot \omega^2\sin 60^\circ = 0.346\ \text{m/s}^2$$

方向如图 6.9(c)所示。

例 6.6 接例 6.1,已知此时凸轮的加速度为 $\boldsymbol{a}_0$,水平向右,求顶杆 AB 的加速度。

解 例 6.1 已经进行了运动分析和速度分析,现在进行加速度分析。

牵连运动是凸轮向右平动,当牵连运动是平动时,平动的加速度就是牵连加速度,所以 $\boldsymbol{a}_e$ 就是凸轮向右平动的加速度。

相对运动的运动轨迹就是凸轮的轮廓曲线,所以相对加速度分为切向加速度 $\boldsymbol{a}_r^t$ 和法向加速度 $\boldsymbol{a}_r^n$,$\boldsymbol{a}_r^t$ 大小未知,方向沿切线,指向可以假设斜向上;$a_r^n = v_r^2/R = \dfrac{v_0^2}{3R}$,方向沿法线指向点 C。绝对运动的运动轨迹是沿 AB 的直线,$\boldsymbol{a}_a$ 沿竖直方向,指向可以假设向上,$\boldsymbol{a}_a$ 就是题目要求的 AB 杆的加速度。

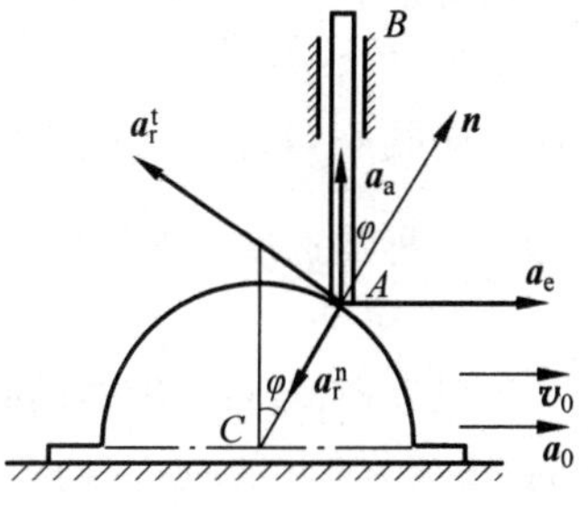

图 6.10

由此可见,$\boldsymbol{a}_r^t$ 和 $\boldsymbol{a}_a$ 都是未知的,而 $\boldsymbol{a}_a$ 是需要求解的,为了避免联立方程求解,选择与不需求的未知数 $\boldsymbol{a}_r^t$ 垂直方向上作为投影轴,即在 $\boldsymbol{n}$ 方向上投影。作加速度矢量图如图 6. 10 所示,写出牵连运动为平动的加速度定理矢量式,并将加速度矢量式投影到法线 $\boldsymbol{n}$ 上,得

$$\boldsymbol{a}_a = \boldsymbol{a}_e + \boldsymbol{a}_r^n + \boldsymbol{a}_r^t$$

$$a_a\cos\varphi = a_e\sin\varphi - a_r^n$$

$$a_a = (a_e\sin\varphi - a_r^n)/\cos\varphi = \left(a_0\sin 30^\circ - \frac{4v_0^2}{3R}\right)/\cos 30^\circ$$

整理得 $a_{AB} = a_a = \dfrac{\sqrt{3}}{3}\left(a_0 - \dfrac{8}{3} \cdot \dfrac{v_0^2}{R}\right)$。这里需要注意的是,加速度矢量方程的投影是等式两端的投影,与静力学平衡方程的投影关系不同,与合力投影定理类似。

*6.4 动系定轴转动时点的加速度合成定理

以下研究动系定轴转动时点的加速度合成定理。先举一个特例。

例 6.7 如图 6.11(a)所示,圆盘以角速度 ω 绕定轴 O 转动,盘上圆槽内有一点 M 以匀速 $\boldsymbol{v}_r$ 沿槽作圆周运动。求 M 点相对于定系的绝对加速度 $\boldsymbol{a}_a$。

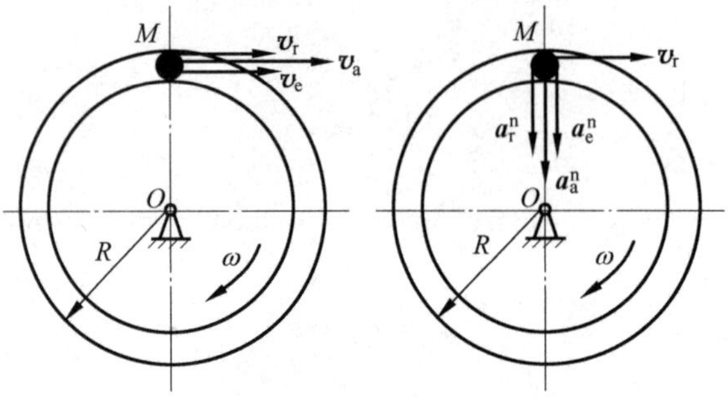

图 6.11

解 动点为 M,动系为圆盘。

运动分析:绝对运动为绕 O 点的圆周运动,方向垂直于 OM;相对运动为 v_r,沿槽运动,方向垂直于 OM;牵连运动为绕 O 点定轴转动,牵连速度 $v_e=\omega R$,如图 6.11(a)所示。

由速度合成定理 $\boldsymbol{v}_a=\boldsymbol{v}_r+\boldsymbol{v}_e$,三种速度共线,得 $v_a=v_r+\omega R$ 为常数,因此绝对运动为绕 O 点的匀速圆周运动。

加速度分析:绝对加速度只有向心加速度 $a_a^n=\dfrac{v_a^2}{R}=\dfrac{(v_r+\omega R)^2}{R}=\dfrac{v_r^2}{R}+\omega^2R+2\omega v_r$,方向指向圆心 O;相对加速度 $a_r^n=\dfrac{v_r^2}{R}$,方向指向圆心 O;牵连加速度 $a_e^n=\omega^2R$,方向指向圆心 O。三种加速度共线,如图 6.11(b)所示,有

$$a_a^n=a_r^n+a_e^n+2\omega v_r$$

可以发现,动系定轴转动时的加速度合成定理与动系平动时加速度合成定理 $\boldsymbol{a}_a=\boldsymbol{a}_r+\boldsymbol{a}_e$ 不同,该题中多了 $2\omega v_r$。把多出来的一项称为**科氏加速度**(Coriolis acceleration),用 $\boldsymbol{a}_C$ 表示:

$$\boldsymbol{a}_C=2\boldsymbol{\omega}\times\boldsymbol{v}_r \tag{6.3}$$

科氏加速度的大小 $a_C=2\omega v_r\sin\theta$,其中 θ 为 $\boldsymbol{\omega}$ 与 $\boldsymbol{v}_r$ 的夹角。$\boldsymbol{\omega}$ 和 $\boldsymbol{a}_C$ 的方向均按照右手法则确定,如图 6.12 所示。

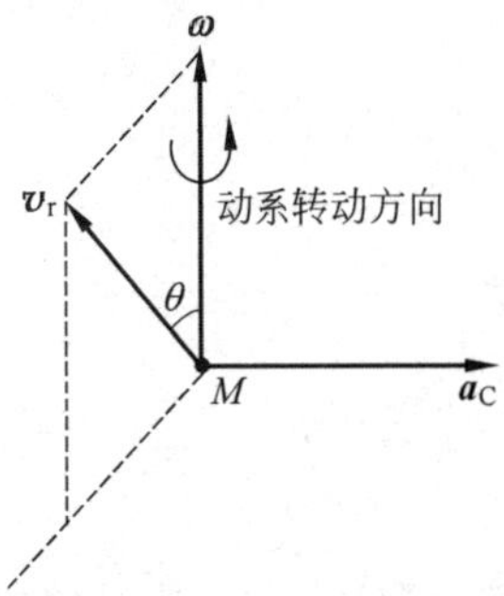

图 6.12

牵连运动为转动时加速度合成定理:动点的绝对加速度等于它的牵连加速度、相对加速度和科氏加速度三者的矢量和,即

$$\boldsymbol{a}_a=\boldsymbol{a}_r+\boldsymbol{a}_e+\boldsymbol{a}_C \tag{6.4}$$

本定理对于动系定轴转动和动系平面运动情况均适用。

例 6.8 如图 6.13(a)所示,直角曲杆 OBC 绕轴 O 转动,使套在其上的小环 M 沿固定直杆 OA 滑动。已知:$OB=0.1$ m,OB 与 BC 垂直,曲杆的角速度 $\omega=0.5$ rad/s,角加速度

为零。求当 $\varphi=60°$时，小环 M 的速度和加速度。

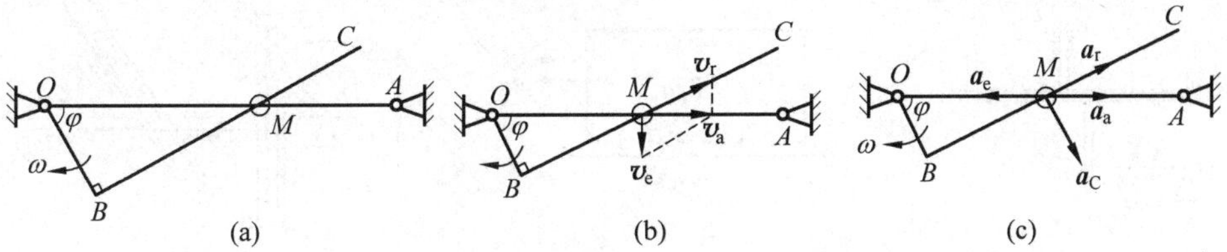

图　6.13

解　小环 M 为动点，动系固结于曲杆 OBC。

运动分析：绝对运动为沿 AO 的直线运动，相对运动沿 BC 的直线运动，牵连运动为绕 O 定轴转动。速度分析如图 6.13(b)所示，有

$$\boldsymbol{v}_M=\boldsymbol{v}_a=\boldsymbol{v}_r+\boldsymbol{v}_e$$

此时：

$$v_e=OM\omega=0.1\ \text{m/s}$$

$$v_a=v_e\tan60°=0.1732\ \text{m/s}$$

$$v_r=2v_e=0.2\ \text{m/s}$$

加速度分析如图 6.13(c)所示，有

$$\boldsymbol{a}_a=\boldsymbol{a}_r+\boldsymbol{a}_e+\boldsymbol{a}_C$$

其中

$$a_e=\omega^2 OM=0.05\ \text{m/s}^2$$

$$a_C=2\omega v_r=0.2\ \text{m/s}^2$$

将加速度矢量式向 $\boldsymbol{a}_C$ 方向投影得

$$a_a\cos60°=-a_e\cos60°+a_C$$

解得

$$a_M=a_a=0.35\ \text{m/s}^2$$

习题

6.1　图示机构中，以 A 点为动点，选择定系和动系，标出图示瞬时的 $\boldsymbol{v}_a$、$\boldsymbol{v}_e$、$\boldsymbol{v}_r$ 和 $\boldsymbol{a}_a$、$\boldsymbol{a}_e$、$\boldsymbol{a}_r$。

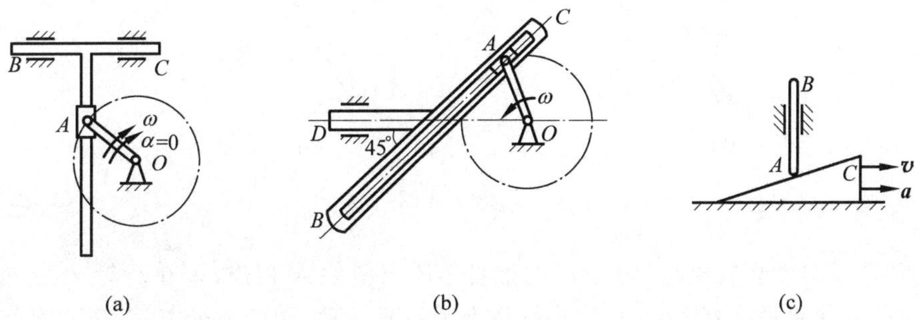

习题 6.1 图

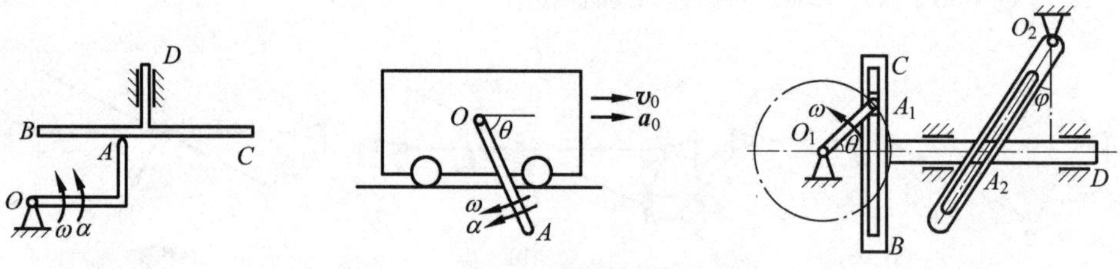

(d) (e) (f)

习题 6.1 图(续)

6.2 如图所示,为了从输送机的平带上卸下物料,在平带的前方设置了固定的挡板 ABC,已知 $\varphi=60°$,平带运行速度 $u=0.6\ \mathrm{m/s}$,物料以速度 $v=0.14\ \mathrm{m/s}$ 沿挡板落下。求物料相对于平带的速度 v_r 的方向和大小。

6.3 杆 OA 长 l,由推杆推动而在图面内绕点 O 转动,如图所示。假定推杆的速度为 v,其弯头高为 a。求杆端 A 的速度(为关于 x 的函数)。

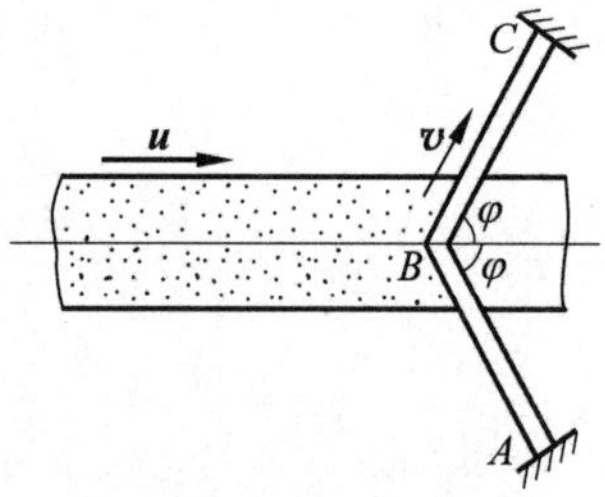

习题 6.2 图

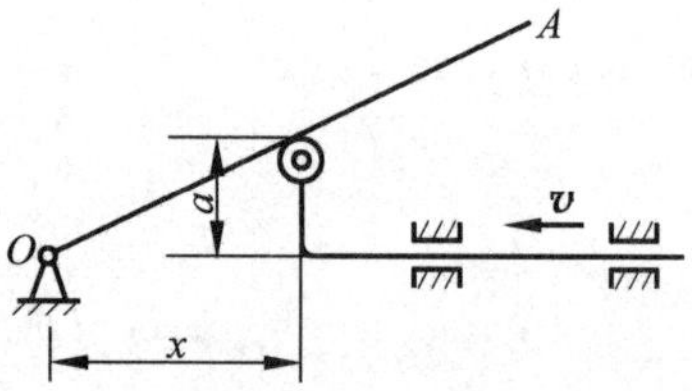

习题 6.3 图

6.4 在图示两种机构中,已知 $O_1O_2=a=200\ \mathrm{mm}$,$\omega_1=3\ \mathrm{rad/s}$。求图示位置时,杆 O_2A 的角速度。

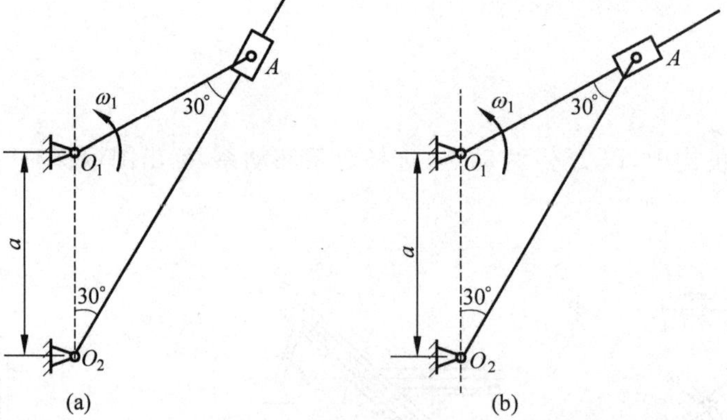

(a) (b)

习题 6.4 图

6.5 图示自动切料机构,切刀 B 的推杆 AB 与滑块 A 相连,A 在凸轮 $abcd$ 的斜槽中滑动。当凸轮作水平往复运动时,使推杆作上下往复运动,切断料棒 EF。若凸轮的运动速

度为 v,斜槽的倾角 φ,求此瞬时切刀的速度。

6.6 图示机构由杆 O_1A、O_2B 及半圆形板 ABD 组成,各构件都在图示平面内运动。另有动点 M 沿圆弧 $\overset{\frown}{BDA}$ 运动,$t=0$ 时 M 位于 B 处。杆 O_1A 的运动规律为 $\varphi=\dfrac{\pi t}{18}$,$M$ 点的相对运动规律为 $s=\overset{\frown}{BM}=10\pi t^2$,$t$ 以 s 计,s 以 mm 计,φ 以 rad 计。如已知 $O_1A=O_2B=180$ mm,半圆半径 $R=180$ mm,求当 $t=3$ s 时,M 点的速度和加速度。

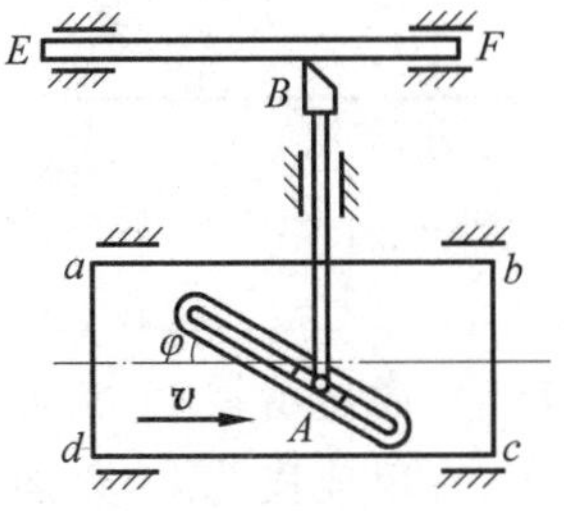

习题 6.5 图

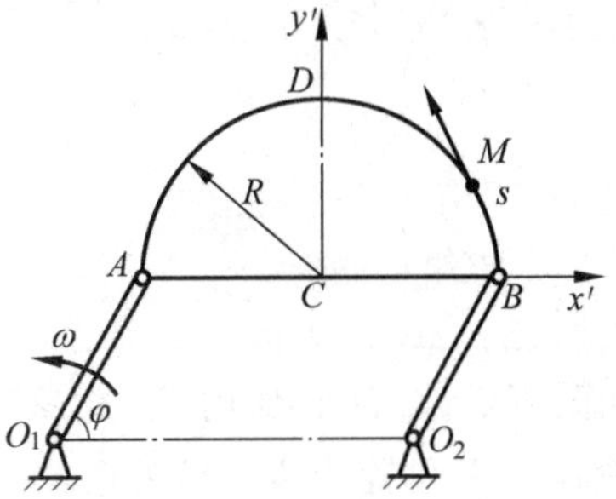

习题 6.6 图

6.7 图示偏心轮摇杆机构中,摇杆 O_1A 借助弹簧压在半径为 R 的偏心轮 C 上。偏心轮 C 绕轴 O 往复摆动,从而带动摇杆绕轴 O_1 摆动。设 $OC\perp OO_1$ 时,轮 C 的角速度为 ω,角加速度为零,$\theta=60°$。求此时摇杆 O_1A 的角速度 ω_1 和角加速度 α_1。

6.8 平底顶杆凸轮机构如图所示,顶杆 AB 可沿导槽上下移动,偏心圆盘绕轴 O 转动,轴 O 位于顶杆轴线上。工作时顶杆的平底始终接触凸轮表面。该凸轮半径为 R,偏心距 $OC=e$,凸轮绕轴 O 转动的角速度为 ω,C 与水平线成夹角 φ。求当 $\varphi=30°$时,顶杆的速度和加速度。

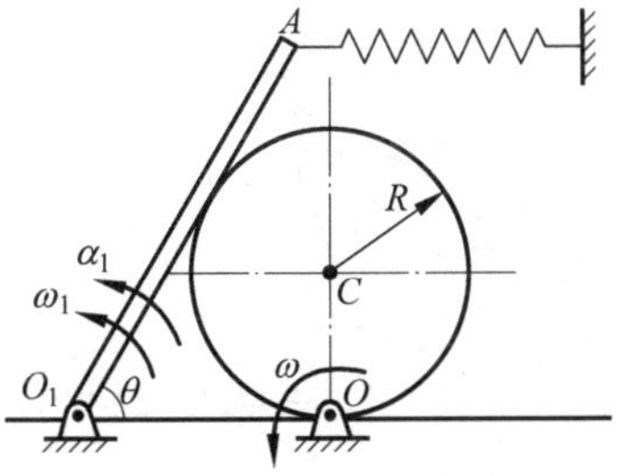

习题 6.7 图

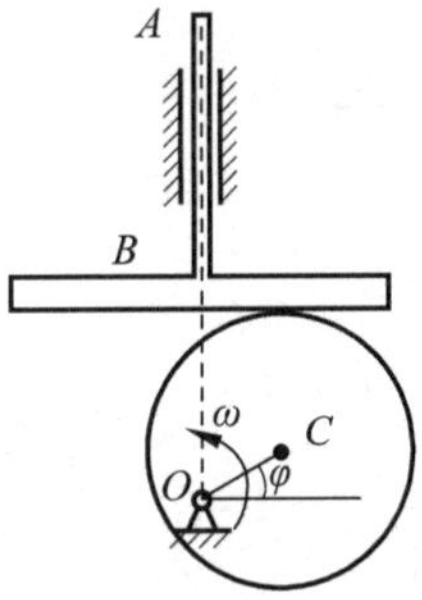

习题 6.8 图

6.9 直角 L 形杆 OAB 以角速度 ω 绕 O 轴转动,$OA=l$,OA 垂直于 AB;通过套筒 C 推动杆 CD 沿铅直导槽运动。图示位置 $\varphi=30°$时,试求杆 CD 的速度。

6.10 如图所示,半圆形凸轮沿水平面运动,带动杆 OA 绕定轴 O 转动。凸轮半径为 R,杆 OA 长为 $l=R(O_1O<2R)$。在运动过程中,杆上的点 A 与凸轮保持接触。在图示瞬时,杆 OA 与铅垂线间的夹角 $\theta=30°$,点 O 与凸轮的圆心 O_1 恰在同一铅垂线上,凸轮的速度为 v,加速度为 a,方向均为右。试求该瞬时杆 OA 的角速度和杆上的点 A 相对于半圆形凸轮的加速度。

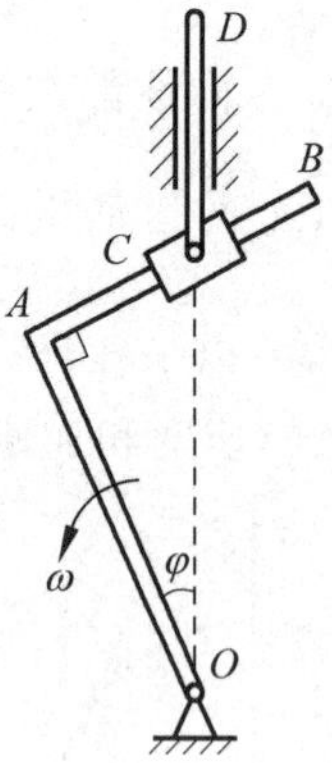

习题 6.9 图

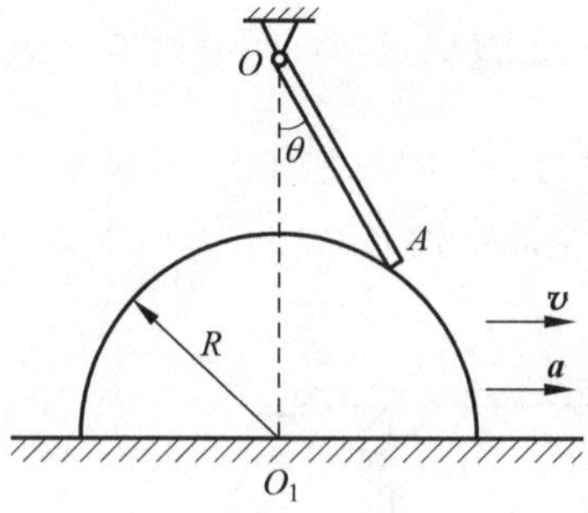

习题 6.10 图

6.11　如图所示，直角 L 形构件 OAB 绕定轴 O 转动，通过滑块 C 带动铅直杆 CD 运动。在图示瞬时，OA 位置铅直，$OA=0.4$ m，$AC=0.3$ m，角速度为 ω，角加速度为 α。求该瞬时杆 CD 的速度和加速度。

6.12　如图所示机构中，已知 O_1A 杆以匀角速度 $\omega=5$ rad/s 转动，并带动摇杆 OB 摆动，若设 $OO_1=40$ cm，$O_1A=30$ cm，求：当 $OO_1\perp O_1A$ 时，摇杆 OB 的角速度及角加速度。

6.13　已知 $OA=r$，以匀角速度 ω 绕 O 轴转动，如图所示，$O_1A=AB=2r$，$\angle OAO_1=\alpha$，$\angle O_1BC=\beta$，求图示瞬时 O_1D 杆的角速度和 BC 杆的速度。

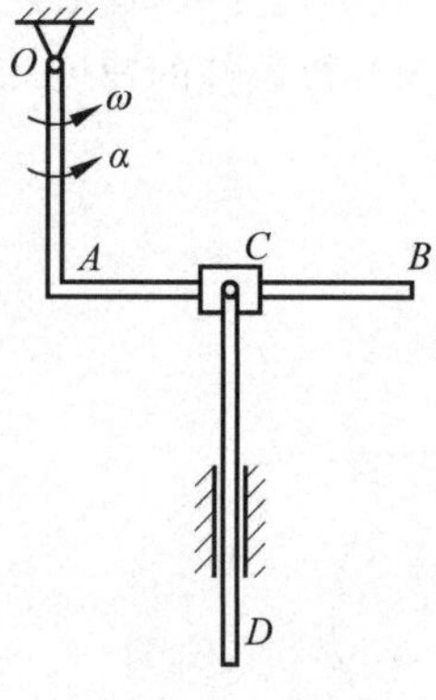

习题 6.11 图

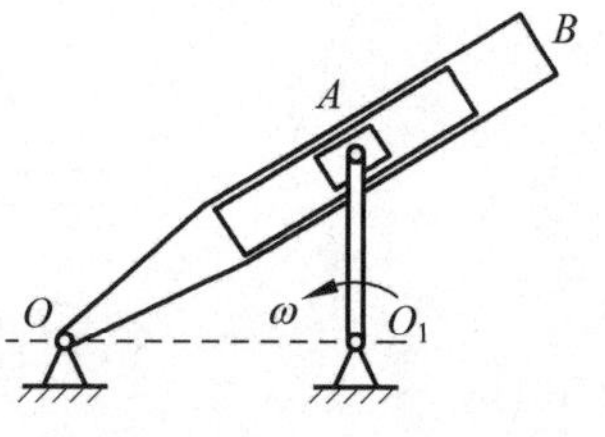

习题 6.12 图

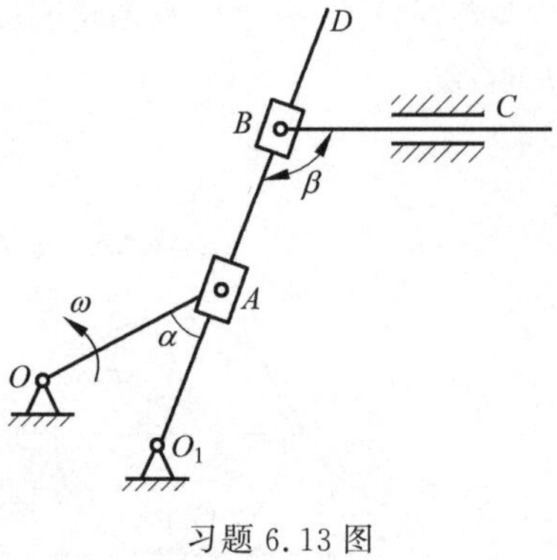

习题 6.13 图

6.14　如图所示，斜面 AB 与水平面间成 45°角，以 0.1 m/s² 的加速度沿 Ox 轴向右运动。物块 M 以匀相对加速度 $0.1\sqrt{2}$ m/s² 沿斜面滑下，斜面与物块的初速度为零。物块的初始位置坐标为 $x=0$，$y=h$。求物块 M 的绝对运动方程、运动轨迹、速度和加速度。

6.15　如图所示，小环 M 同时套在半径 $r=12$ cm 的半圆环和固定的直杆 AB 上。半圆环沿水平线向右运动，当 $\angle MOC=60°$时，其速度为 30 cm/s，加速度为 3 cm/s²，求此瞬时小环 M 的相对速度、相对加速度、绝对速度和绝对加速度。

6.16　图示滑块 A 在直槽中按 $s=OA=2+3t^2$（t 以 s 计，s 以 cm 计）规律滑动，槽杆绕 O 轴以匀角速度 $\omega=2$ rad/s 转动。试求当 $t=1$ s 时，滑块 A 的绝对加速度。

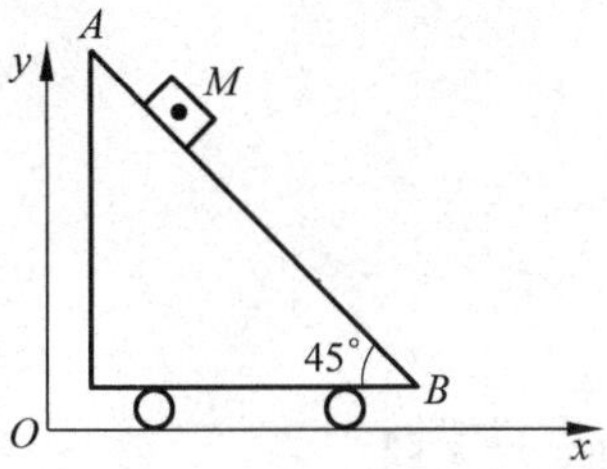

习题 6.14 图

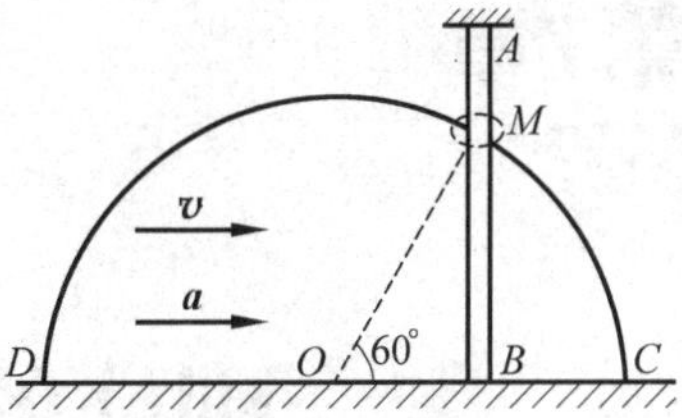

习题 6.15 图

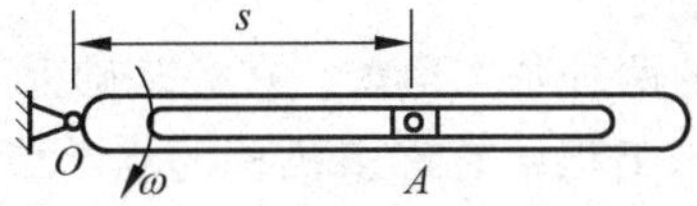

习题 6.16 图

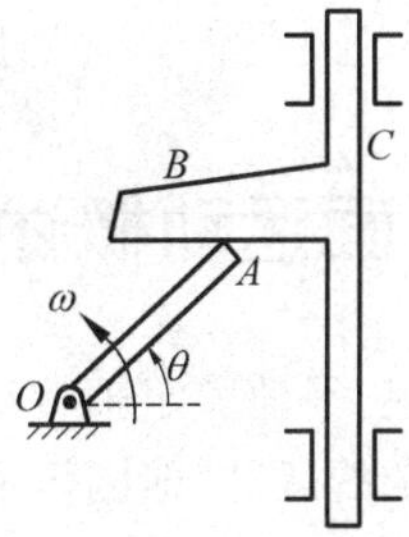

习题 6.17 图

6.17 如图所示曲柄 $OA=0.4\ \mathrm{m}$，以匀角速度 $\omega=0.5\ \mathrm{rad/s}$ 绕 O 轴逆时针方向转动。由于曲柄的 A 端推动水平板 BC，而使滑杆 C 沿铅直方向上升。求当曲柄与水平线间的夹角 $\theta=30°$时，滑杆 C 的速度和加速度。

6.18 一摇杆机构，OC 绕轴 O 转动的角速度为 ω，尺寸如图所示。求在图示位置，AB 杆上 B 点的速度。

6.19 已知 $OA=l$，OA 杆的角速度为 ω，图示时刻 OA 与水平方向成 α 角，试画出此瞬时的速度平行四边形，并求出 BC 杆的速度。

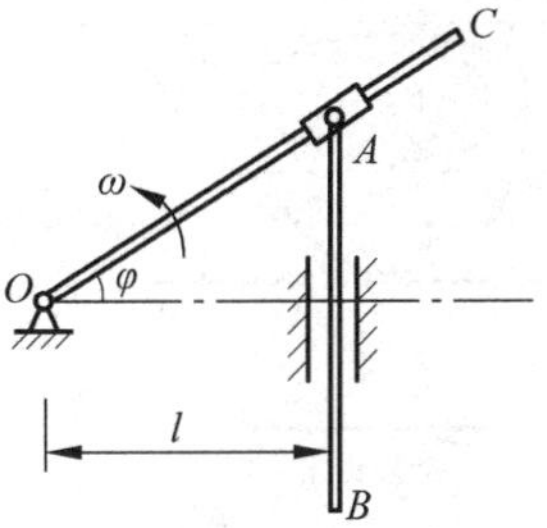

习题 6.18 图

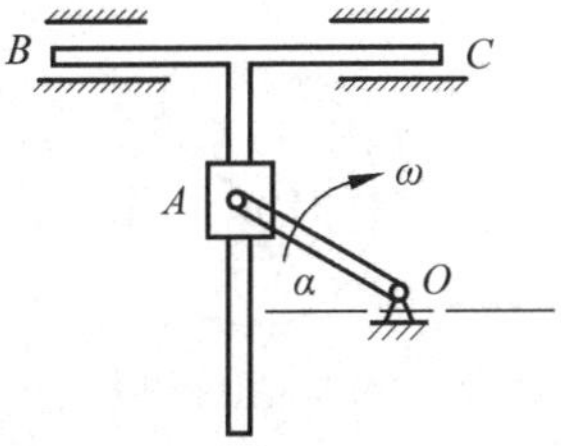

习题 6.19 图

第7章

刚体的平面运动

7.1 刚体平面运动概述

如第 5 章所述，平动和定轴转动是刚体的两种基本运动。在此基础上，本章研究工程中常见的一种较复杂的运动，即刚体平面运动。工程中有许多机构的运动属于平面运动。例如，车轮沿直线纯滚动(见图 7.1(a))、曲柄连杆机构中连杆 AB 的运动(见图 7.1(b))等。这些运动既不是平动，也不是定轴转动，但它们有一个共同的特点，即在运动中，刚体上的任意一点与某一固定平面的距离始终不变，这种运动称为**平面运动**(plane motion)。

刚体 T 作平面运动，刚体上任意点在运动过程中与固定平面Ⅰ的距离不变(见图 7.2(a))。用平行平面Ⅱ截平面运动刚体 T，可以发现刚体截面 S 始终在平面Ⅱ上运动。即在研究平面运动时，不需考虑刚体的形状和尺寸，只需研究平面图形的运动，可以用平面图形 S 在其自身平面内的运动代表刚体平面运动(见图 7.2(b))。

曲柄连杆机构

行星轮

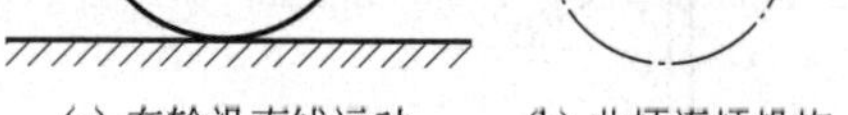

(a) 车轮沿直线运动　(b) 曲柄连杆机构

图 7.1

(a)　(b)

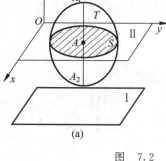

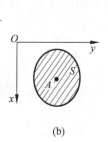

图 7.2

7.2 刚体平面运动分解

要确定代表平面运动刚体的平面图形 S 的位置，我们只需确定平面图形 S 内任意一条线段 AB 的位置即可。建立固定坐标系 Oxy，可以用 $A(x_A, y_A)$ 点坐标位置和 AB 线段与 x 轴方向的夹角 φ 来确定平面图形 S 的位置(见图 7.3)。当平面图形 S 在平面上运动时，这三个量均为时间 t 的函数，因此平面图形 S 的运动方程可以由下面三个独立变量来确定：

$$\left.\begin{aligned} x_A &= x_A(t) \\ y_A &= y_A(t) \\ \varphi &= \varphi(t) \end{aligned}\right\} \tag{7.1}$$

可以把平面运动分解成两种基本运动：随着基点 A 平动和绕着 A 相对转动。

下面分析基点选择对平面运动分解的影响。如图 7.4 所示，S 图形在其自身平面内运动，初始位置Ⅰ，经过 Δt 运动到Ⅱ位置，如以 A 为基点，则这一运动可以看成随 A 点平行移动到 $A'B''$，再绕 A' 点顺时针转 φ_A 角到 $A'B'$，平行移动和转动实际上是同时进行的。

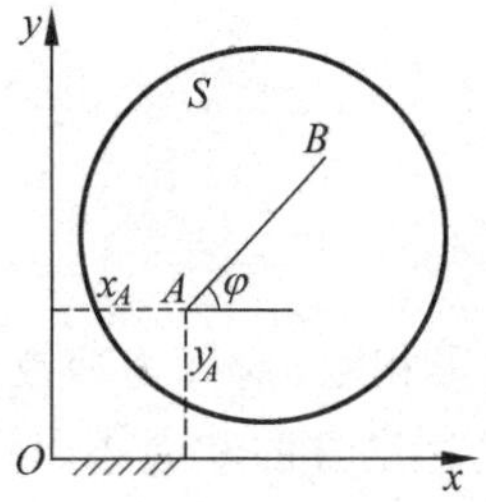

图 7.3

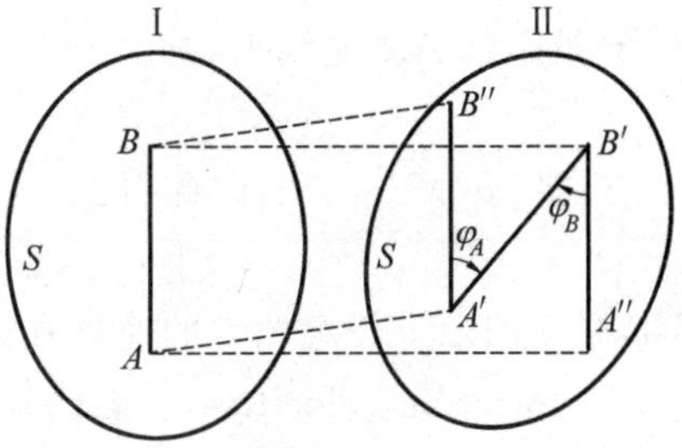

图 7.4

如以 B 为基点，则这一运动可以看成随 B 点平行移动到 $A''B'$，再绕 B' 点顺时针转到 $A'B'$。

注意：运动过程中，选择不同基点，平行移动的路程不同，由于运动过程经历相同时间，所以随基点平行移动的速度、加速度各不相同，平动的运动特征与基点选择有关。由于 $\varphi_A = \varphi_B$，则可得绕基点转动转角 φ 的大小及方向与基点选择无关。由 $\omega = \frac{d\varphi}{dt}$，$\alpha = \frac{d\omega}{dt}$ 可以推出转动的角速度相等（$\omega_A = \omega_B$）、角加速度相等（$\alpha_A = \alpha_B$）。

7.3 基点法、投影法求平面图形内各点的速度

1. 基点法

平面图形的运动可以分解成随着基点平动和绕着基点相对转动，因此平面图形上点的速度可以应用点的速度合成定理来分析，这种方法叫**基点法**（method of base point）。

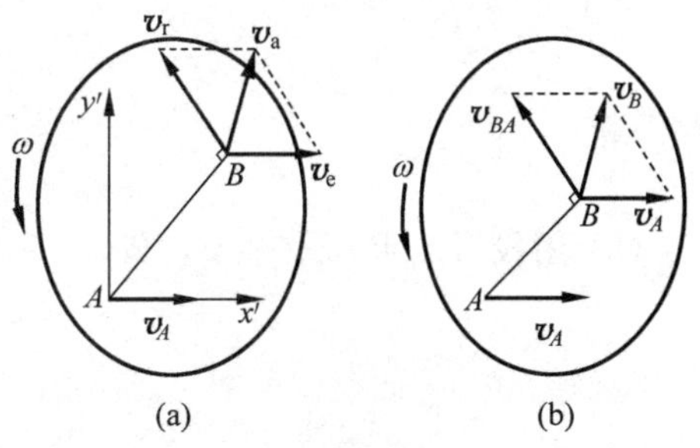

图 7.5

如图 7.5(a)所示，在某瞬时，平面图形的角速度为 ω，A 点的速度为 $\boldsymbol{v}_A$，求图形上任意一点 B 的速度 $\boldsymbol{v}_B$。A 点的速度 $\boldsymbol{v}_A$ 已知，取 A 点为基点，图形随着 A 点平行移动，牵连运动 $\boldsymbol{v}_e = \boldsymbol{v}_A$。同时平面图形绕着 A 点相对转动，即 B 点以 AB 为转动半径，角速度为 ω，绕 A 相对转动，相对速度方向垂直于半径 AB，$v_r = v_{BA} = \omega \cdot AB$。用速度合成定理可以得到 B 点的绝对速度

$$\boldsymbol{v}_a = \boldsymbol{v}_B = \boldsymbol{v}_e + \boldsymbol{v}_r$$

由此，可以得到平面图形上任意一点 B 的速度公式为

$$\boldsymbol{v}_B = \boldsymbol{v}_A + \boldsymbol{v}_{BA} \tag{7.2}$$

式(7.2)为矢量式，符合矢量合成的平行四边形法则（见图 7.5(b)）。

由基点法可得：平面图形上任意一点 B 的速度等于基点 A 的速度和 B 点绕 A 转动速度的矢量和。

2. 速度投影定理

把式(7.2)投影到 AB 连线上，则

$$[\boldsymbol{v}_B]_{AB} = [\boldsymbol{v}_A]_{AB} + [\boldsymbol{v}_{BA}]_{AB}$$

因为 $\boldsymbol{v}_{BA} \perp AB$，即 $[\boldsymbol{v}_{BA}]_{AB} = 0$，因此得到

$$[\boldsymbol{v}_B]_{AB} = [\boldsymbol{v}_A]_{AB} \tag{7.3}$$

式(7.3)说明，平面图形上任意两点的速度在这两点连线上的投影相等，这称为**速度投影定理**(theorem of projection velocities)。若已知平面图形上一点的速度方向和大小，另一点的方向也已知，可以简便地求出另一点的速度大小。该方法由于不包含相对运动 $\boldsymbol{v}_{BA}$，所以无法求解平面图形的角速度 ω。

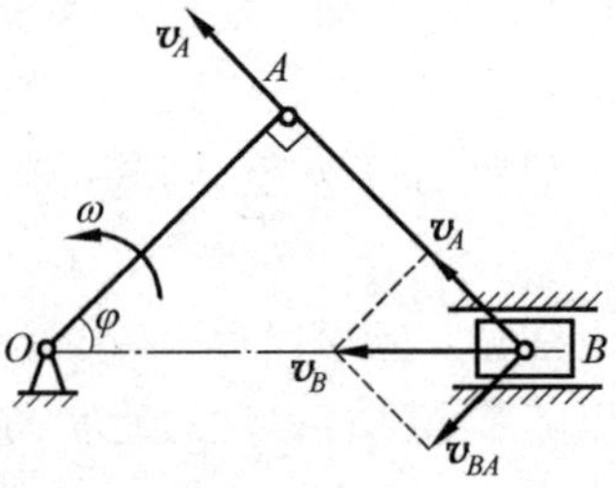

图 7.6

例 7.1 如图 7.6 所示，曲柄连杆机构 $OA = AB = l$，曲柄 OA 以 ω 匀速转动。求：当 $\varphi = 45°$ 时，滑块 B 的速度及杆 AB 的角速度。

解 运动分析：OA 作定轴转动，A 绕 O 点作圆周运动，速度方向垂直于 OA；AB 作平面运动；B 滑块平动，速度方向水平向左。

(1) 用基点法求 $\boldsymbol{v}_B$ 和 ω_{AB}，在 B 点作速度平行四边形，有

$$\boldsymbol{v}_B = \boldsymbol{v}_A + \boldsymbol{v}_{BA}$$

$$v_A = \omega l$$

得

$$v_B = \frac{v_A}{\sin\varphi} = \frac{l\omega}{\sin 45°} = \sqrt{2}\, l\, \omega$$

由速度平行四边形可知

$$v_A = v_{BA} = \omega\, l,\ v_{BA} = \omega_{AB} l$$

得

$$\omega_{AB} = v_{BA}/l = l\omega/l = \omega$$

(2) 用投影法求 $\boldsymbol{v}_B$。由 $\boldsymbol{v}_A$ 和 $\boldsymbol{v}_B$ 在 AB 连线的投影相等，得

$$v_B \cos 45° = v_A$$

即

$$v_B = \sqrt{2}\, l\, \omega$$

例 7.2 如图 7.7(a) 所示，在筛动机构中，筛子 BC 的摆动由曲柄连杆机构带动。已知曲柄 OA 的转速 $n_{OA} = 40$ r/min，$OA = 0.3$ m。当筛子 BC 运动到与点 O 在同一水平线

上时，$\angle BAO=90^\circ$，求此瞬时筛子 BC 的速度。

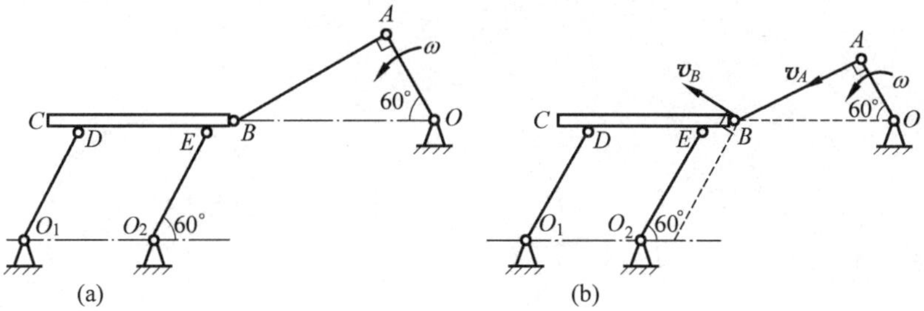

图 7.7

解 运动分析：OA、O_1D、O_2E 作定轴转动，AB 作平面运动，BC 作平动，构件连接点 A、B 的速度大小和方向是解题关键，速度方向如图 7.7(b)所示。

A 点绕 O 点作圆周运动，得

$$v_A=\omega\cdot OA=\frac{n_{OA}\pi}{30}\cdot OA=\frac{40\ \pi\times 0.3}{30}\ \text{m/s}=0.4\pi\ \text{m/s}$$

BC 作平动，$\boldsymbol{v}_B$ 方向同 $\boldsymbol{v}_D$。AB 作平面运动，已知 $\boldsymbol{v}_A$，用速度投影法求 $\boldsymbol{v}_B$：

$$v_B\cos 60^\circ=v_A$$

$$v_B=2.51\ \text{m/s}$$

总结解题步骤如下：

(1) 分析题中各物体的运动。

(2) 构件连接点的速度大小和方向是解题的关键。

(3) 选定基点(设为 A)，对另一点(设为 B)可应用公式 $\boldsymbol{v}_B=\boldsymbol{v}_A+\boldsymbol{v}_{BA}$，作速度平行四边形。必须注意，作图时要使 $\boldsymbol{v}_B$ 成为速度平行四边形的对角线。

(4) 利用几何关系，求解平行四边形中的未知量。

7.4 瞬心法求平面图形内各点的速度

应用基点法求解速度问题时，如果能够找到一点 P，其速度 $v_P=0$，以 P 作为基点，那么任意一点 B 的速度计算式 $\boldsymbol{v}_B=\boldsymbol{v}_P+\boldsymbol{v}_{BP}$ 就可以简化成

$$v_B=v_{BP}=\omega R=\omega\cdot BP \tag{7.4}$$

在某一瞬时，平面图形上任意一点都绕点 P 作瞬时转动，P 点称为速度瞬时转动中心，简称**速度瞬心**(instantaneous center of velocity)，该方法称为速度瞬心法。注意：平面图形绕瞬心转动与刚体定轴转动有本质区别，瞬心不固定，随着时间变化，不同瞬时，有不同瞬心。平面图形的瞬心可以在其上，也可以不在平面图形上。

下面介绍几种寻找瞬心 P 位置的方法。

(1) 图形上一点 A 的速度 $\boldsymbol{v}_A$ 和图形角速度 ω 已知，可以确定速度瞬心 P 的位置(见图 7.8)。有

$$\boldsymbol{v}_P=\boldsymbol{v}_A+\boldsymbol{v}_{PA}=\mathbf{0}$$

$$\boldsymbol{v}_{PA}=-\boldsymbol{v}_A$$

则瞬心 P 点到基点 A 的距离为

$$AP=\frac{v_A}{\omega},AP\perp \boldsymbol{v}_A$$

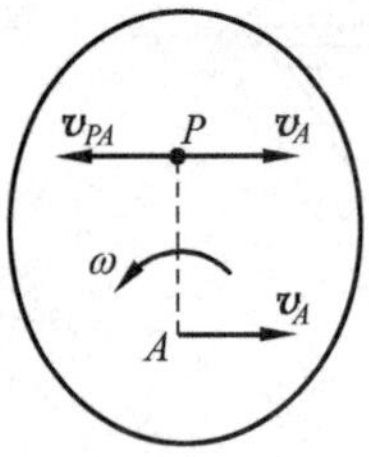

图　7.8

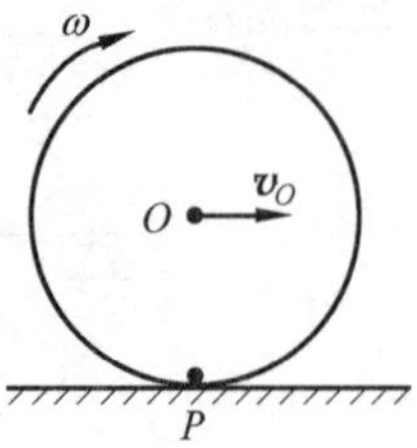

图　7.9

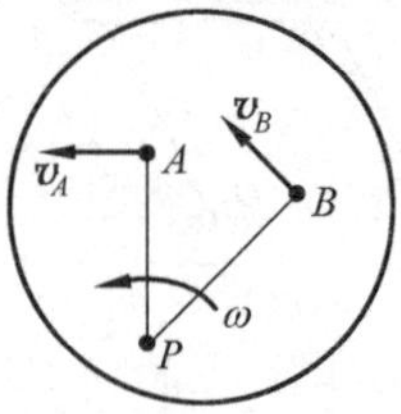

图　7.10

(2) 平面图形在固定面上作无滑动的纯滚动，则图形与固定面的接触点 P 为速度瞬心（见图 7.9）。由于圆轮作纯滚动，接触点 P 没有相对滑动，固定面不动，因此接触点 P 的速度为零，P 点为平面图形的速度瞬心。

(3) 某瞬时，已知平面图形上 A、B 两点速度的方向，如图 7.10 所示，则过 A、B 两点分别作速度的垂线，交点 P 即为该瞬时平面图形的速度瞬心。

(4) 某瞬时，已知平面图形上 A、B 两点速度的大小，两速度的方位平行、指向相同（见图 7.11(a)）或指向相反（见图 7.11(b)）且垂直于 AB 连线，则速度瞬心 P 在速度矢量端点连线与 AB 直线的交点上。

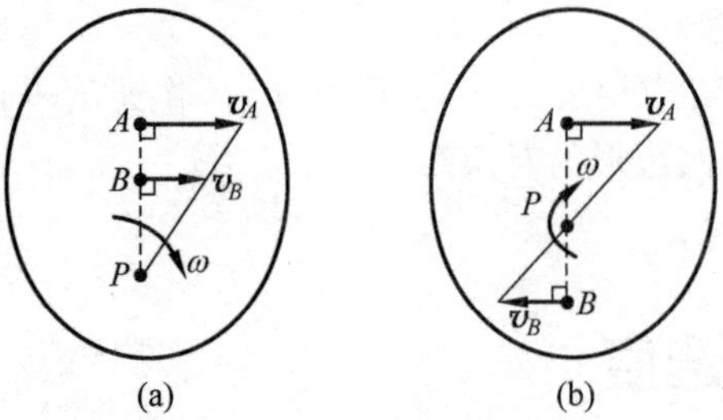

图　7.11

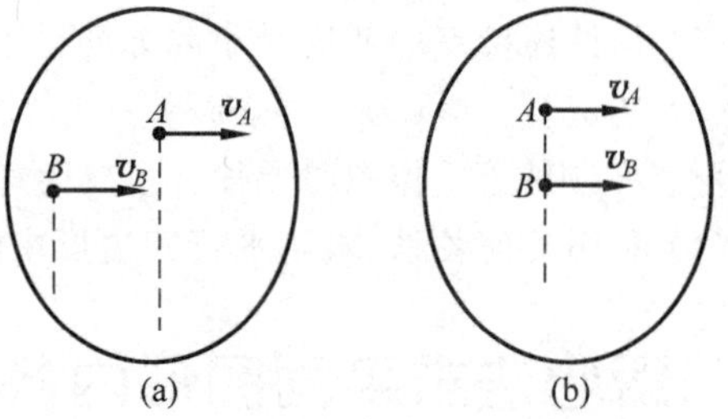

图　7.12

(5) 若某一瞬时，A、B 两点的速度大小相等、方向相同，即 $\boldsymbol{v}_A=\boldsymbol{v}_B$。$AB$ 连线无论是否与速度方向垂直，瞬心都在无穷远处，此时平面图形的角速度 $\omega=0$，平面图形上各点的速度均相同，平面图形作瞬时平动（见图 7.12）。注意：瞬时平动指该瞬时平面图形内各点速度 $\boldsymbol{v}$ 相同，下个时刻各点的速度又各不相同，因此该瞬时各点加速度 $\boldsymbol{a}$ 不同。

如图 7.13 所示，曲柄连杆机构在图示位置时，连杆 BC 作瞬时平动，BC 杆上各点的速度都相等。B 点绕 A 点作匀速圆周运动，加速度 $a_B=\omega^2\cdot AB$，方向向下；而 C 点向右直线运动，加速度 $\boldsymbol{a}_C$ 必定在水平方向，因此 $\boldsymbol{a}_B\neq\boldsymbol{a}_C$。

例 7.3　如图 7.14 所示机构，椭圆规尺的 A 端以速度 $\boldsymbol{v}_A$ 沿 x 轴的负向运动，$AB=l$。试用瞬心法求图示瞬时尺 AB 的角速度 ω、B 端的速度 $\boldsymbol{v}_B$ 和 AB 中点 D 的速度 $\boldsymbol{v}_D$。

解　AB 作平面运动，分别作 A 和 B 两点速度的垂线，两条垂线的交点 P 就是 AB 的速度瞬心，如图所示。AB 的角速度为

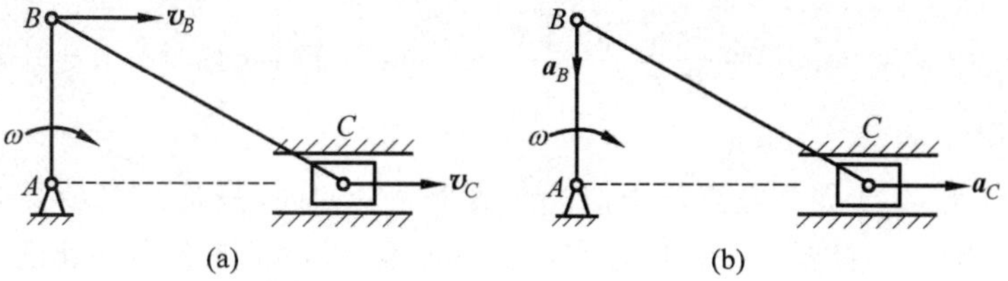

图　7.13

$$\omega = \frac{v_A}{PA} = \frac{v_A}{l\sin\varphi}$$

AB 上的点都绕 P 瞬时转动，则点 B 的速度为

$$v_B = \omega \cdot PB = v_A \cot\varphi$$

点 D 的速度为

$$v_D = \omega \cdot PD = \frac{v_A}{2\sin\varphi}$$

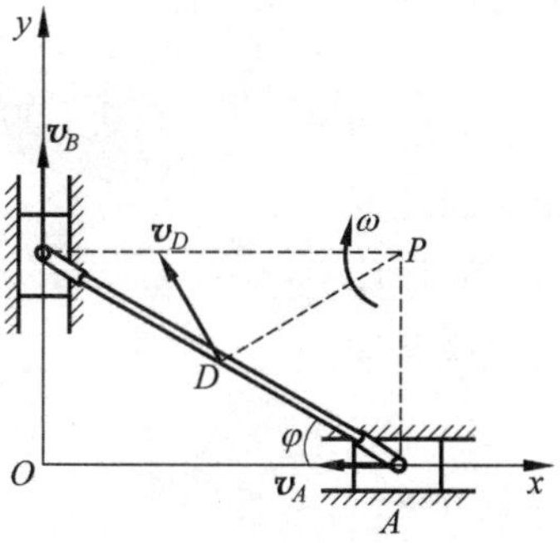

图　7.14

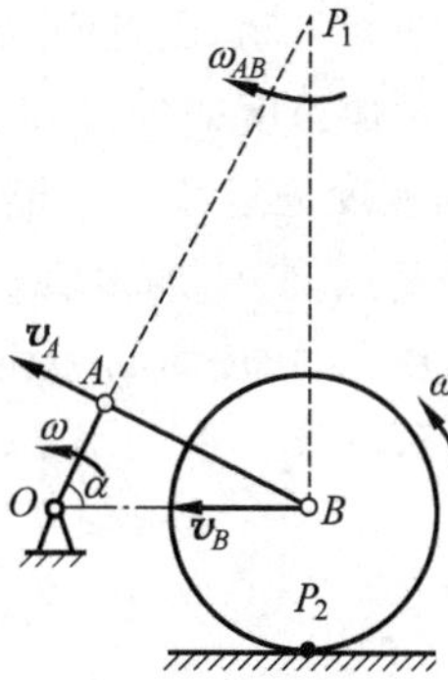

图　7.15

例 7.4　图 7.15 所示曲柄滚轮机构，轮 B 作纯滚动，滚子半径 $R=OA=15$ cm，转速 $n=60$ r/min。求：当 $\alpha=60°$时（$OA\perp AB$），AB 杆的角速度 ω_{AB} 和滚轮 B 的角速度 ω_B。

解　运动分析：OA 作定轴转动，A 点绕 O 点作圆周运动，AB 作平面运动，轮 B 作平面运动，轮心 B 作水平直线运动。$\boldsymbol{v}_A$ 和 $\boldsymbol{v}_B$ 的速度方向如图 7.15 所示。

OA 的角速度为

$$\omega = \frac{n\pi}{30} = \frac{60\pi}{30}\ \text{rad/s} = 2\pi\ \text{rad/s}$$

$$v_A = \omega \cdot OA = 30\ \pi\ \text{cm/s}$$

例 7.4 精讲

作 $\boldsymbol{v}_A$ 和 $\boldsymbol{v}_B$ 的垂线，交点 P_1 为杆 AB 的速度瞬心，即

$$\omega_{AB} = \frac{v_A}{P_1A} = \frac{30\pi}{45}\ \text{rad/s} = \frac{2\pi}{3}\ \text{rad/s}$$

顺时针转动。

$$v_B = \omega_{AB} \cdot P_1B = \frac{2\pi}{3} \times 30\sqrt{3}\ \text{cm/s} = 20\sqrt{3}\,\pi\ \text{cm/s}$$

轮 B 的瞬心为与固定地面的接触点 P_2，有

$$\omega_B = \frac{v_B}{R} = \frac{20\sqrt{3}\pi}{15}\ \text{rad/s} = 7.25\ \text{rad/s}$$

逆时针转动。

用瞬心法解题，其步骤与基点法类似。前两步完全相同，只是第三步要根据已知条件，求出图形的速度瞬心的位置和平面图形转动的角速度，最后求出各点的速度。

注意：在某瞬时，每个平面运动图形有各自的速度瞬心和角速度，因此，求瞬心和角速度，应明确研究对象。

平面运动的速度求解

7.5 基点法求平面图形内各点的加速度

如图 7.16 所示，平面图形 S 的运动可分解为两种基本运动：随同基点 A 的平动（牵连运动）和绕基点 A 的转动（相对运动）。则平面图形内任一点 B 的运动也由两个运动合成，它的加速度可以用加速度合成定理求出。因为牵连运动为平动，因此点 B 的绝对加速度等于牵连加速度与相对加速度的矢量和。

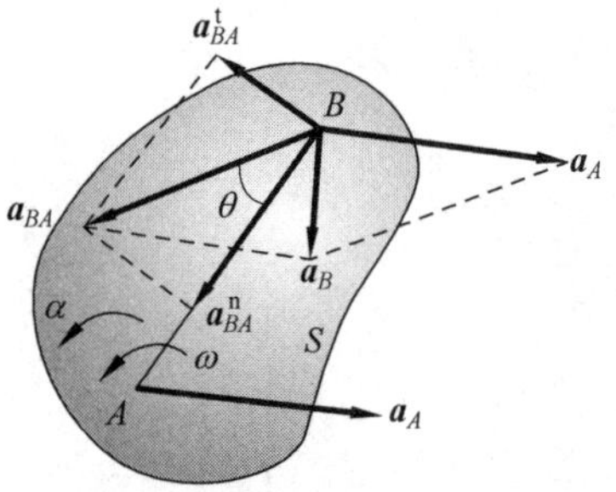

图 7.16

作 B 点的加速度矢量图。牵连运动为平动，点 B 的牵连加速度等于基点 A 的加速度；点 B 的相对加速度是该点随图形绕基点 A 转动的加速度，可分为切向加速度与法向加速度两部分。于是用基点法求点的加速度合成公式为

$$\boldsymbol{a}_B = \boldsymbol{a}_A + \boldsymbol{a}_{BA}^{t} + \boldsymbol{a}_{BA}^{n} \tag{7.5}$$

其中，$\boldsymbol{a}_{BA}^{t}$ 为点 B 绕基点 A 转动的切向加速度，转动半径为 AB 的长度，方向与 AB 垂直，大小为

$$a_{BA}^{t} = AB \cdot \alpha$$

式中，α 为平面图形的角加速度。$\boldsymbol{a}_{BA}^{n}$ 为点 B 绕基点 A 转动的法向加速度，转动半径为 AB 的长度，指向基点 A，大小为

$$a_{BA}^{n} = AB \cdot \omega^2$$

式中，ω 为平面图形的角速度。

结论：平面图形内任一点的加速度等于基点的加速度与该点随图形绕基点转动的切向加速度和法向加速度的矢量和。

例 7.5 已知车轮沿直线滚动，如图 7.17(a)所示，车轮半径为 R，中心 O 点的速度为 $\boldsymbol{v}_O$，加速度为 $\boldsymbol{a}_O$。设车轮与地面接触无相对滑动。试求车轮上速度瞬心 P 的加速度。

解 车轮只滚不滑时，角速度可按下式计算：

$$\omega = \frac{v_O}{R}$$

车轮的角加速度 α 等于角速度对时间的一阶导数。上式对任何瞬时均成立，故可对时间求导，得

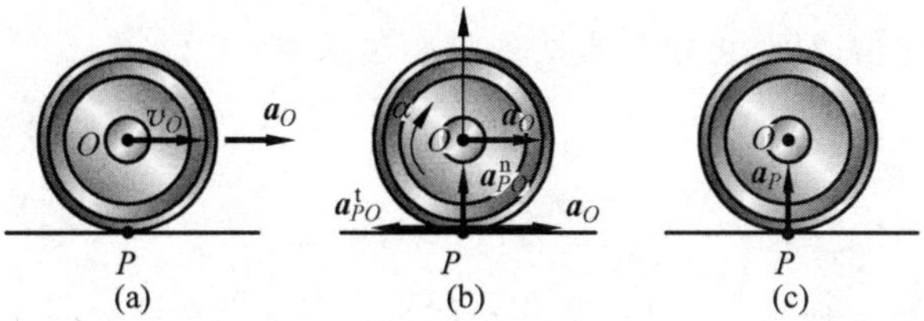

图 7.17

$$\alpha=\frac{\mathrm{d}\omega}{\mathrm{d}t}=\frac{\mathrm{d}}{\mathrm{d}t}\left(\frac{v_O}{R}\right)$$

其中 R 为常量，于是有

$$\alpha=\frac{1}{R}\cdot\frac{\mathrm{d}v_O}{\mathrm{d}t}$$

轮心 O 作直线运动，它的速度 $\boldsymbol{v}_O$ 对时间的一阶导数等于这一点的加速度 $\boldsymbol{a}_O$。于是

$$\alpha=\frac{a_O}{R}$$

车轮作平面运动。取轮心 O 为基点，则点 P 的加速度为

$$\boldsymbol{a}_P=\boldsymbol{a}_O+\boldsymbol{a}_{PO}^{\mathrm{t}}+\boldsymbol{a}_{PO}^{\mathrm{n}}$$

式中

$$a_{PO}^{\mathrm{t}}=R\alpha=a_O, a_{PO}^{\mathrm{n}}=R\omega^2=\frac{v_O^2}{R}$$

它们的方向如图 7.17(b)所示。

由于 $\boldsymbol{a}_O$ 与 $\boldsymbol{a}_{PO}^{\mathrm{t}}$ 的大小相等，方向相反，于是得

$$a_P=a_{PO}^{\mathrm{n}}$$

由此可知，**速度瞬心 P 的加速度不等于零。当车轮在地面上只滚不滑时，速度瞬心 P 的加速度指向轮心 O**，如图 7.17(c)所示。

例 7.6 如图 7.18 所示，在椭圆规机构中，曲柄 OD 以匀角速度 ω 绕轴 O 转动，$OD=AD=BD=l$。试求当 $\varphi=60°$ 时，尺 AB 的角加速度和点 A 的加速度。

解 先分析机构各部分的运动：曲柄 OD 绕 O 轴转动，尺 AB 作平面运动。

取尺 AB 上的点 D 为基点，其加速度

$$a_D=l\omega^2$$

它的方向沿 OD 指向点 O。

点 A 的加速度为

$$\boldsymbol{a}_A=\boldsymbol{a}_D+\boldsymbol{a}_{AD}^{\mathrm{t}}+\boldsymbol{a}_{AD}^{\mathrm{n}}$$

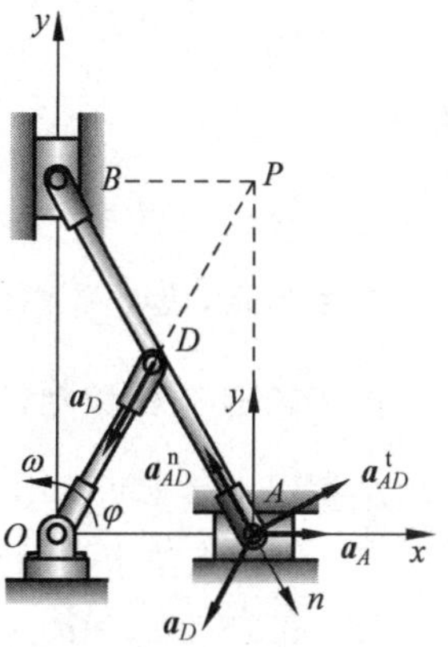

图 7.18

其中 $\boldsymbol{a}_D$ 的大小和方向以及 $\boldsymbol{a}_{AD}^{\mathrm{n}}$ 的大小和方向都是已知的。因为点 A 作直线运动，可设 $\boldsymbol{a}_A$ 的方向如图所示；$\boldsymbol{a}_{AD}^{\mathrm{t}}$ 垂直于 AD，其方向暂设如图。$\boldsymbol{a}_{AD}^{\mathrm{n}}$ 沿 AD 指向点 D，它的大小为

$$a_{AD}^{\mathrm{n}}=\omega_{AB}^2\cdot AD$$

其中 ω_{AB} 为尺 AB 的角速度，可用基点法或瞬心法求得

$$\omega_{AB}=\omega$$

则

$$a_{AD}^{n}=\omega_{AB}^{2}\cdot AD=l\omega^{2}$$

取 n 轴垂直于 $\boldsymbol{a}_{AD}^{t}$，取 y 轴垂直于 $\boldsymbol{a}_{A}$，y 和 n 的正方向如图所示。将 $\boldsymbol{a}_{A}$ 的矢量合成式分别在 n 和 y 轴上投影，得

$$a_{A}\cos\varphi=a_{D}\cos(\pi-2\varphi)-a_{AD}^{n}$$

$$0=-a_{D}\sin\varphi+a_{AD}^{t}\cos\varphi+a_{AD}^{n}\sin\varphi$$

解得

$$a_{A}=-l\omega^{2},a_{AD}^{t}=0$$

于是有

$$\alpha_{AB}=\frac{a_{AD}^{t}}{AD}=0$$

由于 a_{A} 为负值，故 a_{A} 的实际方向与假设的方向相反。

例 7.7 求例 7.4 中轮 B 的角加速度。

解 例 7.4 已经进行了运动分析和速度分析，现在进行加速度分析。

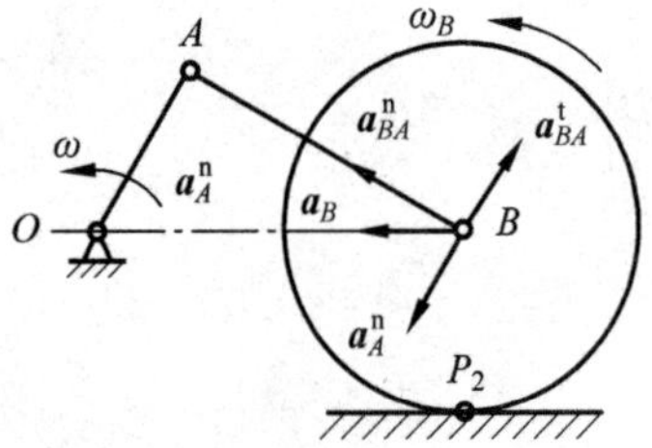

图 7.19

杆 AB 作平面运动，A 点加速度已知，$a_{A}^{n}=\omega^{2}\cdot OA$，以 A 为基点，求 B 点的加速度，将加速度矢量图画在 B 点，如图所示。加速度矢量式为

$$\boldsymbol{a}_{B}=\boldsymbol{a}_{A}^{n}+\boldsymbol{a}_{BA}^{n}+\boldsymbol{a}_{BA}^{t}$$

其中，$a_{BA}^{n}=\omega_{AB}^{2}\cdot AB$，沿 AB 连线方向，指向 A；$\boldsymbol{a}_{BA}^{t}$ 的方向与 $\boldsymbol{a}_{BA}^{n}$ 垂直，指向可以假设斜向上；$\boldsymbol{a}_{B}$ 沿水平方向，指向假设向左。$\boldsymbol{a}_{BA}^{t}$ 虽然未知，但不需要求解，所以将加速度矢量式向 BA 方向上投影，使 $\boldsymbol{a}_{BA}^{t}$ 在 BA 方向上的投影等于零，并得到

$$a_{B}\cos30^{\circ}=0+0+a_{BA}^{n}$$

解得

$$a_{B}=a_{BA}^{n}/\cos30^{\circ}=\omega_{AB}^{2}\cdot AB/\cos30^{\circ}=\left(\frac{2}{3}\pi\right)^{2}\times15\sqrt{3}/(\sqrt{3}/2)\ \mathrm{cm/s^{2}}=131.5\ \mathrm{cm/s^{2}}$$

结果为正，说明 B 点的加速度与假设相同，向左。

由于轮 B 作纯滚动，则 $\alpha_{B}=\dfrac{a_{B}}{R}=\dfrac{131.5}{15}\ \mathrm{rad/s^{2}}=8.77\ \mathrm{rad/s^{2}}$ 旋转方向为逆时针。

根据以上各例可得以下结论：

(1) 用基点法求平面图形上点的加速度的步骤与用基点法求点的速度的步骤相同。

(2) 在公式 $\boldsymbol{a}_{B}=\boldsymbol{a}_{A}+\boldsymbol{a}_{BA}^{t}+\boldsymbol{a}_{BA}^{n}$ 中有 4 个矢量，每个矢量有大小和方向共 8 个要素，所以必须已知其中 6 个要素，问题才可解。

习题

7.1 运动机构如图所示，试分别指出各刚体作何种运动。

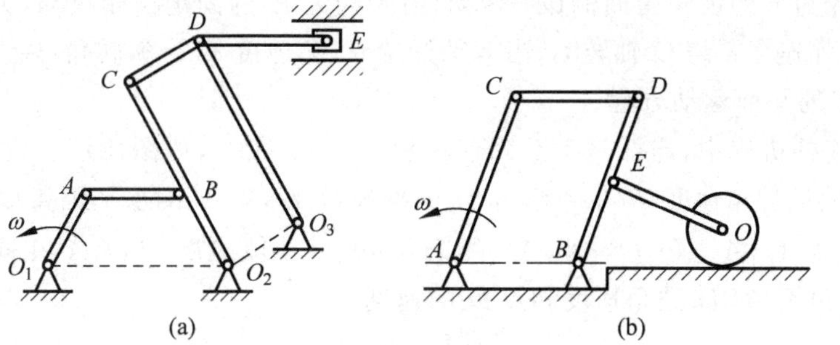

习题 7.1 图

7.2　在下列各图中,试确定各平面运动刚体在图示位置时的速度瞬心,并确定其角速度的转向,以及 M 点的速度方向。

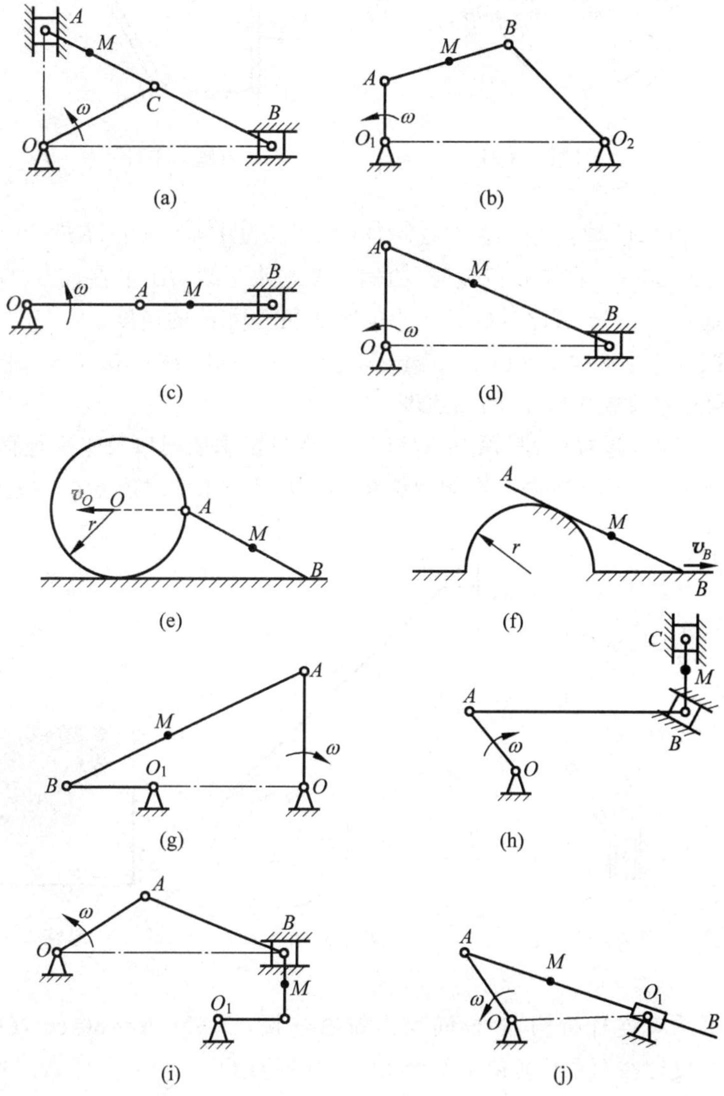

习题 7.2 图

曲柄摇杆机构

7.3　半径为 r 的齿轮由曲柄 OA 带动，沿半径为 R 的固定齿轮滚动，如图所示。如曲柄 OA 以等角加速度 α 绕 O 轴转动，当运动开始时，角速度 $\omega_0=0$，转角 $\varphi=0$。求动齿轮以中心 A 为基点的平面运动方程。

7.4　四连杆机构中，连杆 AB 上固连一块三角板 ABD，如图所示。机构由曲柄 O_1A 带动。已知：曲柄的角速度 $\omega_{O_1A}=2\ \text{rad/s}$；曲柄长 $O_1A=0.1\ \text{m}$，水平距离 $O_1O_2=0.05\ \text{m}$，$AD=0.05\ \text{m}$；当 $O_1A\perp O_1O_2$ 时，AB 平行于 O_1O_2，且 AD 与 O_1A 在同一直线上；角 $\varphi=30°$。求三角板 ABD 的角速度和点 D 的速度。

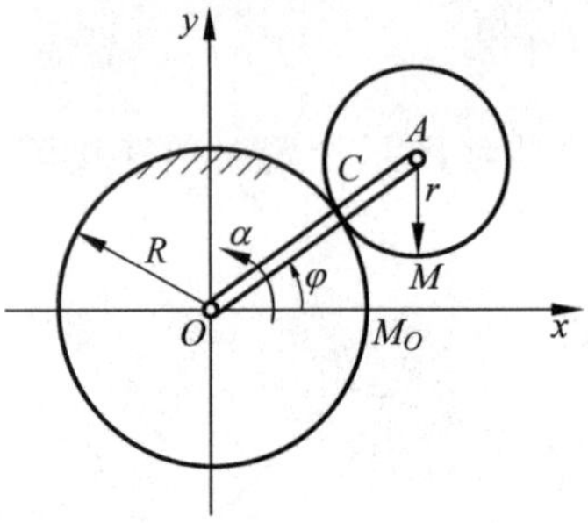

习题 7.3 图

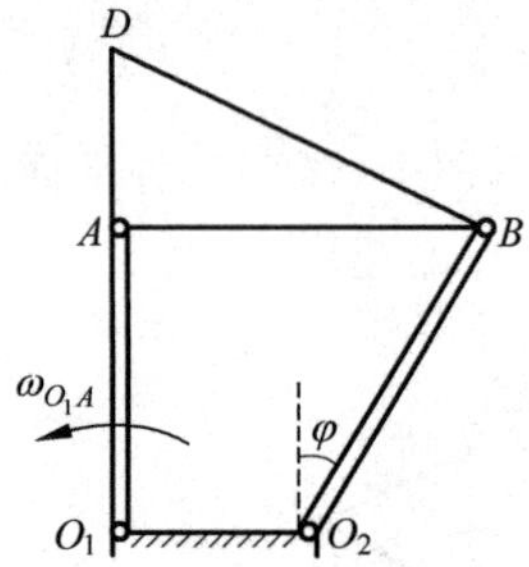

习题 7.4 图

7.5　图示机构中，已知：$OA=0.1\ \text{m}$，$BD=0.1\ \text{m}$，$DE=0.1\ \text{m}$，$EF=0.1\sqrt{3}\ \text{m}$；曲柄 OA 的角速度 $\omega=4\ \text{rad/s}$。在图示位置时，曲柄 OA 与水平线 OB 垂直且 B、D 和 F 在同一铅垂线上，DE 垂直于 EF。求此时杆 EF 的角速度和滑块 F 的速度。

7.6　图示曲柄连杆机构中，$OA=20\ \text{cm}$，$\omega_0=10\ \text{rad/s}$，$AB=100\ \text{cm}$。求图示位置时，连杆的角速度、角加速度及滑块 B 的加速度。

7.7　三角板在滑动过程中，其顶点 A 和 B 始终与铅垂墙面以及水平地面接触。已知：$AB=BC=AC=b$，$v_B=v_0$ 为常数。在图示位置，AC 水平。求此时顶点 C 的速度和加速度。

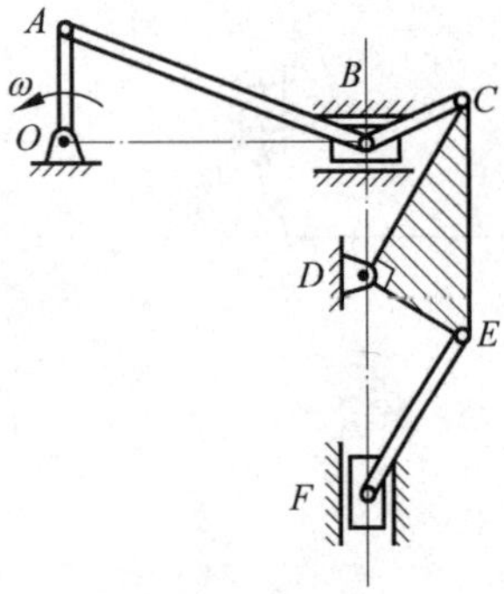

习题 7.5 图

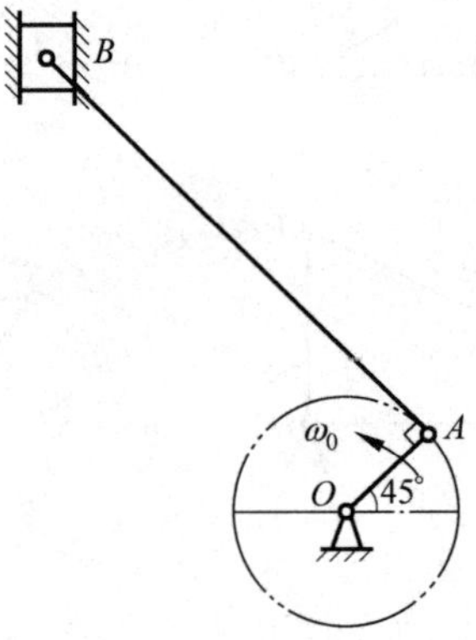

习题 7.6 图

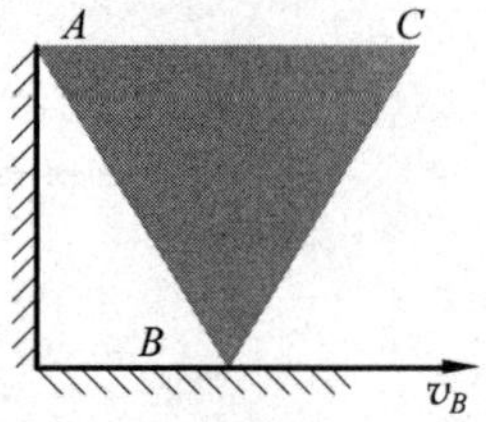

习题 7.7 图

7.8　如图所示五连杆机构，各杆间均由铰链连接，已知 $OA=30\ \text{cm}$，$O_1B=20\ \text{cm}$，$OO_1=40\ \text{cm}$。当机构在图示位置时 OA 和 O_1B 都垂直 OO_1。CO_1 与 AC 共线，BC 平行于 O_1O，且杆 OA 的角速度为 $2.5\ \text{rad/s}$，O_1B 的角速度为 $3\ \text{rad/s}$，试求此时 C 点的速度。

7.9 如图所示，两轮半径均为 r，轮心分别为 A 和 B，此两轮用连杆 BC 连接。设 A 轮中心的速度为 $\boldsymbol{v}_A$，方向水平向右，并且两轮与地面均无滑动。求当 $\beta=0°$ 及 $90°$ 时，B 轮中心的速度 $\boldsymbol{v}_B$。

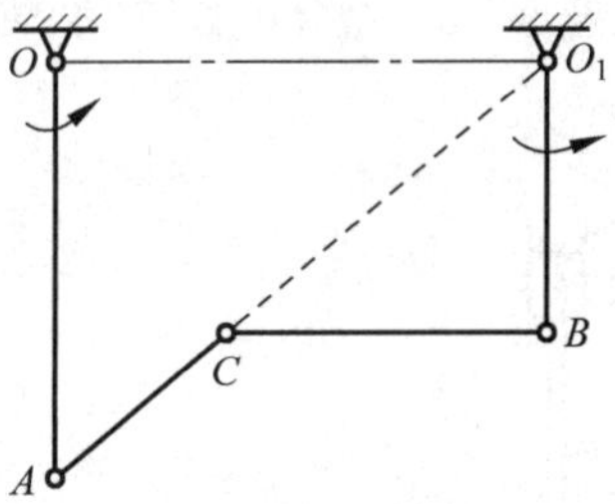

习题 7.8 图

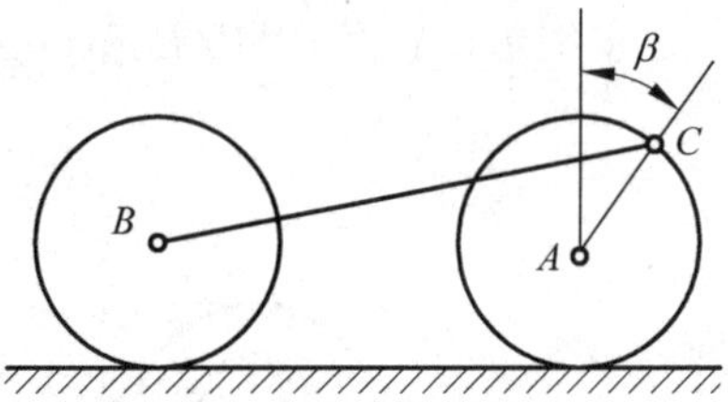

习题 7.9 图

7.10 如图所示，飞轮以匀角速度 $\omega=10$ rad/s 绕 O 轴转动，并通过与之铰接的连杆 AB 带动杆 BC 运动，已知：$OA=1$ m，$OC=3$ m，$AB=BC=2$ m。在图示位置，O、A、C 三点在同一水平线上，试求此瞬时杆 AB 和杆 BC 的角速度 ω_{AB}、ω_{BC}。

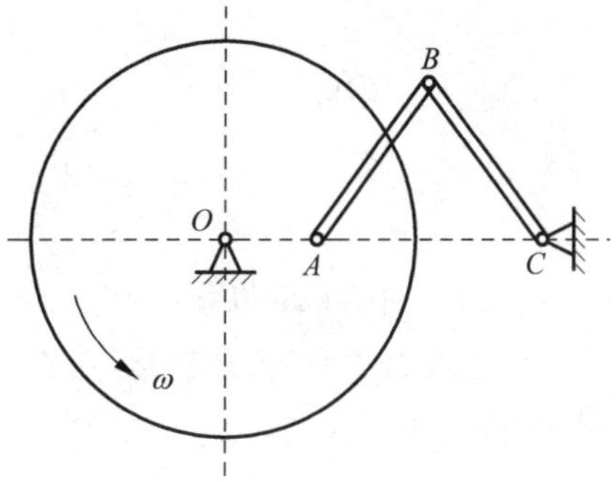

习题 7.10 图

7.11 在瓦特行星传动机构中，平衡杆 O_1A 绕轴 O_1 转动，并借连杆 AB 带动曲柄 OB；而曲柄 OB 活动地装置在 O 轴上，如图所示。在 O 轴上装有齿轮Ⅰ，齿轮Ⅱ与连杆 AB 固连于一体。已知：$r_1=r_2=0.3\sqrt{3}$ m，$O_1A=0.75$ m，$AB=1.5$ m，平衡杆的角速度 $\omega=6$ rad/s。求：$\varphi=60°$，$\beta=90°$时，曲柄 OB 和齿轮Ⅰ的角速度。

7.12 在图示曲柄连杆机构中，曲柄 OA 绕 O 轴转动，其角速度为 ω_0，角加速度为 α_0。在某瞬时曲柄与水平线间成 $60°$角，而连杆 AB 与曲柄 OA 垂直。滑块 B 在圆形槽内滑动，此时半径 O_1B 与连杆间成 $30°$角。如 $OA=r$，$AB=2\sqrt{3}r$，$O_1B=2r$，求在该瞬时，滑块 B 的切向和法向加速度。

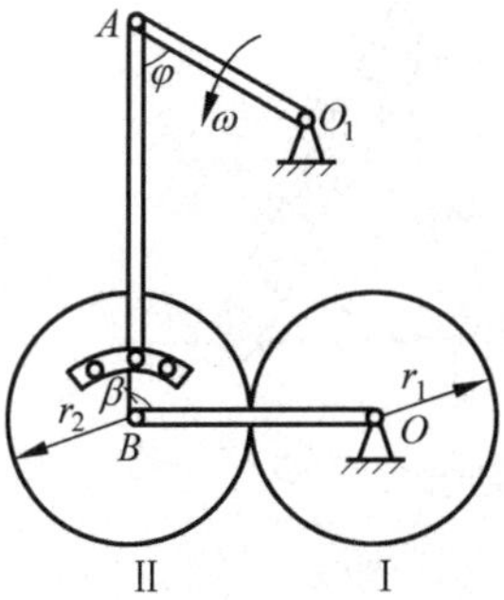

习题 7.11 图

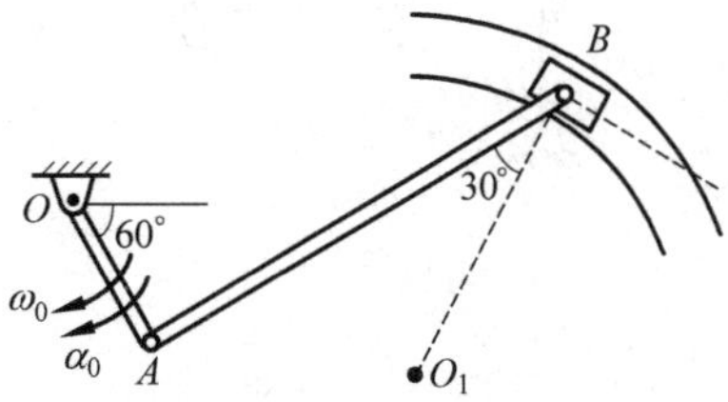

习题 7.12 图

7.13　曲柄 OA 以匀角速度 $\omega=2$ rad/s 绕 O 轴转动，并借助连杆 AB 驱动半径为 r 的轮子在半径为 R 的圆弧槽中无滑动地滚动。设 $OA=AB=R=2r=1$ m，求图示瞬时点 B 和点 C 的速度和加速度。

7.14　在图示机构中，曲柄 OA 长为 r，以等角速度 ω_0 绕 O 轴转动，$AB=6r$，$BC=3\sqrt{3}r$。求图示位置时，滑块 B 和 C 的速度和加速度。

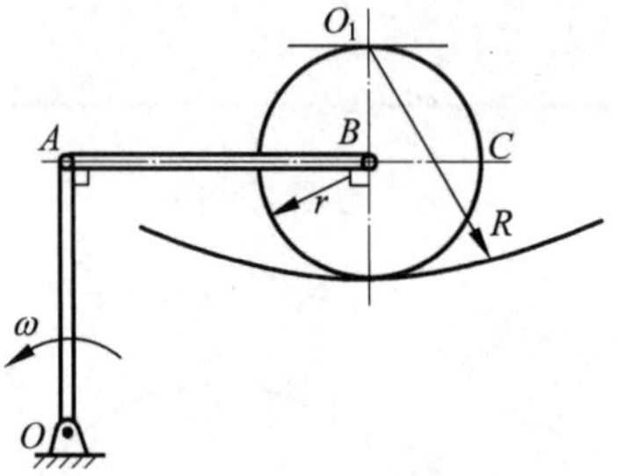

习题 7.13 图

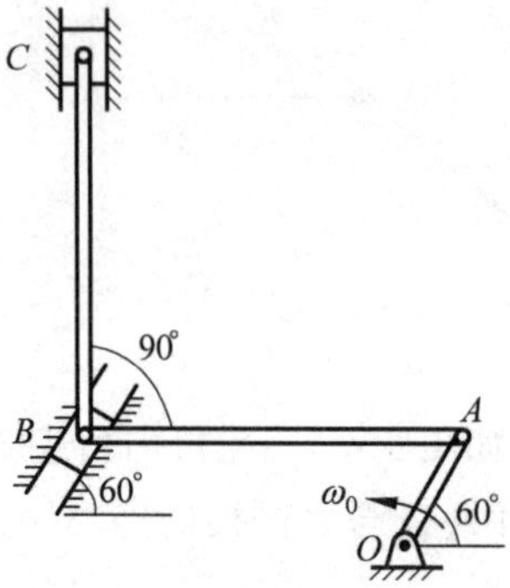

习题 7.14 图

7.15　曲柄 OA 以角速度 $\omega=2$ rad/s 绕 O 轴转动，并带动等边三角形板 ABC 作平面运动。板上点 B 与杆 O_1B 铰接，点 C 与套管铰接，而套管可在绕轴 O_2 转动的杆 O_2D 上滑动，如图所示。已知 $OA=AB=O_2C=1$ m，当 OA 水平、AB 与 O_2D 铅垂、O_1B 与 BC 在同一直线上时，求杆 O_2D 的角速度。

7.16　如图所示，轮 O 在水平面上滚动而不滑动，轮心以匀速 $v_O=0.2$ m/s 运动。轮缘上固定连接于销钉 B，此销钉在摇杆 O_1A 的槽内滑动，并带动摇杆绕 O_1 轴转动。已知轮的半径 $R=0.5$ m，在图示位置时，O_1A 是轮的切线，摇杆与水平面间的夹角为 60°。求摇杆在该瞬时的角速度和角加速度。

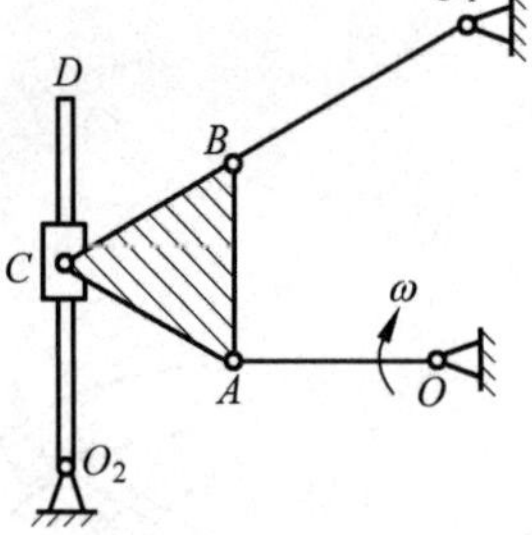

习题 7.15 图

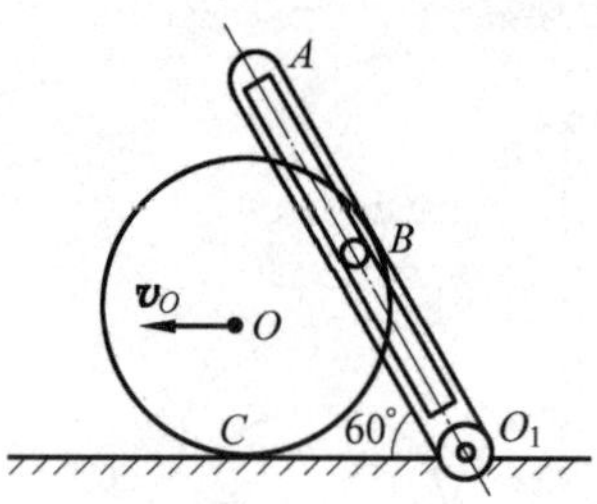

习题 7.16 图

7.17　图示机构中，曲柄 $OA=100$ mm，以匀角速度 $\omega=2$ rad/s 绕 O 轴转动。已知 $CD=3CB$，图示位置时，A、B、E 三点恰在一条水平直线上，且 CD 垂直于 ED，求此瞬时 E 点的速度。

7.18　刚体作平面运动，其平面图形(图中未画出)内两点 A、B 相距 $l=0.2$ m，两点的加速度垂直 AB 连线、转向相反、大小均为 2 m/s^2。求该瞬时图形的角加速度。

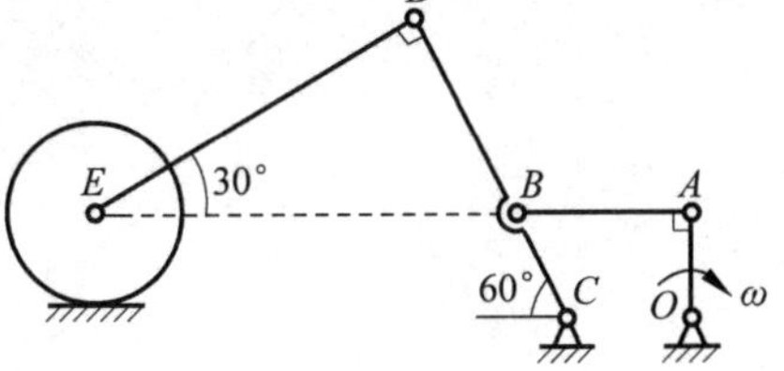

习题 7.17 图

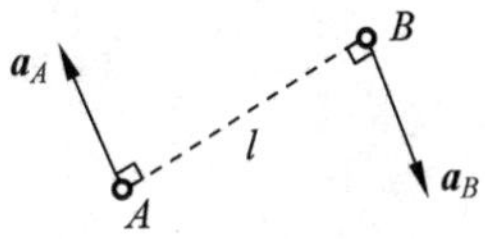

习题 7.18 图

第3篇

动　力　学

第8章

动力学基本定理

从本章开始研究作用在物体上的力与物体运动状态变化之间的关系，称为**动力学**(dynamics)。高速转动机械的动力分析、建筑物和桥梁等结构的抗震设计等都需要运用动力学理论。

动力学把研究的对象抽象为质点和质点系。可以忽略研究对象的形状和大小，而将其看成有一定质量的点，称为**质点**(particle)。如研究地球绕太阳运行，尽管地球体积很大，但其尺寸与其和太阳的距离相比非常小，因此可以把地球看成质点。工程实践中，很多物体都可以简化成质点来研究，而使问题大大简化。当物体不能抽象为一个质点时，可把物体看成由相互联系的有限个(或无限个)质点组成的系统，称为**质点系**(system of particles)。如果质点系中各质点间的距离始终保持不变，则称为不变质点系。刚体可以看成由无限多个质点组成的不变质点系。

牛顿简介

8.1 质点运动微分方程

1. 动力学基本定律——牛顿三大定律

第一定律——惯性定律：任何质点如不受力作用或所受合外力为零，则它将保持原来的静止或匀速直线运动状态。

物体保持其运动状态不变的固有属性称为**惯性**(inertia)。质量为物体惯性的度量。

第二定律——在力的作用下物体所获得的加速度的大小与作用力的大小成正比，与物体的质量成反比，方向与力的方向相同。即

$$m\boldsymbol{a} = \boldsymbol{F} \tag{8.1}$$

第三定律——作用力与反作用力定律：两物体之间的作用力和反作用力大小相等，方向相反，并沿同一条直线分别作用在两个物体上。值得注意的是，在第1章，我们也曾将该定律作为静力学公理引入和介绍。

2. 质点运动微分方程

根据牛顿第二定律可建立质点运动微分方程。当质点受几个力作用时，式(8.1)的右端应为这几个力的合力。即

$$ma = \sum F \tag{8.2}$$

或

$$m\frac{d^2 r}{dt^2} = \sum F \tag{8.3}$$

式(8.3)是矢量形式的微分方程,实际计算时,需应用其投影形式。

直角坐标形式的微分方程(见图 8.1)为

$$\left.\begin{aligned} m\ddot{x} &= \sum F_x \\ m\ddot{y} &= \sum F_y \\ m\ddot{z} &= \sum F_z \end{aligned}\right\} \tag{8.4}$$

自然坐标形式的微分方程(见图 8.2)为

$$\left.\begin{aligned} m\frac{dv}{dt} &= \sum F_t \\ m\frac{v^2}{\rho} &= \sum F_n \\ 0 &= \sum F_b \end{aligned}\right\} \tag{8.5}$$

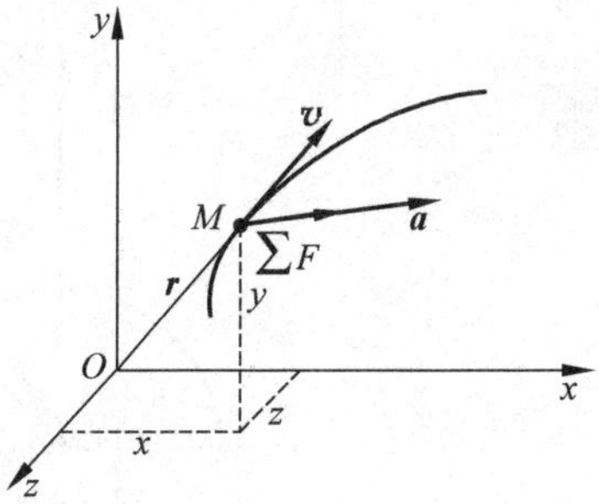

图　8.1

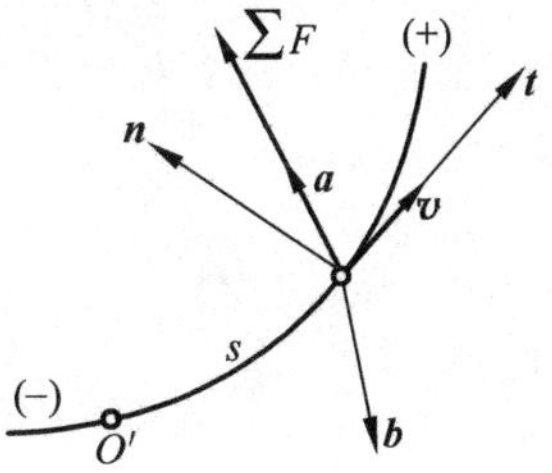

图　8.2

3. 质点动力学的两类基本问题

无论什么形式的运动微分方程,包含两类基本问题:第一类是已知质点的运动,求作用于质点的力;第二类是已知作用于质点的力,求质点的运动。

第一类问题比较简单,如已知质点的运动方程,只需求两次导数,代入微分方程,即可求解。第二类问题,从数学的角度看,是解微分方程或求积分的问题,积分需确定积分常数,积分常数由初始条件决定。在工程实际中,力一般比较复杂,有的是常力,有的则为变力,变力可表示为时间、速度、坐标等的函数。当力的函数形式比较复杂时,通常只能求出近似的数值解。

应用运动微分方程解题,有以下基本步骤:

(1) 根据题意明确研究对象;

(2) 分析受力情况与运动情况,画出受力图(包括主动力、约束反力);

(3) 选取坐标系,列出运动微分方程,求解。

例 8.1　如图 8.3 所示,桥式起重机桁车吊挂一重为 P 的重物,沿水平横梁作匀速运动，速度为 v_0，重物中心至悬挂点的距离为 l。当桁车突然刹车时，重物因惯性绕悬挂点 O 向前摆动，求钢丝绳的最大拉力。

解 以重物为研究对象，把重物看成质点，受力分析如图 8.3 所示。重物以 O 点为圆心，l 为半径作圆周运动。

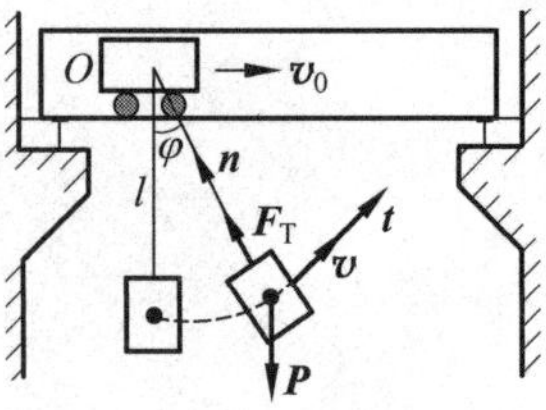

图 8.3

列出自然坐标形式的质点运动微方程：

$$ma_{\mathrm{t}}=\sum F_{\mathrm{t}},\frac{P}{g}\cdot\frac{\mathrm{d}v}{\mathrm{d}t}=-P\sin\varphi \tag{a}$$

$$ma_{\mathrm{n}}=\sum F_{\mathrm{n}},\frac{P}{g}\cdot\frac{v^2}{l}=F_{\mathrm{T}}-P\cos\varphi \tag{b}$$

由式(a)可知重物作减速运动，由式(b)得 $F_{\mathrm{T}}=P\left(\cos\varphi+\frac{v^2}{gl}\right)$，其中 φ、v 为变量。

因此，当 $\varphi=0$ 时，F_{T} 达到最大值

$$F_{\mathrm{Tmax}}=P\left(1+\frac{v_0^2}{gl}\right)$$

例 8.2 求发射火箭时，火箭脱离地球引力的最小速度。

解 取火箭(质点)为研究对象，建立坐标系如图 8.4 所示。火箭在任意位置 x 处受地球引力 $\boldsymbol{F}$ 的作用。有

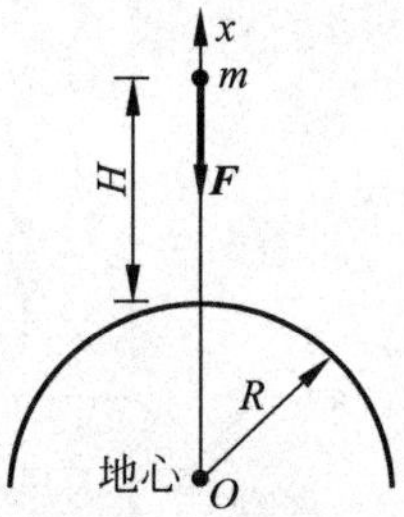

图 8.4

$$F=f\cdot\frac{mM}{x^2}$$

因

$$mg=f\,\frac{mM}{R^2}$$

得

$$F=\frac{mgR^2}{x^2}$$

建立质点运动微分方程

$$m\,\frac{\mathrm{d}^2x}{\mathrm{d}t^2}=-\frac{mgR^2}{x^2}$$

即

$$mv_x\,\frac{\mathrm{d}v_x}{\mathrm{d}x}=-\frac{mgR^2}{x^2}\quad\left(\frac{\mathrm{d}^2x}{\mathrm{d}t^2}=\frac{\mathrm{d}v_x}{\mathrm{d}t}=\frac{\mathrm{d}v_x}{\mathrm{d}x}\cdot\frac{\mathrm{d}x}{\mathrm{d}t}=v_x\,\frac{\mathrm{d}v_x}{\mathrm{d}x}\right)$$

$$\int_{v_0}^{v}mv_x\,\mathrm{d}v_x=\int_R^x-\frac{mgR^2}{x^2}\mathrm{d}x\quad(t=0\text{ 时 }x=R,v_x=v_0)$$

则卫星在任意位置时的速度

$$v=\sqrt{(v_0^2-2gR)+\frac{2gR^2}{x}}$$

可见，v 随着 x 的增加而减小。若 $v_0^2<2gR$，则在某一位置 $x=R+H$ 时速度将减小

到零,火箭回落。若 $v_0^2 > 2gR$,无论 x 多大(甚至为∞)火箭也不会回落。因此火箭脱离地球引力而一去不返($x \to \infty$)的最小初速度为

$$v_0 = \sqrt{2gR} = \sqrt{2 \times 9.8 \times 10^{-3} \times 6370}\ \text{km/s} = 11.2\ \text{km/s}(\text{第二宇宙速度})$$

8.2 动量定理及其应用

8.2.1 基本概念

1. 质点系的内力和外力

以质点系为研究对象,质点系中各质点的相互作用称为**内力**(internal force),用 $\boldsymbol{F}^{(i)}$ 表示,内力总是成对出现;质点系以外的物体对质点系内质点的作用力称为**外力**(external force),用 $\boldsymbol{F}^{(e)}$ 表示。外力与内力的区分完全取决于质点系范围的划定。

2. 质点系的质心

质点系的质量中心称为**质心**(center of mass),是表征质点系质量分布特征的一个重要概念。

设质点系由 n 个质点组成,各质点的质量分别为 $m_1, m_2, \cdots, m_n$,在坐标系上的坐标分别为$(x_1, y_1, z_1), (x_2, y_2, z_2), \cdots, (x_n, y_n, z_n)$。质点系的总质量为各质点的质量之和,即 $m = \sum m_i$。用 C 点表示质点系的**质心**,则应满足

$$\boldsymbol{r}_C = \frac{\sum m_i \boldsymbol{r}_i}{\sum m_i} = \frac{\sum m_i \boldsymbol{r}_i}{m}$$

如图 8.5 所示,质心 C 点的坐标分量为

$$\left.\begin{aligned} x_C &= \frac{\sum m_i x_i}{m} \\ y_C &= \frac{\sum m_i y_i}{m} \\ z_C &= \frac{\sum m_i z_i}{m} \end{aligned}\right\} \tag{8.6}$$

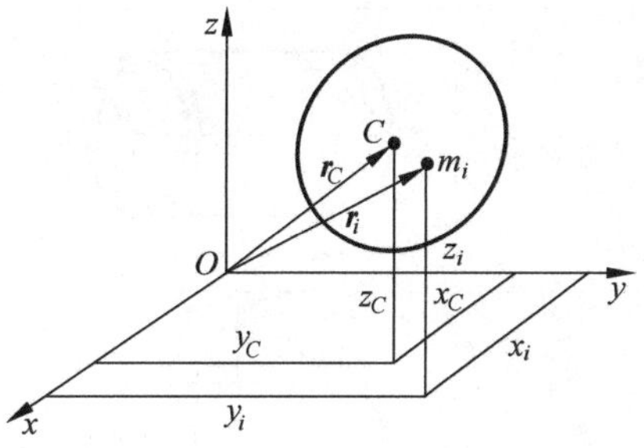

图 8.5

在均匀重力场中,质点系的质心与重心的位置重合。可采用静力学中确定重心的各种方法来确定质心的位置。但是,质心与重心是两个不同的概念,重心只有在质点系受重力作用时存在,质心与所受的力无关,无论质点系是否处于重力场,质心总是存在的。因此,质心的意义比重心更为广泛。

3. 平行移轴定理

刚体内各质点的质量与质点到 z 轴的垂直距离平方的乘积之和称为刚体对 z 轴的**转动惯量**(moment of inertia),用 J_z 表示,即

$$J_z = \sum_{i=1}^{n} m_i r_i^2 \tag{8.7}$$

如果刚体质量是连续分布的，则上式可以写成积分形式：

$$J_z = \int r^2 \mathrm{d}m \tag{8.8}$$

由上式可见，转动惯量的大小不仅与质量大小有关，而且与质量的分布情况有关。转动惯量的单位为 $\mathrm{kg \cdot m^2}$。转动惯量与质量都是刚体惯性的度量，转动惯量在刚体转动时起作用，质量在刚体平动时起作用。

为了方便起见，有时将转动惯量写成

$$J_z = m\rho_z^2 \tag{8.9}$$

式中，$\rho_z = \sqrt{\dfrac{J_z}{m}}$，称为刚体对于 z 轴的惯性半径（回转半径）。

对于形状复杂的和非均质物体，不便于计算出转动惯量，可以用实验的方法测算。

一般形状简单的均质刚体的转动惯量可以从机械工程手册中查到，也可用上述方法计算。表 8.1 列出常见均质物体的转动惯量和惯性半径。

表　8.1

形状	简　图	转动惯量	惯性半径
细直杆	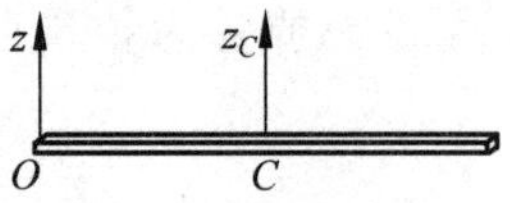	$J_{zC} = \dfrac{m}{12}l^2$ $J_z = \dfrac{m}{3}l^2$	$\rho_{zC} = \dfrac{l}{2\sqrt{3}} = 0.289l$ $\rho_z = \dfrac{l}{\sqrt{3}} = 0.578l$
薄壁圆筒	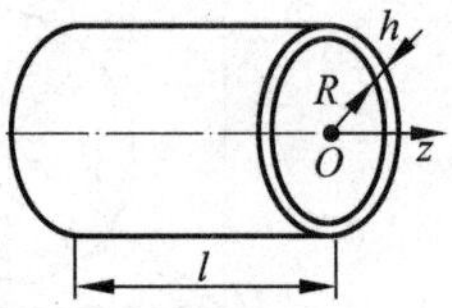	$J_z = mR^2$	$\rho_z = R$
圆柱	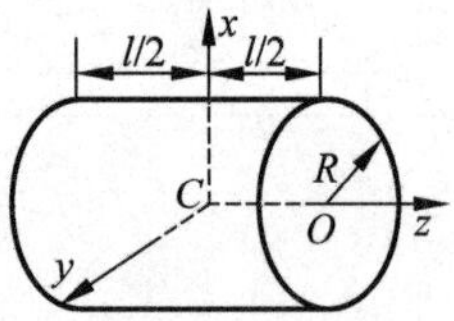	$J_z = \dfrac{1}{2}mR^2$ $J_x = J_y = \dfrac{m}{12}(3R^2 + l^2)$	$\rho_z = \dfrac{R}{\sqrt{2}} = 0.707R$ $\rho_x = \rho_y = \sqrt{\dfrac{1}{12}(3R^2 + l^2)}$
空心圆柱	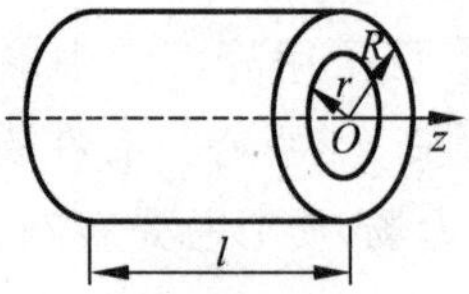	$J_z = \dfrac{m}{2}(R^2 + r^2)$	$\rho_z = \sqrt{\dfrac{1}{2}(R^2 + r^2)}$
矩形薄板	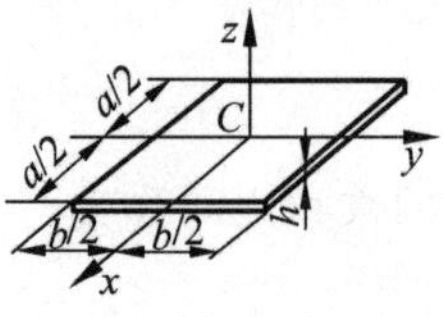	$J_z = \dfrac{m}{12}(a^2 + b^2)$ $J_y = \dfrac{m}{12}a^2$ $J_x = \dfrac{m}{12}b^2$	$\rho_z = \sqrt{\dfrac{1}{12}(a^2 + b^2)}$ $\rho_y = 0.289a$ $\rho_x = 0.289b$

平行移轴定理：刚体对于任一轴的转动惯量 $J_{z'}$ 等于刚体对于通过质心 C 并与该轴平行的轴的转动惯量 J_{zC}，加上刚体的质量与两轴间距离平方的乘积。即

$$J_{z'} = J_{zC} + md^2 \tag{8.10}$$

应用平行移轴定理时须注意以下几点：

(1) 两轴互相平行；

(2) zC 轴过质心 C；

(3) 过质心轴的转动惯量 J_{zC} 最小。

例 8.3　如图 8.6 所示的钟摆由均质直杆和均质圆盘组成，直杆质量为 m_1，杆长为 l，圆盘质量为 m_2，半径为 R，求钟摆对 O 轴的转动惯量 J_O。

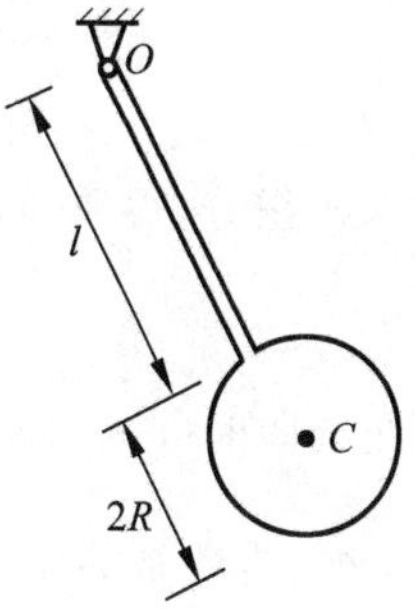

图　8.6

解

$$\begin{aligned} J_O &= J_{O杆} + J_{O盘} \\ &= \frac{m_1 l^2}{3} + \left[\frac{m_2 R^2}{2} + m_2(l+R)^2\right] \end{aligned}$$

8.2.2　动量定理

动量定理

1. 动量(momentum)

物体之间往往有机械运动的相互传递，在传递机械运动时产生的相互作用力不仅与物体的质量有关，还与其速度变化有关。例如，子弹虽然质量小，但速度很大，击中目标时速度迅速变小，对目标产生很大的冲击力；轮船靠岸时，虽然速度变化小，但质量很大，稍有疏忽就会把船体撞坏。可以用动量 $\boldsymbol{p}$ 来表征这种运动量。

质点的动量：质点的质量与速度的乘积，即

$$\boldsymbol{p} = m\boldsymbol{v} \tag{8.11}$$

动量为矢量，方向与质点速度方向一致，单位为 kg・m/s。

质点系的动量：质点系内各质点动量的矢量和为

$$\boldsymbol{p} = \sum m_i \boldsymbol{v}_i \tag{8.12}$$

式中 m_i 为第 i 个质点的质量。令 $m = \sum m_i$ 为质点系的总质量，质点系质心 C 的位置满足 $\boldsymbol{r}_C = \dfrac{\sum m_i \boldsymbol{r}_i}{m}$，代入式(8.12)，可得

$$\boldsymbol{p} = \sum m_i \boldsymbol{v}_i = m\boldsymbol{v}_C \tag{8.13}$$

式中 $\boldsymbol{v}_C$ 为质心速度。该式表明，质点系的动量等于质点系总质量与质心速度的乘积。

2. 冲量(impulse)

物体在力的作用下，其运动状态的变化不仅与力的大小和方向有关，还与力作用时间的长短有关。如果作用力为常量，那么可以用作用力与作用时间的乘积来衡量力在这段时间内累计的作用。作用力与作用时间的乘积称为冲量，用 $\boldsymbol{I}$ 来表示，即

$$\boldsymbol{I} = \boldsymbol{F}t \tag{8.14}$$

式中,$\boldsymbol{F}$ 为常力;t 为作用时间。冲量的单位为 N·s。

如果 $\boldsymbol{F}$ 为变量,那么作用时间 $t_1 \sim t_2$ 内的冲量为

$$\boldsymbol{I} = \int_{t_1}^{t_2} \boldsymbol{F} \mathrm{d}t$$

3. 质点的动量定理

根据牛顿第二定律得

$$m\boldsymbol{a} = m \frac{\mathrm{d}\boldsymbol{v}}{\mathrm{d}t} = \boldsymbol{F}$$

对上式积分,得质点的动量定理表达式

$$m\boldsymbol{v}_2 - m\boldsymbol{v}_1 = \int_{t_1}^{t_2} \boldsymbol{F} \mathrm{d}t = \boldsymbol{I} \tag{8.15}$$

即在某段时间内,质点的动量变化等于作用于质点上的力在此时间段内的冲量。

4. 质点系的动量定理

设质点系有 i 个质点,第 i 个质点的质量为 m_i,速度 $\boldsymbol{v}_i$;第 i 个质点受的外力为 $\boldsymbol{F}_i^{(e)}$,受到质点系内其他质点作用的内力为 $\boldsymbol{F}_i^{(i)}$。根据质点的动量定理得

$$\frac{\mathrm{d}}{\mathrm{d}t}(m_i \boldsymbol{v}_i) = \boldsymbol{F}_i^{(e)} + \boldsymbol{F}_i^{(i)} \quad i = 1, 2, \cdots, n$$

对于质点系,$\sum \boldsymbol{F}_i^{(e)} = \boldsymbol{F}_{\mathrm{R}}^{(e)}$ 为外力的主矢量,$\sum \boldsymbol{F}_i^{(i)}$ 为内力的主矢量,得

$$\frac{\mathrm{d}}{\mathrm{d}t} \sum (m_i \boldsymbol{v}_i) = \sum \boldsymbol{F}_i^{(e)} + \sum \boldsymbol{F}_i^{(i)}$$

根据牛顿第三定律,内力总是大小相等、方向相反,成对地出现在质点系内部,所以 $\sum \boldsymbol{F}_i^{(i)} = \boldsymbol{0}$,于是得

$$\frac{\mathrm{d}\boldsymbol{p}}{\mathrm{d}t} = \boldsymbol{F}_{\mathrm{R}}^{(e)} \tag{8.16}$$

上式称为质点系的动量定理,即质点系的动量 $\boldsymbol{p}$ 对时间 t 的变化率等于作用在质点系上外力系的主矢量,而与内力系无关。在应用动量定理时,应取矢量式(8.16)的投影形式,动量定理的直角坐标投影式为

$$\left.\begin{aligned} \frac{\mathrm{d}p_x}{\mathrm{d}t} &= \sum F_x^{(e)} \\ \frac{\mathrm{d}p_y}{\mathrm{d}t} &= \sum F_y^{(e)} \\ \frac{\mathrm{d}p_z}{\mathrm{d}t} &= \sum F_z^{(e)} \end{aligned}\right\} \tag{8.17}$$

5. 质点系的动量守恒定理

如果式(8.16)中外力系的主矢量为零,即

$$\boldsymbol{F}_{\mathrm{R}}^{(e)} = \boldsymbol{0}$$

则

$$\frac{\mathrm{d}\boldsymbol{p}}{\mathrm{d}t}=\boldsymbol{0},\ \boldsymbol{p}=\text{常矢量}$$

即质点系动量守恒。

如果外力系的主矢量在某一坐标轴上的投影为零,例如

$$\sum F_x^{(\mathrm{e})}=0,$$

则

$$p_x=\text{常数}$$

质点系的动量在此坐标轴上守恒。以上所述称为质点系的动量守恒定律。

例 8.4　质量为 M 的大三角形柱体放于光滑水平面上,斜面上另放一个质量为 m 的小三角形柱体,求小三角形柱体滑到底时,大三角形柱体的位移。

解　以整体为研究对象,受力分析如图 8.7 所示,水平方向不受外力,即 $\sum F_x^{(\mathrm{e})}=0$,所以整体在水平方向动量守恒。

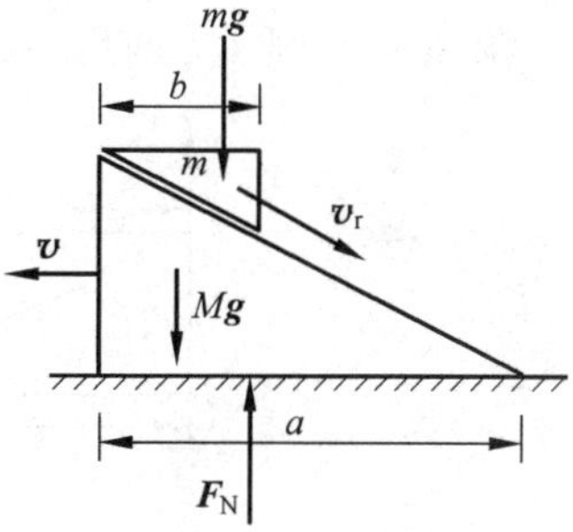

图　8.7

运动分析:设大三角柱体的速度为 $\boldsymbol{v}$,小三角柱体相对于大三角柱体的速度为 $\boldsymbol{v}_\mathrm{r}$,则小三角柱体的绝对速度

$$\boldsymbol{v}_\mathrm{a}=\boldsymbol{v}+\boldsymbol{v}_\mathrm{r}$$

根据水平方向动量守恒及初始静止,可得

$$-Mv+m(v_{\mathrm{r}x}-v)=0$$

变形得

$$\frac{v_{\mathrm{r}x}}{v}=\frac{M+m}{m}$$

设大三角柱体的位移为 s,小三角柱体相对大三角柱体的水平位移 $s_{\mathrm{r}x}=a-b$,则有

$$\frac{s_{\mathrm{r}x}}{s}=\frac{v_{\mathrm{r}x}}{v}=\frac{M+m}{m}$$

得

$$s=\frac{m}{M+m}s_{\mathrm{r}x}=\frac{m}{M+m}(a-b)$$

8.2.3　质心运动定理及其应用

1. 质心运动定理

若质点系的质量不改变,则质点系的动量可以用 $\boldsymbol{p}=m\boldsymbol{v}_C$ 表示,将上式代入动量定理表达式(8.16)得

$$m\frac{\mathrm{d}\boldsymbol{v}_C}{\mathrm{d}t}=\boldsymbol{F}_\mathrm{R}^{(\mathrm{e})}$$

或

$$m\boldsymbol{a}_C=\boldsymbol{F}_\mathrm{R}^{(\mathrm{e})}\tag{8.18}$$

式中,$\boldsymbol{a}_C$ 为质心加速度。上式称为质心运动定理(或质心运动微分方程),即质点系的质量与质心加速度的乘积,等于作用于质点系上所有外力的矢量和(外力的主矢)。

质心运动定理是动量定理的另一种表现形式，与质点运动微分方程形式相似。对于任意一个质点系，无论它作什么形式的运动，质点系质心的运动均可以视为一个质点的运动，并设想把整个质点系的质量都集中在质心这个点上，所有外力也集中作用在质心这个点上。

质心运动定理为矢量式，在 Oxy 坐标轴上的投影式为

$$\left.\begin{aligned}\sum m_i \ddot{x}_{Ci} = \sum F_x^{(e)} \\ \sum m_i \ddot{y}_{Ci} = \sum F_y^{(e)}\end{aligned}\right\} \tag{8.19}$$

2. 质心运动守恒定律

由式(8.18)可知，若外力主矢 $\boldsymbol{F}_R^{(e)}=\boldsymbol{0}$，则 $\boldsymbol{a}_C=\boldsymbol{0}$，即质心的速度 $\boldsymbol{v}_C$ 为常矢量，质心作匀速直线运动。

若外力主矢 $\boldsymbol{F}_R^{(e)}=\boldsymbol{0}$，质点系初始静止，$\boldsymbol{v}_C=\boldsymbol{0}$，那么质心不运动，质点系的质心 $C(x_C, y_C)$位置守恒。

例 8.5 （例 8.4 的另一种解法）

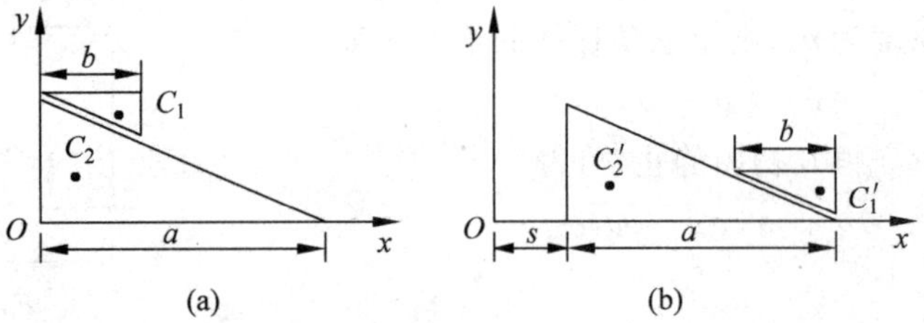

图 8.8

解 此题也可以利用质心运动定理求解。

取整体为研究对象，由于水平方向不受外力，整体初始静止，$v_{Cx}=0$，整体的质心 C 的 x_C 位置守恒。如图所示建立坐标系。

初始状态：整体质心 C 的水平位置为

$$x_C=\frac{mx_{C1}+Mx_{C2}}{m+M}=\frac{m\dfrac{2b}{3}+M\dfrac{a}{3}}{m+M}$$

终了状态：小三角形柱体滑到底时，整体质心 C 的水平位置为

$$x'_C=\frac{mx'_{C1}+Mx'_{C2}}{m+M}=\frac{m\left(s+a-\dfrac{b}{3}\right)+M\left(s+\dfrac{a}{3}\right)}{m+M}$$

由 $x_C=x'_C$，可得

$$s=\frac{m}{M+m}(b-a)$$

例 8.6 如图 8.9 所示，均质杆 AB 长 l，直立在光滑的水平面上。求它从铅直位置无初速倒下时，端点 A 相对图示坐标系的轨迹。

解 取均质杆 AB 为研究对象，建立图 8.9 所示坐标系 Oxy，原点 O 与杆 AB 运动初始时的点 B 重合，杆受到铅垂方向的重力 P 和地面约束反力 F_N 的作用，水平方向不受力，

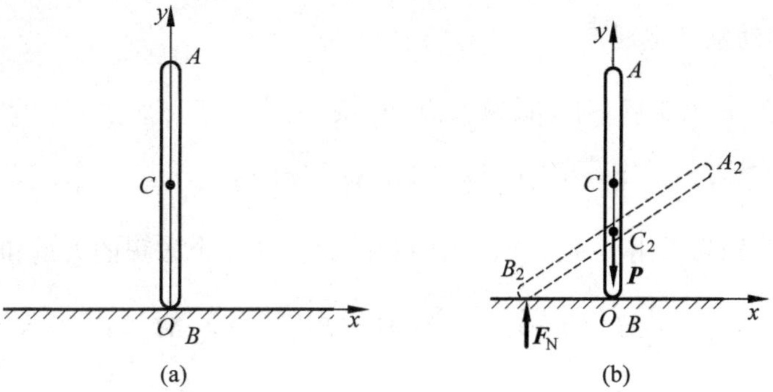

图 8.9

$\sum F_x^{(e)}=0$，且杆初始时静止，所以杆 AB 的质心水平位置守恒，即 $x_C=0$。

设任意时刻杆 AB 与水平 x 轴的夹角为 θ，则点 A 的坐标为

$$x_A=\frac{l}{2}\cos\theta$$

$$y_A=l\sin\theta$$

从点 A 的坐标中消去角度 θ，得点 A 的轨迹方程为

$$4x^2+y^2=l^2$$

可见，A 点的轨迹为椭圆。

8.3 动量矩定理

8.3.1 质点和质点系的动量矩定理

1. 质点的动量矩定理

如图 8.10 所示，质点 M 的动量对于 O 点的矩定义为质点对于 O 点的**动量矩**(angular momentum)，即

$$\boldsymbol{M}_O(m\boldsymbol{v})=\boldsymbol{r}\times m\boldsymbol{v} \tag{8.20}$$

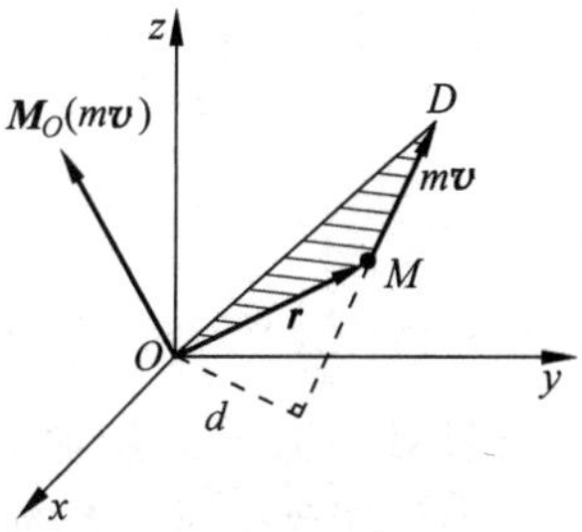

图 8.10

质点对于 O 点的动量矩为矢量，它垂直于矢径 $\boldsymbol{r}$ 与动量 $m\boldsymbol{v}$ 所形成的平面，指向按右手法则确定，其大小为

$$|\boldsymbol{M}_O(m\boldsymbol{v})|=2S_{\triangle OMD}=mvd$$

将式(8.20)对时间求一次导数，有

$$\frac{\mathrm{d}}{\mathrm{d}t}\boldsymbol{M}_O(m\boldsymbol{v})=\frac{\mathrm{d}\boldsymbol{r}}{\mathrm{d}t}\times m\boldsymbol{v}+\boldsymbol{r}\times\frac{\mathrm{d}}{\mathrm{d}t}(m\boldsymbol{v})=\boldsymbol{r}\times\boldsymbol{F}=\boldsymbol{M}_O(\boldsymbol{F})$$

可得

$$\frac{\mathrm{d}}{\mathrm{d}t}\boldsymbol{M}_O(m\boldsymbol{v})=\boldsymbol{M}_O(\boldsymbol{F}) \tag{8.21}$$

上式称为质点的动量矩定理，即：质点对固定点 O 的动量矩对时间的一阶导数等于作用于质点上的力对同一点的力矩。

2. 质点系的动量矩定理

设质点系内有 n 个质点,对于任意质点 m_i 有

$$\frac{\mathrm{d}}{\mathrm{d}t}\boldsymbol{M}_O(m_i\boldsymbol{v}_i)=\boldsymbol{M}_O(\boldsymbol{F}_i^{(\mathrm{i})})+\boldsymbol{M}_O(\boldsymbol{F}_i^{(\mathrm{e})}),\quad i=1,2,\cdots,n$$

式中,$\boldsymbol{F}_i^{(\mathrm{i})}$、$\boldsymbol{F}_i^{(\mathrm{e})}$ 分别为作用于质点上的内力和外力。求 n 个方程的矢量和,得

$$\sum_{i=1}^{n}\frac{\mathrm{d}}{\mathrm{d}t}\boldsymbol{M}_O(m_i\boldsymbol{v}_i)=\sum_{i=1}^{n}\boldsymbol{M}_O(\boldsymbol{F}_i^{(\mathrm{i})})+\sum_{i=1}^{n}\boldsymbol{M}_O(\boldsymbol{F}_i^{(\mathrm{e})})$$

式中,$\sum\limits_{i=1}^{n}\boldsymbol{M}_O(\boldsymbol{F}_i^{(\mathrm{i})})=0$;$\sum\limits_{i=1}^{n}\boldsymbol{M}_O(\boldsymbol{F}_i^{(\mathrm{e})})=\sum\limits_{i=1}^{n}\boldsymbol{r}_i\times\boldsymbol{F}_i^{(\mathrm{e})}=\boldsymbol{M}_O^{(\mathrm{e})}$,为作用于系统上的外力系对于 O 点的主矩。交换上式左端求和及求导的次序,得

$$\sum_{i=1}^{n}\frac{\mathrm{d}}{\mathrm{d}t}\boldsymbol{M}_O(m_i\boldsymbol{v}_i)=\frac{\mathrm{d}}{\mathrm{d}t}\sum_{i=1}^{n}\boldsymbol{M}_O(m_i\boldsymbol{v}_i)$$

令

$$\boldsymbol{L}_O=\sum_{i=1}^{n}\boldsymbol{M}_O(m_i\boldsymbol{v}_i)=\sum_{i=1}^{n}\boldsymbol{r}_i\times m_i\boldsymbol{v}_i \tag{8.22}$$

$\boldsymbol{L}_O$ 为质点系中各质点的动量对 O 点之矩的矢量和,或质点系动量对于 O 点的主矩,称为质点系对 O 点的动量矩。由此得

$$\frac{\mathrm{d}\boldsymbol{L}_O}{\mathrm{d}t}=\boldsymbol{M}_O^{(\mathrm{e})} \tag{8.23}$$

式(8.23)为质点系的动量矩定理表达式,用文字表述为:质点系对固定点 O 的动量矩对于时间的一阶导数等于外力系对同一点的主矩。计算动量矩与力矩时,符号规定应一致。

具体应用时,常取其在直角坐标系上的投影形式

$$\left.\begin{aligned}\frac{\mathrm{d}L_x}{\mathrm{d}t}&=\sum M_x(\boldsymbol{F}^{(\mathrm{e})})\\\frac{\mathrm{d}L_y}{\mathrm{d}t}&=\sum M_y(\boldsymbol{F}^{(\mathrm{e})})\\\frac{\mathrm{d}L_z}{\mathrm{d}t}&=\sum M_z(\boldsymbol{F}^{(\mathrm{e})})\end{aligned}\right\} \tag{8.24}$$

式中,$L_x=\sum\limits_{i=1}^{n}M_x(m_i\boldsymbol{v}_i)$,$L_y=\sum\limits_{i=1}^{n}M_y(m_i\boldsymbol{v}_i)$,$L_z-\sum\limits_{i=1}^{n}M_z(m_i\boldsymbol{v}_i)$,分别表示质点系中各点动量对于 x、y、z 轴动量矩的代数和。

内力不能改变质点系的动量矩,只有作用于质点系的外力才能使质点系的动量矩发生变化。若外力系对 O 点的主矩为零,则质点系对 O 点的动量矩为一常矢量,即

$$\boldsymbol{M}_O^{(\mathrm{e})}=\boldsymbol{0},\boldsymbol{L}_O=\text{常矢量}$$

也即,质点系的动量矩守恒。

若外力系对某轴力矩的代数和为零,则质点系对该轴的动量矩为常数,例如

$$\sum M_x(\boldsymbol{F}^{(\mathrm{e})})=0,L_x=\text{常数}$$

即,质点系对 x 轴的动量矩守恒。

应用动量矩定理，一般可以处理下列一些问题：

(1) 已知质点系的转动，求质点系所受的外力或外力矩；

(2) 已知质点系所受的外力矩是常力矩或时间的函数，求刚体的角加速度或角速度的改变量；

(3) 已知质点系所受到的外力矩或外力矩在某轴上的投影代数和等于零，运用动量矩守恒定理求角速度或角位移。

例 8.7　水平杆 AB 长为 $2a$，可绕铅垂轴 z 转动，其两端各用铰链与长为 l 的杆 AC 及 BD 相连，杆端各连接重为 P 的小球 C 和 D。起初两小球用细线相连，使杆 AC 与 BD 均为铅垂，系统绕 z 轴转动的角速度为 ω_0（见图 8.11(a)）。如某瞬时此细线拉断后，杆 AC 与 BD 各与铅垂线成 α 角（见图 8.11(b)），不计各杆重量，求此时系统的角速度。

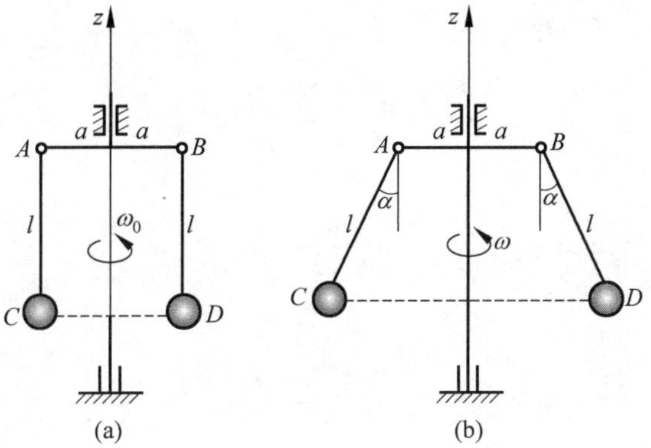

图　8.11

解　系统所受外力有小球的重力及轴承的约束反力，这些力对 z 轴之矩都等于零。所以系统对 z 轴的动量矩守恒，即 $\sum M_z(\boldsymbol{F}^{(e)})=0, L_z=$常数。

初始时系统的动量矩为

$$L_{z1}=2\left(\frac{P}{g}a\omega_0\right)a=2\frac{P}{g}a^2\omega_0$$

细线拉断后系统的动量矩为

$$L_{z2}=2\frac{P}{g}(a+l\sin\alpha)^2\omega$$

由 $L_{z1}=L_{z2}$，得

$$2\frac{P}{g}a^2\omega_0=2\frac{P}{g}(a+l\sin\alpha)^2\omega$$

由此求出细线拉断后的角速度为

$$\omega=\frac{a^2}{(a+l\sin\alpha)^2}\omega_0$$

显然

$$\omega<\omega_0$$

8.3.2　刚体定轴转动微分方程

图 8.12 所示的定轴转动刚体，若某瞬时的角速度为 ω，则刚体对于固定轴 z 轴的动量矩为

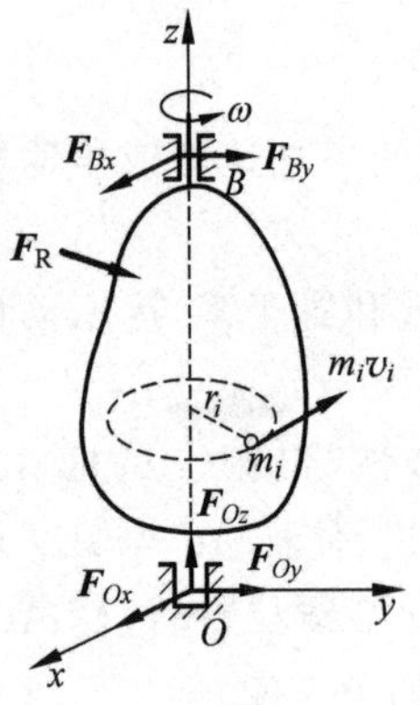

图 8.12

$$L_z=\sum r_im_iv_i=\sum m_ir_i^2\omega=\omega\sum m_ir_i^2$$

式中，$J_z=\sum m_ir_i^2$，为刚体对 z 轴的转动惯量(详见 8.2.1 节)，代入上式得

$$L_z=J_z\omega \tag{8.25}$$

即，刚体对转动轴的动量矩等于刚体对该轴的转动惯量与角速度的乘积。

作用于刚体上的外力有主动力及轴承的约束反力，受力如图 8.12 所示。应用质点系对 z 轴的动量矩定理

$$\frac{\mathrm{d}L_z}{\mathrm{d}t}=\sum M_z(\boldsymbol{F})$$

有

$$\frac{\mathrm{d}}{\mathrm{d}t}[J_z\omega]=\sum M_z(\boldsymbol{F})$$

式中

$$\omega=\frac{\mathrm{d}\varphi}{\mathrm{d}t}=\dot{\varphi}$$

则得

$$J_z\frac{\mathrm{d}^2\varphi}{\mathrm{d}t^2}=\sum M_z(\boldsymbol{F}) \tag{8.26}$$

或

$$J_z\ddot{\varphi}=\sum M_z(\boldsymbol{F}) \tag{8.27}$$

此式称为刚体绕定轴转动的微分方程。$\frac{\mathrm{d}^2\varphi}{\mathrm{d}t^2}=\alpha$ 为刚体绕定轴转动的角加速度，所以上式可写为

$$J_z\alpha=\sum M_z(\boldsymbol{F}) \tag{8.28}$$

由于约束反力对 z 轴的力矩为零，所以方程中只需考虑主动力对 z 轴之矩。

例 8.8 两个质量分别为 m_1、m_2 的重物分别系在绳子的两端，如图 8.13 所示。两绳分别绕在半径为 r_1、r_2 并固结在一起的两鼓轮上。设两鼓轮对 O 轴的转动惯量为 J_O，重为 P，求鼓轮的角加速度和轴承的约束反力。

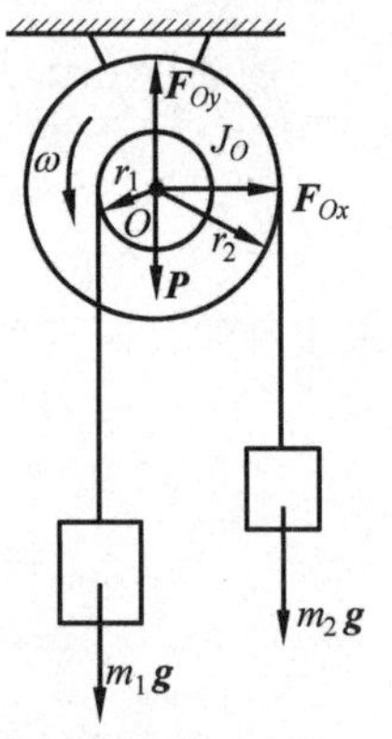

图 8.13

解 以整个系统为研究对象。

系统所受外力的受力图如图 8.13 所示，其中 $\boldsymbol{F}_{Ox}$、$\boldsymbol{F}_{Oy}$ 为约束反力。

系统的动量矩为

$$L_O=(J_O+m_1r_1^2+m_2r_2^2)\omega$$

应用动量矩定理，得

$$\frac{\mathrm{d}L_O}{\mathrm{d}t}=\sum M_O(\boldsymbol{F})$$

有

$$(J_O+m_1r_1^2+m_2r_2^2)\alpha=m_1gr_1-m_2gr_2$$

所以鼓轮的角加速度为

$$\alpha=\frac{m_1r_1-m_2r_2}{J_O+m_1r_1^2+m_2r_2^2}g$$

应用动量定理，得

$$\sum m\ddot{x}=\sum F_x,\ \sum m\ddot{y}=\sum F_y$$

有

$$0=F_{Ox}$$

$$-m_1r_1\alpha+m_2r_2\alpha=F_{Oy}-m_1g-m_2g-P$$

所以轴承的约束反力为

$$F_{Ox}=0$$

$$F_{Oy}=(m_1+m_2)g+P-\frac{(m_1r_1-m_2r_2)^2}{J_O+m_1r_1^2+m_2r_2^2}g$$

解决问题的思路是以整个系统为研究对象，首先应用动量矩定理求解已知力求运动的问题，然后用质心运动定理求解已知运动求力的问题。因此联合应用动量定理和动量矩定理通常可求解动力学的两类问题。

8.4 动能定理

动量定理、动量矩定理、动能定理这三个定理称为动力学普遍定理。动量定理和动量矩定理的表达式为矢量形式，动能定理的表达式为标量形式。动能由物体的运动速度和质量确定。动能定理则是从能量的角度来分析质点和质点系的动力学问题，无论质点系如何运动，动能定理都采用代数方程表达，因此，在工程实践中，求解速度、加速度、主动力、系统位置变化等，应用动能定理较为简便。

8.4.1 力的功

力的**功**(work)是力在其作用点所经过的一段路程中对物体的累积作用效应的度量。下面介绍功的计算方法。

1. 常力的功

设质点 M 在常力 $\boldsymbol{F}$ 的作用下沿直线运动(见图 8.14)。若质点由 M_1 处移至 M_2 处的路程为 s，则力 $\boldsymbol{F}$ 在路程 s 中所做的功定义为

$$W=Fs\cos\theta \tag{8.29}$$

由上式可知，功是代数量，没有方向，可为正、负或零。其单位为 N·m 或 J(焦耳)。

2. 变力的功

设有质点 M 在变力 $\boldsymbol{F}$ 的作用下沿曲线 M_1M_2 运动(见图 8.15)。将曲线 M_1M_2 分成

无限多个微段 ds，在每个弧段内，力 $\boldsymbol{F}$ 可视为常力。于是由式(8.29)得到在 ds 微段中力所做的元功为

$$\delta W = F ds \cos(\boldsymbol{F}, \boldsymbol{t}) = \boldsymbol{F} \cdot d\boldsymbol{r} = F_t ds \tag{8.30}$$

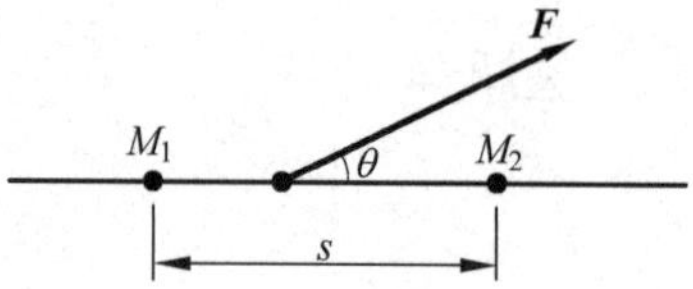

图 8.14

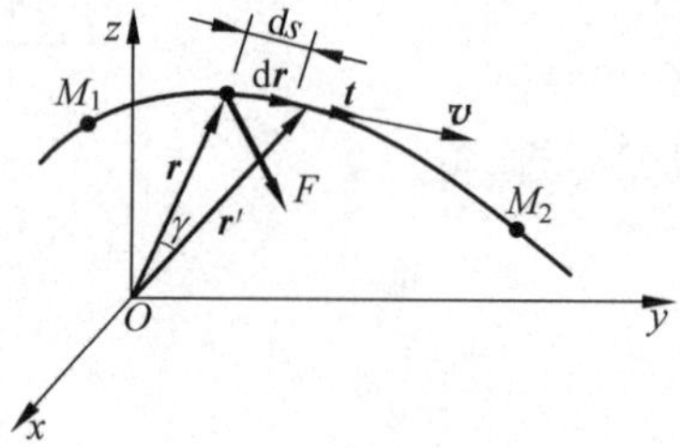

图 8.15

因为力 $\boldsymbol{F}$ 的元功不一定能表示为某一函数 W 的全微分，故采用符号 δ。变力在曲线 M_1M_2 上所做的功等于在此段路程中所有元功的总和，即

$$W = \int_{M_1}^{M_2} F ds \cos(\boldsymbol{F}, \boldsymbol{t}) = \int_{M_1}^{M_2} \boldsymbol{F} \cdot d\boldsymbol{r} = \int_{s_1}^{s_2} F_t ds \tag{8.31}$$

式中，s_1 和 s_2 分别表示质点在起止位置时的弧坐标。

式(8.31)为沿曲线 M_1M_2 的线积分，其值一般与路径有关，并可化为坐标积分。将

$$\boldsymbol{F} = F_x \boldsymbol{i} + F_y \boldsymbol{j} + F_z \boldsymbol{k},\ d\boldsymbol{r} = dx\boldsymbol{i} + dy\boldsymbol{j} + dz\boldsymbol{k}$$

代入元功的表达式，得

$$\delta W = \boldsymbol{F} \cdot d\boldsymbol{r} = F_x dx + F_y dy + F_z dz$$

于是得变力 $\boldsymbol{F}$ 在 M_1M_2 路程上做的功为

$$W = \int_{M_1}^{M_2} \boldsymbol{F} \cdot d\boldsymbol{r} = \int_{M_1}^{M_2} (F_x dx + F_y dy + F_z dz) \tag{8.32}$$

3. 合力的功

设质点 M 受力系 $\boldsymbol{F}_1, \boldsymbol{F}_2, \cdots, \boldsymbol{F}_n$ 作用，力系的合力为

$$\boldsymbol{F}_R = \boldsymbol{F}_1 + \boldsymbol{F}_2 + \cdots + \boldsymbol{F}_n$$

则质点在合力 $\boldsymbol{F}_R$ 的作用下沿有限曲线 M_1M_2 所做的功为

$$W = \int_{M_1}^{M_2} \boldsymbol{F}_R \cdot d\boldsymbol{r} = \int_{M_1}^{M_2} (\boldsymbol{F}_1 + \boldsymbol{F}_2 + \cdots + \boldsymbol{F}_n) \cdot d\boldsymbol{r}$$

$$= \int_{M_1}^{M_2} \boldsymbol{F}_1 \cdot d\boldsymbol{r} + \int_{M_1}^{M_2} \boldsymbol{F}_2 \cdot d\boldsymbol{r} + \cdots + \int_{M_1}^{M_2} \boldsymbol{F}_n \cdot d\boldsymbol{r}$$

即

$$W = W_1 + W_2 + \cdots + W_n \tag{8.33}$$

上式表明，作用于质点的合力在任一路程中所做的功，等于各分力在同一路程中所做的功的代数和。

4. 常见力的功

1) 重力的功

设质量为 m 的质点 M 由 M_1 处沿曲线 M_1M_2 运动到 M_2 处(见图 8.16)，重力在直角

坐标轴上的投影为

$$F_x=0, F_y=0, F_z=-mg$$

代入式(8.33)，可得重力在曲线 M_1M_2 上做的功为

$$W=\int_{z_1}^{z_2}F_z\mathrm{d}z=\int_{z_1}^{z_2}(-mg)\mathrm{d}z=mg(z_1-z_2)=mgh \tag{8.34}$$

式中，$h=z_1-z_2$ 是质点起止位置的高度差。上式表明，重力的功与质点的运动路径无关。若质点 M 下降，h 为正值，重力做正功；若质点 M 上升，h 为负值，重力做负功。

对于质点系，重力做的功为

$$W=mg(z_{C1}-z_{C2})=mgh \tag{8.35}$$

式中，m 为质点系的质量；$h=z_{C1}-z_{C2}$，为质点系质心始末位置间的高度差。

2）弹性力的功

质点 M 系于弹簧一端，弹簧的另一端固定于 O 点，如图 8.17 所示。质点 M 沿空间某曲线由 M_1 点运动到 M_2 点，计算弹性力的功。设弹簧未变形时原长为 l_0。质点在 M_1 位置时弹簧的变形为 δ_1，在 M_2 位置时变形为 δ_2。质点 M 在任意位置处的矢径为 $\boldsymbol{r}$，在此位置上弹簧的变形 $\delta=r-l_0$，在弹性极限内，弹性力的大小与其变形 δ 成正比，即

$$F=k\delta=k(r-l_0)$$

式中，比例系数 k 为弹簧的刚度系数。在国际单位制中，k 的单位为 N/m 或 N/mm。弹性力 $\boldsymbol{F}$ 的作用线总是与矢径 $\boldsymbol{r}$ 共线，当 $r-l_0$ 为正值时 $\boldsymbol{F}$ 与 $\boldsymbol{r}$ 指向相反，当 $r-l_0$ 为负值时 $\boldsymbol{F}$ 与 $\boldsymbol{r}$ 指向相同。沿矢径 $\boldsymbol{r}$ 方向的单位矢量表示为 $\dfrac{\boldsymbol{r}}{r}=\boldsymbol{e}$；弹性力 $\boldsymbol{F}$ 可表示为

$$\boldsymbol{F}=-k(r-l_0)\boldsymbol{e}$$

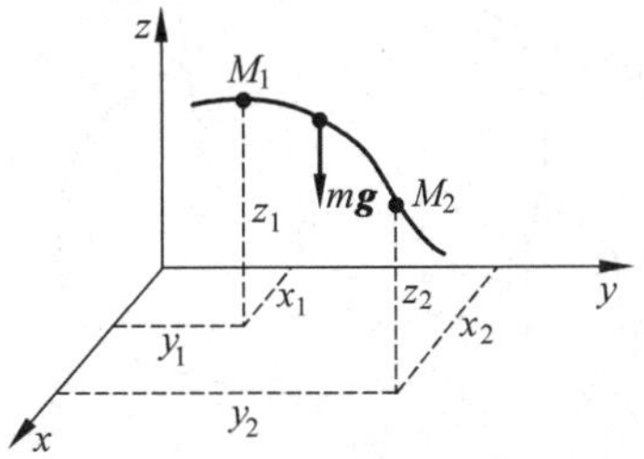

图 8.16

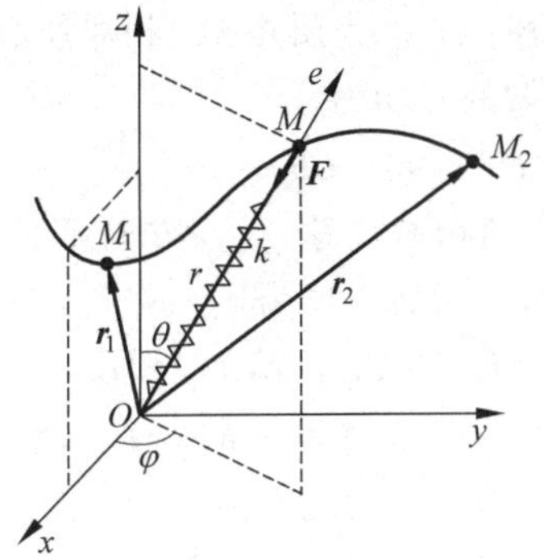

图 8.17

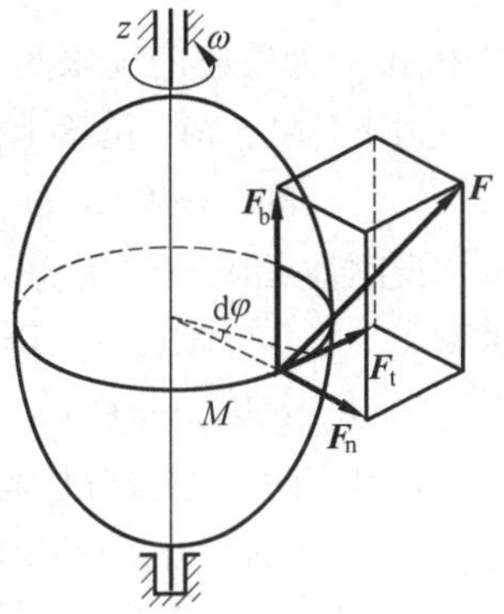

图 8.18

弹性力的元功可表示为

$$\delta W=\boldsymbol{F}\cdot\mathrm{d}\boldsymbol{r}=-k(r-l_0)\boldsymbol{e}\cdot\mathrm{d}\boldsymbol{r}=-k(r-l_0)\cdot\frac{\boldsymbol{r}\cdot\mathrm{d}\boldsymbol{r}}{r}$$

由于

$$\boldsymbol{r}\cdot\mathrm{d}\boldsymbol{r}=\frac{1}{2}\mathrm{d}(\boldsymbol{r}\cdot\boldsymbol{r})=\frac{1}{2}\mathrm{d}(r^2)=r\mathrm{d}r$$

因此有

$$\delta W = -k(r-l_0)\mathrm{d}r = -\frac{k}{2}\mathrm{d}(r-l_0)^2 = -\frac{k}{2}\mathrm{d}\delta^2$$

质点由 M_1 运动到 M_2，弹性力做的功为

$$W = \int_{\delta_1}^{\delta_2}\left(-\frac{k}{2}\right)\mathrm{d}(\delta^2) = \frac{k}{2}(\delta_1^2 - \delta_2^2) \tag{8.36}$$

上式表明，弹性力的功与弹簧的初变形 δ_1 和末变形 δ_2 有关，而与质点运动的路径无关。可见，当 $\delta_1 > \delta_2$ 时，弹性力做正功；当 $\delta_1 < \delta_2$ 时，弹性力做负功。

3）定轴转动刚体上作用力的功

设刚体绕定轴 z 转动，力 $\boldsymbol{F}$ 作用在刚体上 M 点（见图 8.18）。将力 $\boldsymbol{F}$ 分解成三个分力，只有沿轨迹切向的力 $\boldsymbol{F}_t$ 做功，故力 $\boldsymbol{F}$ 在位移 $\mathrm{d}s$ 中的元功为

$$\delta W = F_t \mathrm{d}s = F_t r \mathrm{d}\varphi$$

其中 $F_t r = M_z(\boldsymbol{F})$，为力 $\boldsymbol{F}$ 对于转轴 z 的力矩，于是得

$$\delta W = M_z(\boldsymbol{F})\mathrm{d}\varphi \tag{8.37}$$

力 $\boldsymbol{F}$ 在刚体从角 φ_1 到 φ_2 转动过程中做的功为

$$W = \int_{\varphi_1}^{\varphi_2} M_z(\boldsymbol{F})\mathrm{d}\varphi \tag{8.38}$$

如果在转动刚体上作用一个力偶，其力偶矩矢为 $\boldsymbol{M}$，只需要用力偶矩矢 $\boldsymbol{M}$ 在 z 轴上的投影代替上式中的 $M_z(\boldsymbol{F})$ 就可计算该力偶做的功。

4）平面运动刚体上力系的功

设平面运动刚体上有一组力系作用，取刚体的质心 C 为基点，当刚体有无限小位移时，任一力 $\boldsymbol{F}_i$ 作用点 M_i 的位移为

$$\mathrm{d}\boldsymbol{r}_i = \mathrm{d}\boldsymbol{r}_C + \mathrm{d}\boldsymbol{r}_{iC}$$

式中，$\mathrm{d}\boldsymbol{r}_C$ 为质心的无限小位移；$\mathrm{d}\boldsymbol{r}_{iC}$ 为质点 M_i 相对质心 C 转动的微小位移（见图 8.19）。

力 $\boldsymbol{F}_i$ 在点 $\boldsymbol{M}_i$ 位移上所做的元功为

$$\delta W_i = \boldsymbol{F}_i \cdot \mathrm{d}\boldsymbol{r}_i = \boldsymbol{F}_i \cdot \mathrm{d}\boldsymbol{r}_C + \boldsymbol{F}_i \cdot \mathrm{d}\boldsymbol{r}_{iC}$$

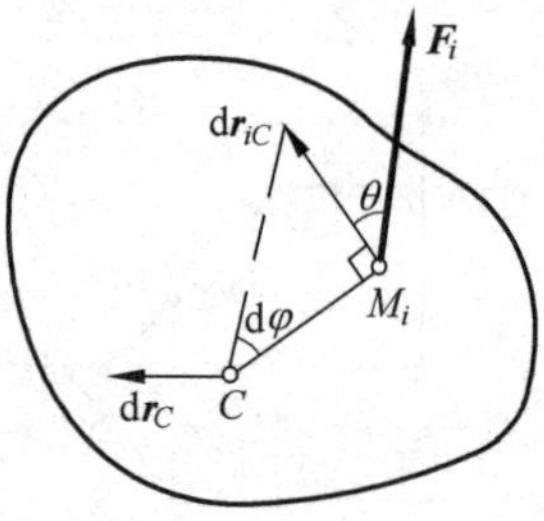

图 8.19

设刚体无限小转角为 $\mathrm{d}\varphi$，则相对位移 $\mathrm{d}\boldsymbol{r}_{iC}$ 方向垂直于直线 M_iC，大小为 $M_iC\mathrm{d}\varphi$，因此，上式后一项为

$$\boldsymbol{F}_i \cdot \mathrm{d}\boldsymbol{r}_{iC} = F_i\cos\theta \cdot M_iC \cdot \mathrm{d}\varphi = M_C(\boldsymbol{F}_i)\mathrm{d}\varphi$$

式中，θ 为力 $\boldsymbol{F}_i$ 与相对位移 $\mathrm{d}\boldsymbol{r}_{iC}$ 间的夹角；$M_C(\boldsymbol{F}_i)$ 为力 $\boldsymbol{F}_i$ 对质心 C 的矩。力系全部力所做的元功之和为

$$\begin{aligned}\delta W &= \sum \delta W_i = \sum \boldsymbol{F}_i \cdot \mathrm{d}\boldsymbol{r}_i = \sum \boldsymbol{F}_i \cdot \mathrm{d}\boldsymbol{r}_C + \sum M_C(\boldsymbol{F}_i)\mathrm{d}\varphi \\ &= \boldsymbol{F}_R \cdot \mathrm{d}\boldsymbol{r}_C + M_C\mathrm{d}\varphi\end{aligned}$$

式中，$\boldsymbol{F}_R$ 为力系主矢；M_C 为力系对质心 C 的主矩。

刚体质心 C 由 C_1 移到 C_2，同时，刚体又由 φ_1 转到 φ_2 时，力系做的功为

$$W = \int_{C_1}^{C_2} \boldsymbol{F}_R \cdot \mathrm{d}\boldsymbol{r}_C + \int_{\varphi_1}^{\varphi_2} M_C \mathrm{d}\varphi \tag{8.39}$$

可见，平面运动刚体上力系做的功等于力系向质心简化所得的力和力偶做功之和。

5）摩擦力的功

当物体受到滑动摩擦力的作用时（见图 8.20），滑动摩擦力的方向通常与物体运动方向

相反。滑动摩擦力的大小为

$$F_s = f_s F_N$$

则滑动摩擦力做的功为

$$W = -\int f_s F_N \mathrm{d}s$$

当 F_N 为常数时，则

$$W = -f_s F_N s \tag{8.40}$$

式中，s 为物体运动经过的路程。W 与物体的路径有关。

轮作纯滚动时（见图 8.21），滑动摩擦力 $\boldsymbol{F}_s$ 作用在轮的瞬心 C 处，$\boldsymbol{v}_C = \boldsymbol{0}$，此时接触点间没有相对滑动，所以滑动摩擦力不做功，$W=0$。

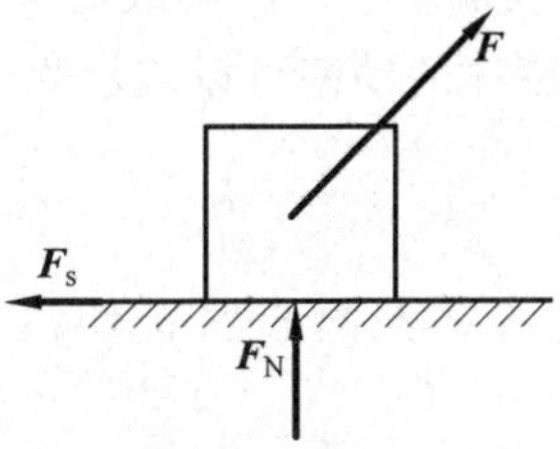

图　8.20

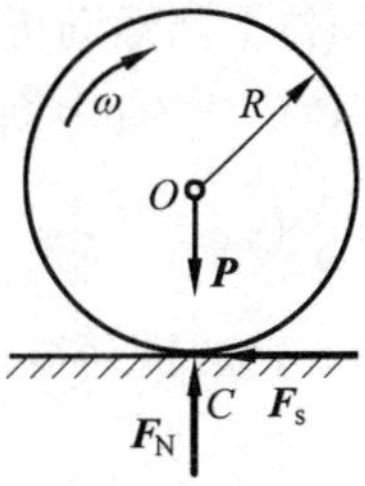

图　8.21

6）约束反力的功

约束反力做功等于零的约束称为**理想约束**（ideal constraint），如光滑接触面、光滑铰支座、固定端、一端固定的绳索等约束都是理想约束。光滑铰链、二力杆和不可伸长的细绳等作为系统内的约束时，也都是理想约束。

8.4.2　刚体动能

动能（kinetic energy）是描述物体运动强度的一个物理量。设质点的质量为 m，速度为 v，则质点的动能为

$$T = \frac{1}{2}mv^2$$

其单位为 N·m。

设质点系由 n 个质点组成，任一质点在某瞬时的动能为 $\frac{1}{2}m_i v_i^2$，质点系内所有质点在某瞬时动能的算术和称为该瞬时质点系的动能，用 T 表示，即

$$T = \sum \frac{1}{2}m_i v_i^2 \tag{8.41}$$

刚体是常见的质点系，刚体作不同运动时，其动能的表达式也不同。

1. 平动刚体的动能

刚体平动时，在某一瞬时各点的速度均等于质心速度 v_C，可得平动刚体的动能

$$T = \sum \frac{1}{2}m_i v_i^2 = \frac{1}{2}\left(\sum m_i\right) v_C^2 = \frac{1}{2}mv_C^2 \tag{8.42}$$

式中，$m=\sum m_i$，为刚体质量。

2. 定轴转动刚体的动能

刚体以角速度 ω 绕固定轴 z 轴转动，各点的速度为 $v_i=\omega r_i$，定轴转动刚体的动能为

$$T=\sum \frac{1}{2}m_i v_i^2=\frac{1}{2}\left(\sum m_i r_i^2\right)\omega^2=\frac{1}{2}J_z\omega^2 \tag{8.43}$$

式中，$J_z=\sum m_i r_i^2$，为刚体对 z 轴的转动惯量。

3. 平面运动刚体的动能

由运动学可知，刚体平面运动可以看成刚体绕瞬心 P 转动或随着质心 C 平动同时绕着质心 C 转动。ω 为刚体的角速度，则平面运动刚体的动能可以表示为

$$T=\frac{1}{2}J_P\omega^2=\frac{1}{2}J_C\omega^2+\frac{1}{2}m(d^2\omega^2)=\frac{1}{2}J_C\omega^2+\frac{1}{2}mv_C^2 \tag{8.44}$$

式中，J_P 为刚体对瞬心轴的转动惯量；d 为质心 C 与瞬心 P 的距离。根据转动惯量平行移轴定理，有

$$J_P=J_C+md^2$$

式中，J_C 为刚体对质心轴的转动惯量。

8.4.3 质点的动能定理

牛顿第二定律给出

$$m\frac{\mathrm{d}\boldsymbol{v}}{\mathrm{d}t}=\boldsymbol{F}$$

上式两边点乘 $\mathrm{d}\boldsymbol{r}$，得

$$m\frac{\mathrm{d}\boldsymbol{v}}{\mathrm{d}t}\cdot\mathrm{d}\boldsymbol{r}=\boldsymbol{F}\cdot\mathrm{d}\boldsymbol{r}$$

因 $\boldsymbol{v}=\frac{\mathrm{d}\boldsymbol{r}}{\mathrm{d}t}$，于是上式可写为

$$m\boldsymbol{v}\cdot\mathrm{d}\boldsymbol{v}=\boldsymbol{F}\cdot\mathrm{d}\boldsymbol{r}$$

或

$$\mathrm{d}\left(\frac{1}{2}mv^2\right)=\delta W \tag{8.45}$$

式中，$\frac{1}{2}mv^2$ 为质点的动能，用 T 表示；$\delta W=\boldsymbol{F}\cdot\mathrm{d}\boldsymbol{r}$ 称为力的元功。式(8.45)称为质点动能定理的微分形式，即作用于质点上力的元功等于质点动能的微分。

将式(8.45)积分，得

$$\int_{v_1}^{v_2}\mathrm{d}\left(\frac{1}{2}mv^2\right)=W_{12}$$

$$\frac{1}{2}mv_2^2-\frac{1}{2}mv_1^2=W_{12} \tag{8.46}$$

式中，$W_{12}=\int_{M_1}^{M_2}\boldsymbol{F}\cdot \mathrm{d}\boldsymbol{r}$，为作用于质点上的力在有限路程上做的功。式(8.46)为质点动能定理的积分形式。

例 8.9　自动弹射器如图 8.22(a)放置，弹簧在未受力时的长度为 200 mm，恰好等于筒长。欲使弹簧改变 10 mm，力的大小为 2 N。如弹簧被压缩到 100 mm，然后让质量为 30 g 的小球自弹射器中射出，求小球离开弹射器筒口时的速度。

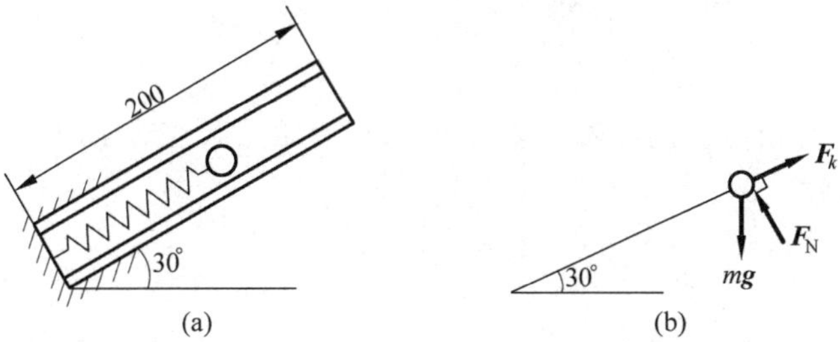

图　8.22

解　小球受力如图 8.22(b)所示。

弹簧的刚度系数为

$$k=\frac{F}{l}=\frac{2}{0.01}\ \text{N/m}=200\ \text{N/m}$$

在弹射的过程中弹力做的功

$$W_1=\frac{k}{2}(\delta_1^2-\delta_2^2)=\frac{200}{2}\times(0.1^2-0)\ \text{J}=1\ \text{J}$$

重力做的功

$$W_2=mg\sin30^\circ(0.1-0.2)=-0.0147\ \text{J}$$

小球初始动能

$$T_1=0$$

小球到筒口时的动能

$$T_2=\frac{1}{2}mv^2$$

由动能定理得

$$T_2-T_1=W_1+W_2$$

将 T_1、T_2、W_1 和 W_2 的表达式代入上式得

$$\frac{1}{2}mv^2=0.9853$$

解得

$$v=8.1\ \text{m/s}$$

8.4.4　质点系的动能定理

设质点系由 n 个质点组成，其中任意一质点质量为 m_i，速度为 $\boldsymbol{v}_i$，作用于该质点上的力为 $\boldsymbol{F}_i$。根据质点动能定理的微分形式得

$$\mathrm{d}\left(\frac{1}{2}m_i v_i^2\right)=\delta W_i,\quad i=1,2,\cdots,n$$

n 个方程相加，得

$$\sum_{i=1}^{n}\mathrm{d}\left(\frac{1}{2}m_i v_i^2\right)=\sum_{i=1}^{n}\delta W_i$$

交换微分及求和的次序，有

$$\mathrm{d}\left[\sum_{i=1}^{n}\left(\frac{1}{2}m_i v_i^2\right)\right]=\sum_{i=1}^{n}\delta W_i$$

式中，$\sum_{i-1}^{n}\frac{1}{2}m_i v_i^2$ 为质点系内各质点动能的和，称为质点系的动能，有

$$T=\sum_{i=1}^{n}\frac{1}{2}m_i v_i^2 \tag{8.47}$$

$\sum_{i=1}^{n}\delta W_i$ 为作用于质点系上所有力做的元功之和。由此得出质点系动能定理的微分形式：在质点系无限小的位移中，质点系动能的微分等于作用于质点系全部力所做的元功之和，即

$$\mathrm{d}T=\sum_{i=1}^{n}\delta W_i \tag{8.48}$$

对上式积分，得

$$T_2-T_1=W_{12} \tag{8.49}$$

式中，T_1 和 T_2 分别表示质点系在任意有限路程的运动中起点和终点的动能；W_{12} 表示质点系从起点到终点过程中所有力做功的代数和。

例 8.10 图 8.23(a)所示系统中，物体 A 的质量为 m_1，滑轮 B 和滚子 C 为均质圆盘，半径均为 r，质量均为 m_2，滚子形心与滑轮上边缘连线为水平线。设系统初始静止，求物体 A 下落距离 h 时的速度 v 与加速度 a。（绳重不计，绳不可伸长，滚子 C 作纯滚动，不计摩擦）

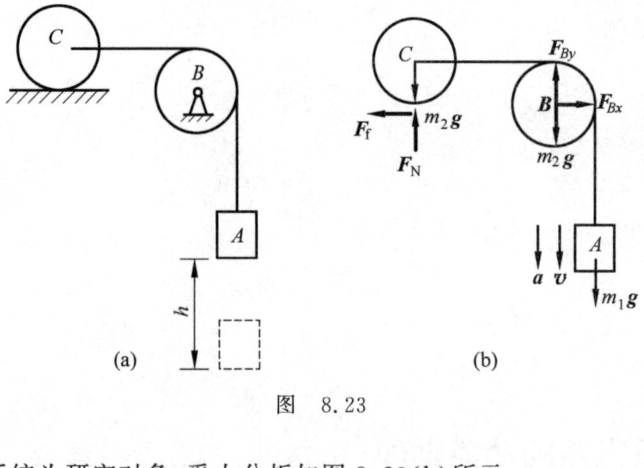

图 8.23

解 以整个系统为研究对象，受力分析如图 8.23(b)所示。

作用于系统的外力有 A、B、C 的重力，摩擦力 F_f，支持力 F_N，支座约束反力 F_{Bx}、F_{By}。只有 A 的重力做功，为

$$W_{12}=m_1gh$$

由于系统初始静止，初动能

$$T_1=0$$

系统末动能

$$T_2=T_A+T_B+T_C$$

物体 A 作平动，则

$$T_A=\frac{1}{2}m_1v^2$$

滑轮 B 作定轴转动，则

$$T_B=\frac{1}{2}J_B\omega_B^2$$

例 8.10 精讲

滚子 C 作平面运动，则

$$T_C=\frac{1}{2}m_2v_C^2+\frac{1}{2}J_C\omega_C^2$$

由 A、B、C 的运动关系

$$\omega_B=\frac{v}{r},\ v_C=v,\ \omega_C=\frac{v_C}{r}=\frac{v}{r}$$

得末动能

$$T_2=\frac{1}{2}(m_1+2m_2)v^2$$

根据动能定理得

$$T_2-T_1=W_{12}$$

即

$$\frac{1}{2}(m_1+2m_2)v^2=m_1gh \tag{a}$$

则有

$$v=\sqrt{\frac{2m_1gh}{m_1+2m_2}}$$

将式(a)两边同时对时间 t 求导(此时 h 为 t 的函数)得

$$2v\frac{\mathrm{d}v}{\mathrm{d}t}=\frac{2m_1g}{m_1+2m_2}\cdot\frac{\mathrm{d}h}{\mathrm{d}t}$$

根据 $a=\dfrac{\mathrm{d}v}{\mathrm{d}t}$，$v=\dfrac{\mathrm{d}h}{\mathrm{d}t}$，得

$$a=\frac{m_1g}{m_1+2m_2}$$

例 8.11 图 8.24 所示机构中，均质杆 AB 长为 l，质量为 2 m，两端分别与质量均为 m 的滑块铰接，两光滑直槽相互垂直。设弹簧刚度系数为 k，且当 $\theta=0°$时，弹簧为原长。若机构在 $\theta=60°$时无初速开始运动，试求当杆 AB 处于水平位置时的角速度和角加速度。

解 以系统为研究对象，运动过程中，B 滑块重力、杆的重力、弹簧做功。有

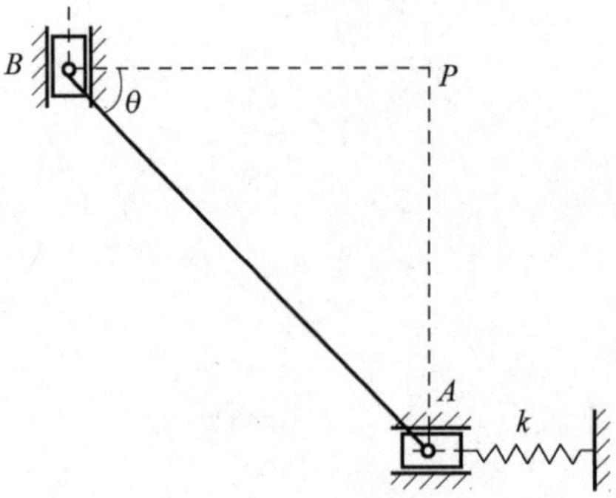

图　8.24

$$W_{12}=mgl(\sin60°-\sin\theta)+2mg\ \frac{l}{2}(\sin60°-\sin\theta)+\frac{k}{2}[(l-l\cos60°)^2-(l-l\cos\theta)^2]$$

滑块作平动、杆作平面运动。

系统初始时静止，初动能

$$T_1=0$$

运动过程中系统动能

$$T_2=\frac{1}{2}mv_A^2+\frac{1}{2}mv_B^2+\frac{1}{2}J_P\omega_{AB}^2$$

其中

$$v_A=l\sin\theta\omega_{AB},v_B=l\cos\theta\omega_{AB},J_P=\frac{2}{12}ml^2+\frac{2}{4}ml^2=\frac{2}{3}\ ml^2$$

系统动能简化为

$$T_2=\frac{1}{2}ml^2\omega_{AB}^2+\frac{1}{3}ml^2\omega_{AB}^2=\frac{5}{6}ml^2\omega_{AB}^2$$

根据动能定理得

$$T_2-T_1=W_{12}$$

有

$$\frac{5}{6}ml^2\omega_{AB}^2=2mgl\left(\frac{\sqrt{3}}{2}-\sin\theta\right)+\frac{k}{2}l^2\left[\frac{1}{4}-(1-\cos\theta)^2\right] \tag{a}$$

当 $\theta=0$ 时，$W_{12}=\sqrt{3}mgl+\frac{kl^2}{8}$。

代入式(a)得

$$\frac{5}{6}ml^2\omega_{AB}^2=\sqrt{3}mgl+\frac{kl^2}{8}$$

有

$$\omega_{AB}=\sqrt{\frac{6\sqrt{3}}{5l}g+\frac{3k}{20m}}=\sqrt{\frac{24\sqrt{3}mg+3lk}{20ml}}$$

将式(a)两边同时对时间 t 求导，得

$$\frac{5}{3}ml^2\omega_{AB}\alpha_{AB}=-2mgl\cos\theta\cdot\dot{\theta}-\frac{k}{2}l^2 2(1-\cos\theta)\sin\theta\cdot\dot{\theta} \tag{b}$$

式(b)中，$\dot{\theta}=-\omega_{AB}$(考虑到 θ 为顺时针方向)。当杆 AB 处于水平位置时，有 $\theta=0°$，代入式(b)，得

$$\alpha_{AB}=\frac{6g}{5l}$$

例 8.12　图 8.25 所示机构中，已知：均质圆盘的质量为 m、半径为 r，可沿水平面作纯滚动。刚度系数为 k 的弹簧一端固定于 B 点，另一端与圆盘中心 O 点相连。运动开始时，弹簧处于原长，此时圆盘的角速度为 ω。试求：(1)圆盘向右运动到达最右位置时，弹簧的伸长量；(2)圆盘到达最右位置时的角加速度 α 及圆盘与水平面间的摩擦力。

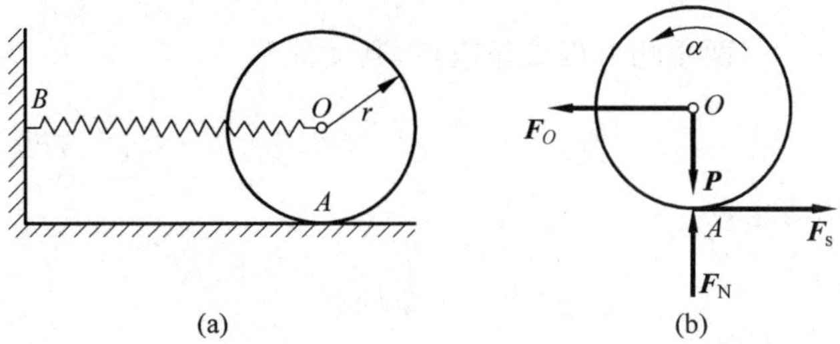

图　8.25

解　(1) 整个过程只有弹簧做功，设圆盘到达最右位置时，弹簧的伸长量为 δ，有

$$W_{12}=-\frac{1}{2}k\delta^2$$

圆盘作平面运动，则

$$T_1=\frac{3}{4}mr^2\omega^2,T_2=0$$

根据动能定理得

$$T_2-T_1=W_{12}$$

有

$$-\frac{3}{4}mr^2\omega^2=-\frac{1}{2}k\delta^2 \tag{a}$$

可得

$$\delta=\sqrt{\frac{3m}{2k}}r\omega$$

(2) 轮转过的角度 $\varphi=\delta/r$，将式(a)两边同时对时间 t 求导得

$$\frac{3}{2}mr^2\omega\alpha=kr^2\varphi\omega$$

解得

$$\alpha=\omega\sqrt{\frac{2k}{3m}}$$

由图(b)可得 $J_O\alpha=F_sr$，因此

$$F_s=r\omega\sqrt{\frac{km}{6}}$$

例 8.13　参考例 8.8，两个质量分别为 m_1、m_2 的重物分别系在绳子的两端，如图 8.13 所示。两绳分别绕在半径为 r_1、r_2 并固结在一起的两鼓轮上，设两鼓轮对 O 轴的转动惯量

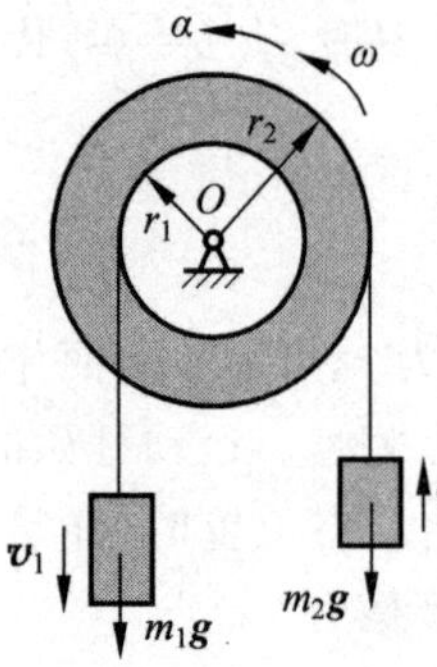

图 8.26

为 J_O,重为 P,用动能定理求鼓轮的角加速度。

解 以该系统为研究对象,如图 8.26 所示。

假设鼓轮绕 O 轴逆时针转过 φ 角,运动过程中,两重物重力做功的代数和为

$$W_{12}=m_1gh_1-m_2gh_2=(m_1gr_1-m_2gr_2)\varphi$$

系统初始动能

$$T_1=0$$

转过 φ 角,系统动能

$$T_2=T_{m1}+T_{m2}+T_{鼓}$$

两重物可以看作质点,其动能为

$$T_{m1}=\frac{1}{2}m_1v_1^2,\quad T_{m2}=\frac{1}{2}m_2v_2^2$$

鼓轮作定轴转动,其动能为

$$T_{鼓}=\frac{1}{2}J_O\omega^2$$

补充运动学方程

$$v_1=\omega r_1,\quad v_2=\omega r_2$$

可将系统动能表示为

$$T_2=\left(\frac{1}{2}m_1r_1^2+\frac{1}{2}m_2r_2^2+\frac{1}{2}J_O\right)\omega^2$$

根据动能定理得

$$T_2-T_1=W_{12}$$

将 T_1、T_2、W_{12} 的表达式代入得

$$\left(\frac{1}{2}m_1r_1^2+\frac{1}{2}m_2r_2^2+\frac{1}{2}J_O\right)\omega^2=(m_1gr_1-m_2gr_2)\varphi \tag{a}$$

将式(a)两边同时对 t 求导,得

$$(m_1r_1^2+m_2r_2^2+J_O)\omega\cdot\frac{d\omega}{dt}=(m_1gr_1-m_2gr_2)\frac{d\varphi}{dt}$$

其中 $\omega=\frac{d\varphi}{dt}$,$\alpha=\frac{d\omega}{dt}$,可得

$$\alpha=\frac{m_1r_1-m_2r_2}{J_O+m_1r_1^2+m_2r_2^2}g$$

例 8.14 一行星齿轮传动机构放在水平面内,如图 8.27 所示。动齿轮半径为 r,重 P,视为均质圆盘;曲柄重 Q,长 l,其上作用一力偶矩 M(常量),曲柄由静止开始转动。求曲柄的角速度(以转角 φ 的函数表示)和角加速度。

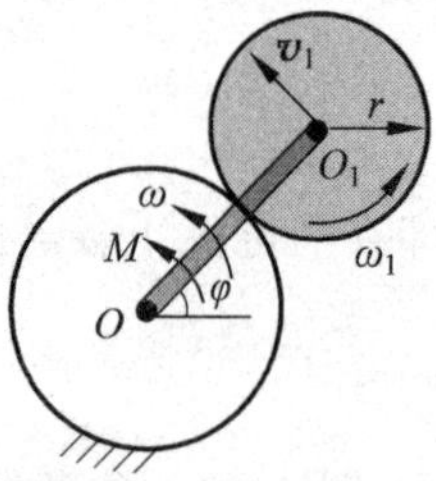

图 8.27

解 取整个系统为研究对象,系统转过 φ 角,常力偶矩做的功为

$$W_{12}=M\varphi$$

系统初始静止,初动能

$$T_1=0$$

转过 φ 角后，系统动能

$$T_2 = T_{杆} + T_{轮O_1}$$

杆 OO_1 作定轴转动，其动能为

$$T_{杆} = \frac{1}{2}J_O\omega^2 = \frac{1}{2}\cdot\frac{Q}{3g}l^2\omega^2$$

轮 O_1 作平面运动，其动能为

$$T_{轮O_1} = \frac{1}{2}J_P\omega_1^2 = \frac{1}{2}\cdot\frac{3P}{2g}r^2\omega_1^2$$

补充运动学方程

$$v_1 = \omega l = \omega_1 r$$

将系统动能表示为

$$T_2 = \frac{2Q+9P}{12g}l^2\omega^2$$

根据动能定理得

$$T_2 - T_1 = W_{12}$$

将 T_1、T_2 和 W_{12} 的表达式代入得

$$\frac{2Q+9P}{12g}l^2\omega^2 = M\varphi \tag{a}$$

将式(a)两边同时对 t 求导得

$$\frac{2Q+9P}{6g}l^2\omega\frac{\mathrm{d}\omega}{\mathrm{d}t} = M\frac{\mathrm{d}\varphi}{\mathrm{d}t}$$

其中$\frac{\mathrm{d}\omega}{\mathrm{d}t}=\alpha$，$\frac{\mathrm{d}\varphi}{\mathrm{d}t}=\omega$，可得

$$\alpha = \frac{6gM}{(2Q+9P)l^2}$$

习题

8.1 计算下列情况下各均质物体的动量及对 O 点的动量矩和动能。

(1) 质量为 m、长为 l 的杆以角速度 ω 绕 O 轴转动(见图(a))。

(2) 质量为 m、半径为 r 的圆盘以角速度 ω 绕 O 轴转动(见图(b))。

(3) 质量为 m、半径为 r 的圆轮在水平面上作纯滚动，质心 O 的速度为 v(见图(c))。

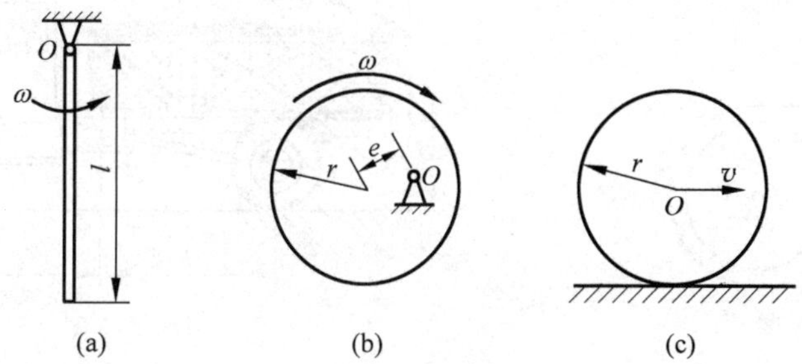

习题 8.1 图

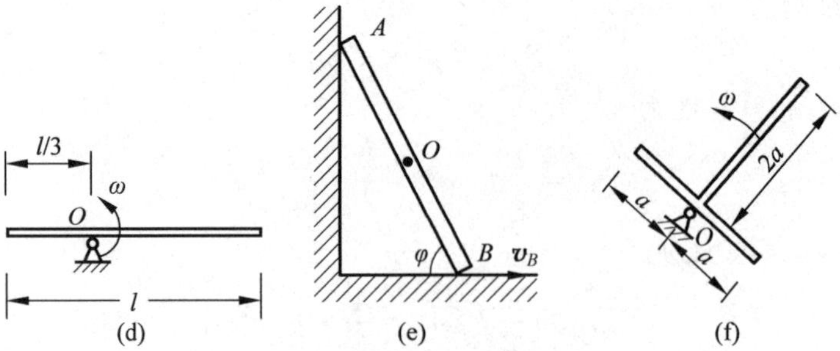

习题 8.1 图(续)

(4) 质量为 m、长为 l 的杆以角速度 ω 绕 O 轴转动(见图(d))。

(5) 均质细杆 AB 的质量为 m，长度为 l，质心为 O，放在铅直平面内，杆的一端 A 靠墙壁，另一端 B 沿地面运动。已知当杆对水平面的倾角 $\varphi=60°$时，B 端的速度为 v_B(见图(e))。

(6) 图示 T 形杆，质量为 m，杆长均为 $2a$，以角速度 ω 绕 O 轴转动(见图(f))。

8.2　一跳伞者质量为 60 kg，从停留在高空中的直升机中跳出，落下 100 m 后，将降落伞打开。设开伞前的空气阻力略去不计，伞重不计，开伞后所受的阻力不变，经 5 s 后跳伞者的速度减为 4.3 m/s。求阻力的大小。

8.3　如图所示，T 形均质杆 $OABC$ 以匀角速度 ω 绕 O 轴转动。已知 OA 杆的质量为 $2m$，长为 $2l$，BC 杆的质量为 m，长为 l，求 T 形杆在图示位置时动量的大小。

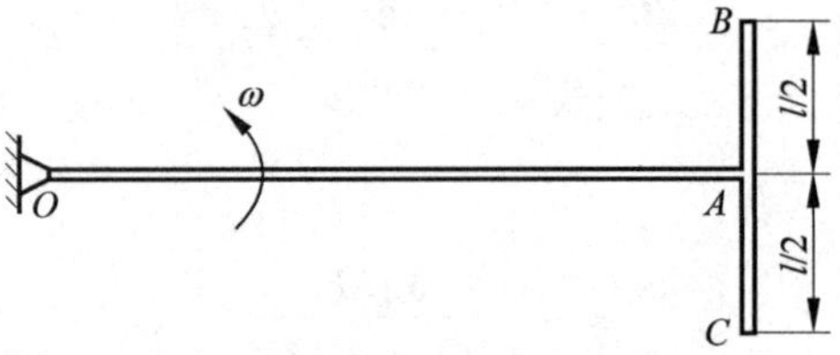

习题 8.3 图

8.4　如图所示为自动传送带运煤装置，已知运煤量恒为 $Q=20$ kg/s，传送带的速度恒为 $v=1.5$ m/s，试求传送带作用于煤块的水平总推力。

8.5　如图所示，质量为 m 的汽车以加速度 a 作水平直线运动。汽车重心 C 离地面高度为 h，汽车的前、后轮轴到重心垂线的距离分别等于 c 和 b。(1)求其前、后轮的正压力；(2)汽车应以多大的加速度行驶，方能使前、后轮的压力相等？

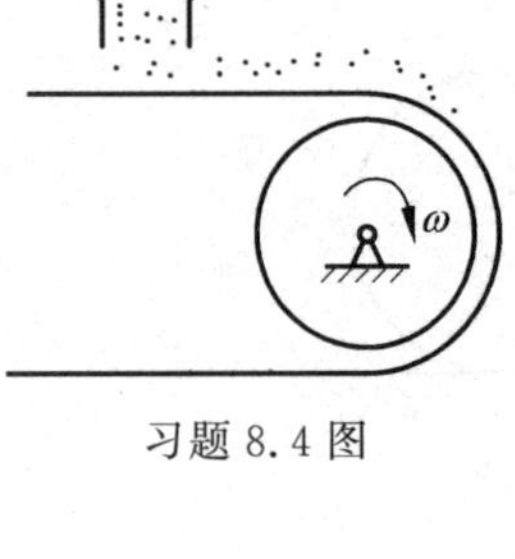

习题 8.4 图

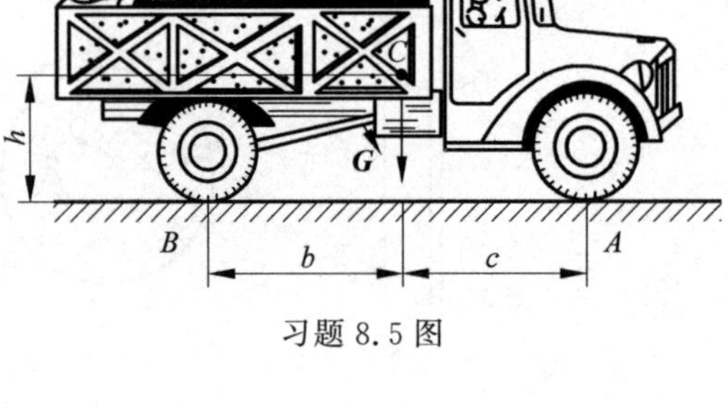

习题 8.5 图

8.6 如图所示，质量为 m_1 的平台 AB 放于水平面上，平台与水平面间的动摩擦因数为 f。质量为 m_2 的小车 D 由绞车拖动，相对于平台的运动规律为 $s=\frac{1}{2}bt^2$，其中 b 为已知常数。不计绞车的质量，求平台的加速度。

8.7 均质杆 AG 与 BG 由相同材料制成，在 G 点铰接，二杆位于同一铅垂面内，如图所示，已知 $AG=250$ mm，$BG=400$ mm。若 $GG_1=240$ mm 时，系统由静止释放，求当 A、B、G 在同一直线上时，A 与 B 两端点各自移动的距离。

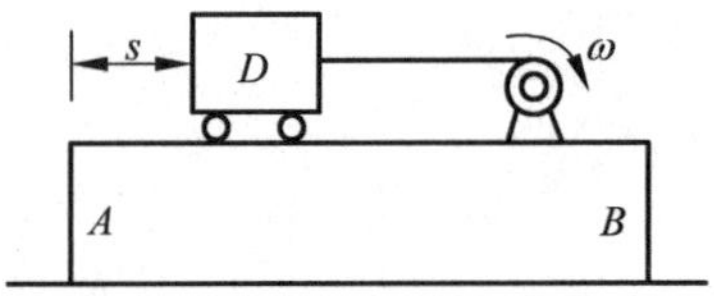

习题 8.6 图

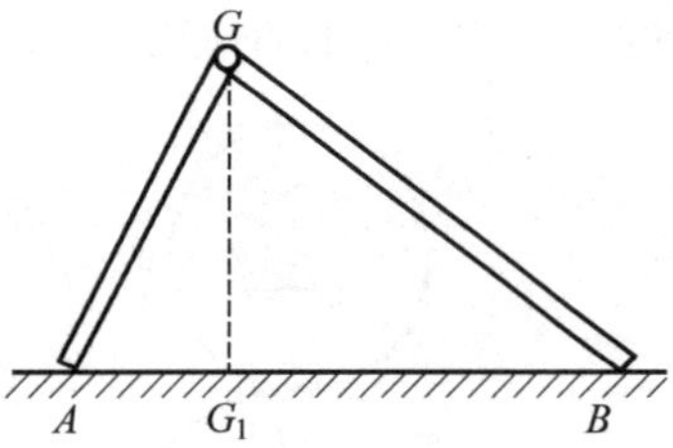

习题 8.7 图

8.8 在铅垂面内有质量为 m 的细铁环和质量为 m 的均质圆盘，分别如图(a)、(b)所示。当 OC 为水平时，由静止释放，求各自的初始角加速度及铰链 O 的约束反力。

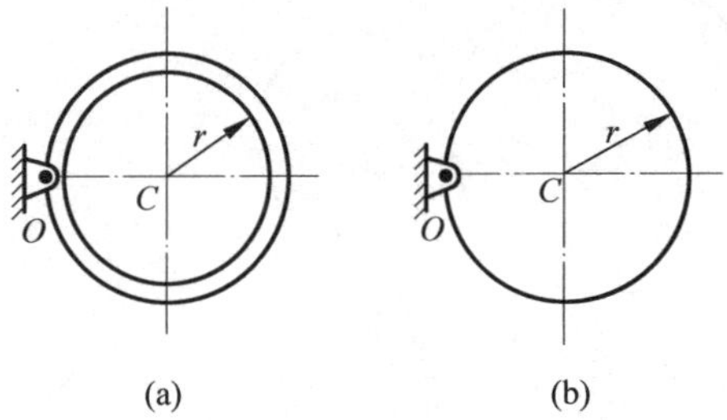

习题 8.8 图

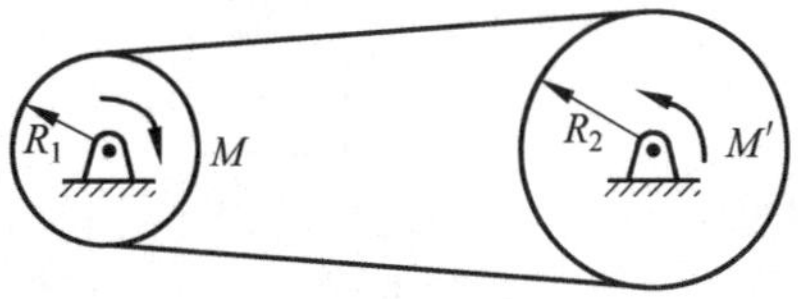

习题 8.9 图

8.9 图示两轮的半径各为 R_1 和 R_2，其质量各为 m_1 和 m_2，两轮以胶带相连接，各绕两平行的固定轴转动。如在第一个轮上作用矩为 M 的主动力偶，在第二个轮上作用矩为 M' 的阻力偶。轮可视为均质圆盘，胶带与轮间无滑动，胶带质量略去不计。求第一个轮的角加速度。

8.10 如图所示，质量 $m=50$ kg 的均质门板通过滚轮 A、B 悬挂于静止水平轨道上。现有水平力 $F=100$ N 作用于门上，求滚轮 A、B 处的反力(不计摩擦)及门板的加速度。

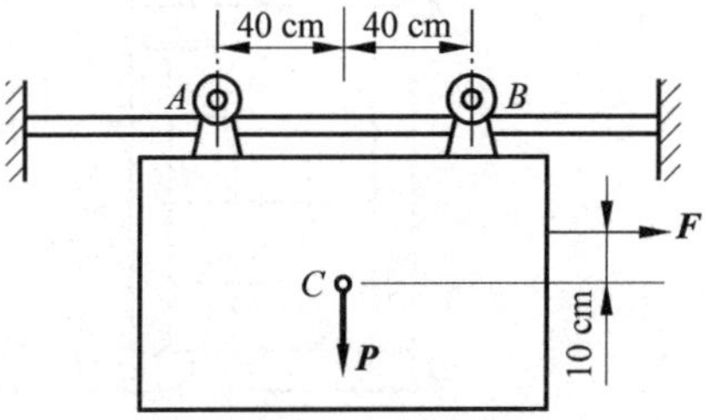

习题 8.10 图

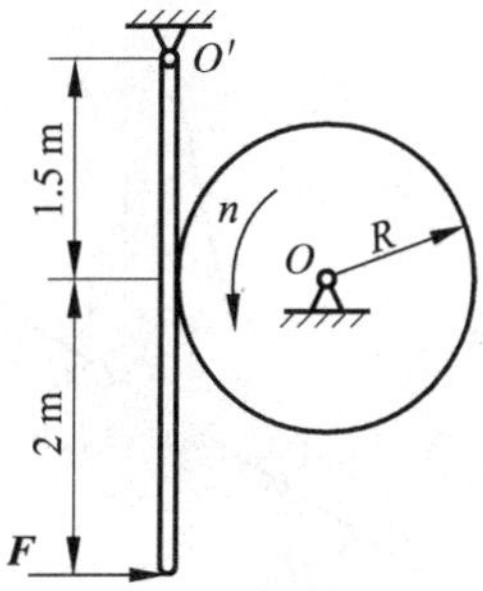

习题 8.11 图

8.11 如图所示，质量为 100 kg、半径为 1 m 的均质圆轮以转速 $n=120$ r/min 绕 O 轴转动。设有一常力 F 作用于闸杆，轮经 10 s 后停止转动。已知摩擦因数 $f=0.1$，求力 F 的大小。

8.12 如图所示，绞车提升一重为 P 的物体，其主动轴上作用一常力矩 M。已知主动轴 O_1 和从动轴 O_2 及其附件对各自转轴的转动惯量分别为 J_1 和 J_2，齿轮的传动比 $\frac{z_2}{z_1}=i$，吊索绕在半径为 R 的鼓轮上。略去轴承的摩擦和吊索的重量，试求重物的加速度。

8.13 两齿轮外啮合，它们的半径分别为 r_1 和 r_2，质量分别为 m_1 和 m_2，二齿轮均视为均质圆盘。当轮 O_1 以角速度 ω_1 转动时，求系统的动能。

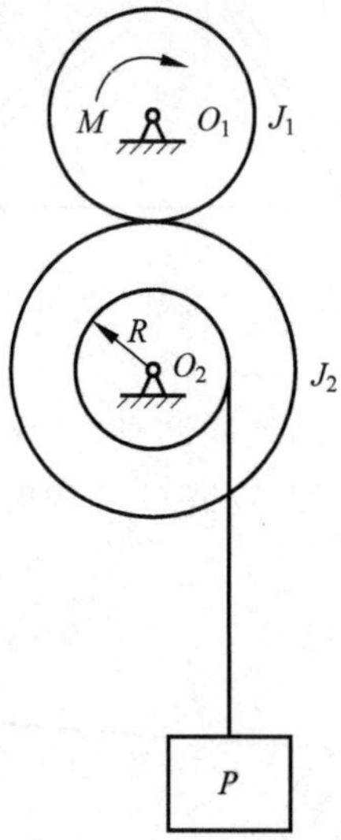

习题 8.12 图

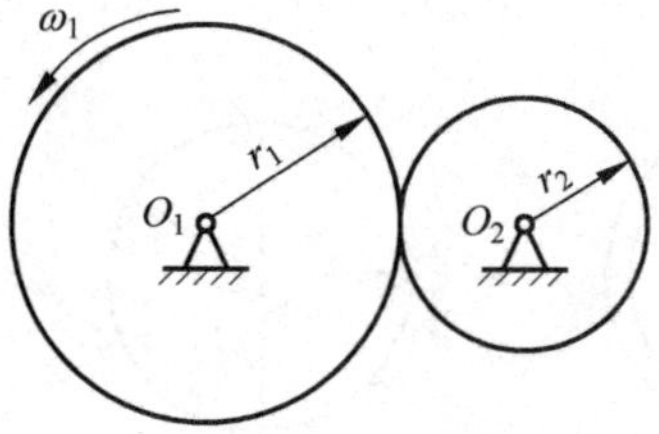

习题 8.13 图

8.14 如图所示，用跨过滑轮的绳子牵引质量为 2 kg 的滑块沿倾角为 30°的光滑斜面运动。设绳子拉力 $F_T=20$ N。计算滑块由位置 A 至位置 B 时，重力与拉力所做的总功。

8.15 如图所示一对称的矩形木箱，质量为 2000 kg，宽 1.5 m，高 2 m，如果使它绕棱边 C（转轴垂直于图面）翻倒，人最少要对它做多少功？

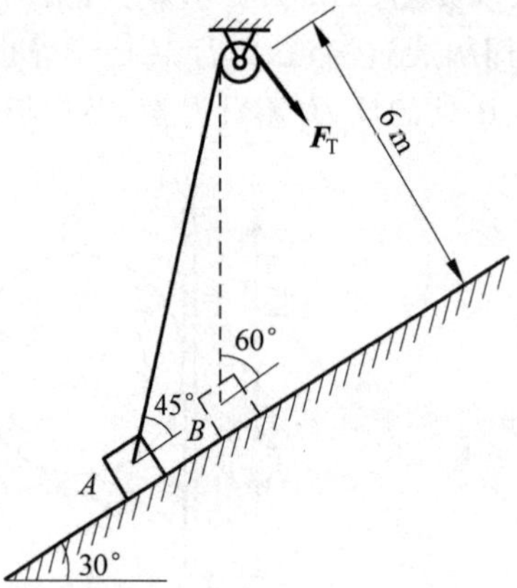

习题 8.14 图

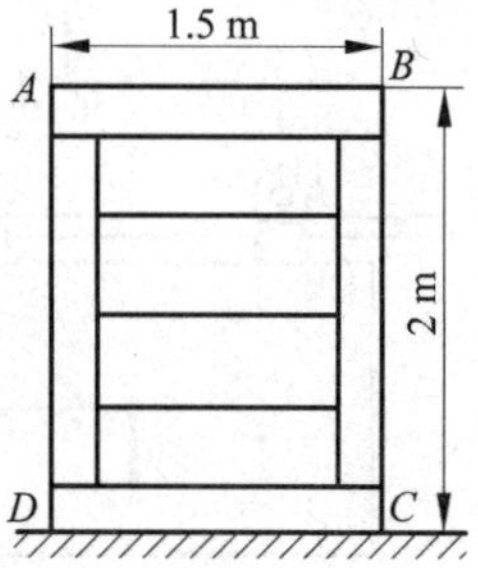

习题 8.15 图

8.16　一弹簧自然长度 $l_0=100$ mm，刚度系数 $k=0.5$ N/mm，一端固定在半径 $R=100$ mm 的圆周上，另一端由图示 B 点拉至 A 点，已知 $OC\perp BC$，OA 为直径，求弹簧弹性力所做的功。

8.17　质量为 10 kg 的物体在倾角 30°的斜面上无初速地滑下，滑过 $s=1$ m 后压在一弹簧上，使弹簧压缩 10 cm，设弹簧的刚度系数 $k=50$ N/cm，求重物与斜面间的摩擦因数。

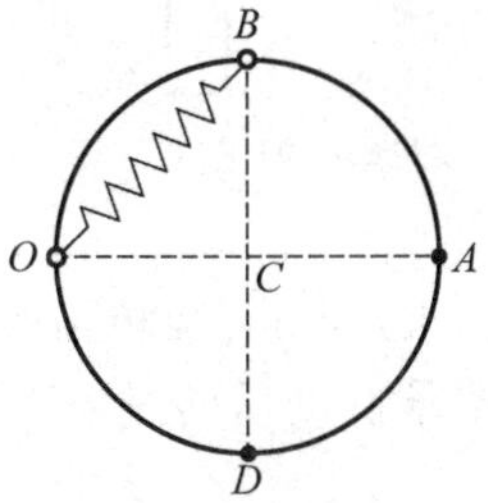

习题 8.16 图

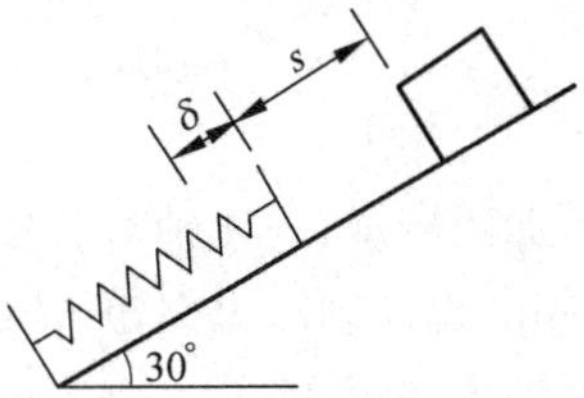

习题 8.17 图

8.18　如图所示，均质杆 OA 重为 P，长 l，可以绕通过其一端 O 的水平轴无摩擦地转动。欲使杆从铅垂位置转动到水平位置，试问必须给予 A 端以多大的水平初速？

8.19　图示系统，圆盘重力 $P=100$ N，半径 $r=10$ cm，盘心 A 与弹簧相联结，弹簧原长 $l_0=40$ cm，刚度系数 $k=20$ N/cm。开始时 OA 在水平位置，$OA=30$ cm，速度为零。弹簧质量不计，$OA'=35$ cm。求弹簧随圆盘在铅垂平面内沿弧形轨道作纯滚动至铅垂位置时，轮心的速度。

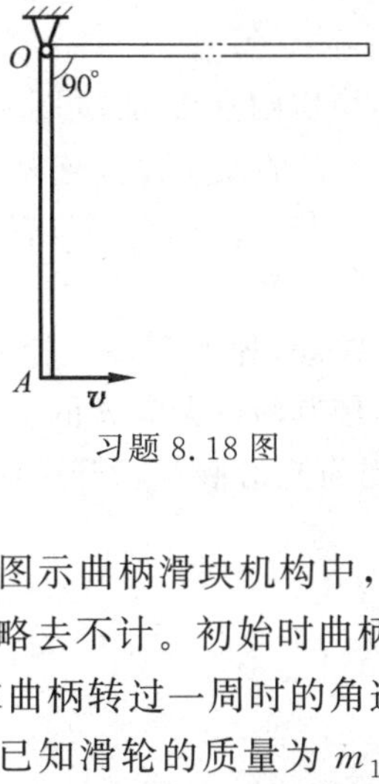

习题 8.18 图

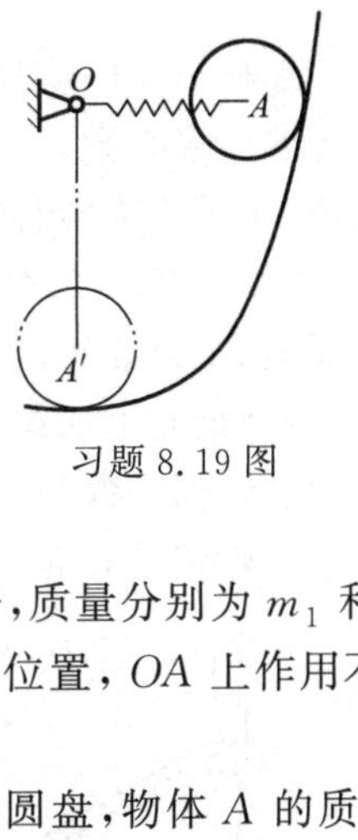

习题 8.19 图

8.20　图示曲柄滑块机构中，曲柄与连杆均视为均质杆，质量分别为 m_1 和 m_2，长均为 l，滑块质量略去不计。初始时曲柄 OA 静止，处于水平向右位置，OA 上作用不变的转动力偶矩 M。求曲柄转过一周时的角速度。

8.21　已知滑轮的质量为 m_1，可视作半径为 r 的均质圆盘，物体 A 的质量为 m_2。设系统从静止开始运动，绳索的质量和轴承中的摩擦不计。试求物体 A 下降 h 距离时的速度和加速度。

8.22　如图所示，冲击实验机的主要部分是一固定在杆上的钢锤 M，此杆可绕 O 轴转动，不计杆重，已知距离 $OM=1$ m。求 M 由最高位置 A 无初速地落至最低位置 B 时的速度。不计轴承摩擦。

8.23　如图所示，重 $P=980$ N 的小车以 $v_0=2$ m/s 的速度撞击到缓冲弹簧上，设弹簧的刚度系数 $k=900$ N/cm，试求弹簧的最大压缩量 δ_{max}。不计摩擦。

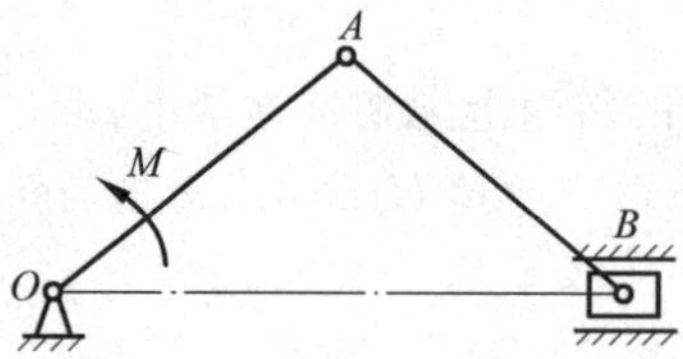

习题 8.20 图

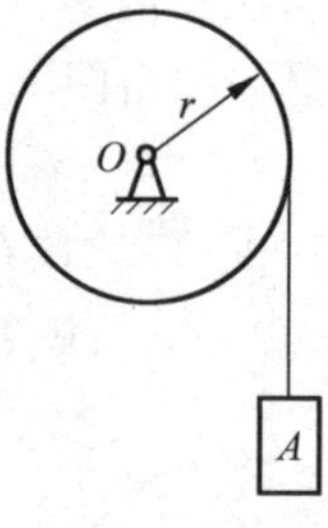

习题 8.21 图

8.24　如图所示，一飞轴对转轴 O 的转动惯量 $J_O=14\ \mathrm{kg\cdot m^2}$，绕转轴的转动速度为 $n=600\ \mathrm{r/min}$，现在制动力偶矩 M 的作用下予以制动，并要求制动后转过 $\varphi=270°$停止，试求所需的制动力偶矩 M。

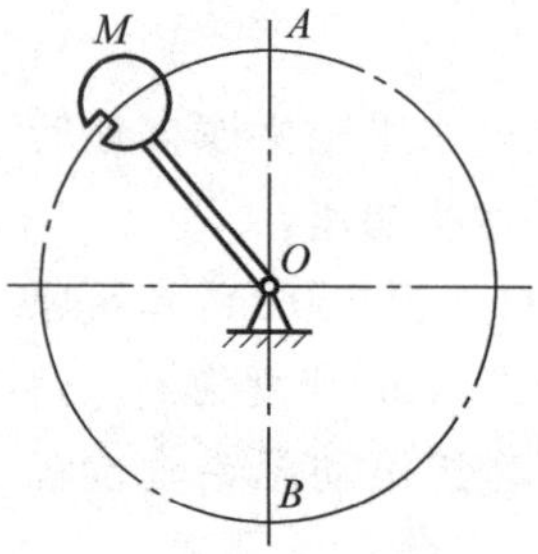

习题 8.22 图

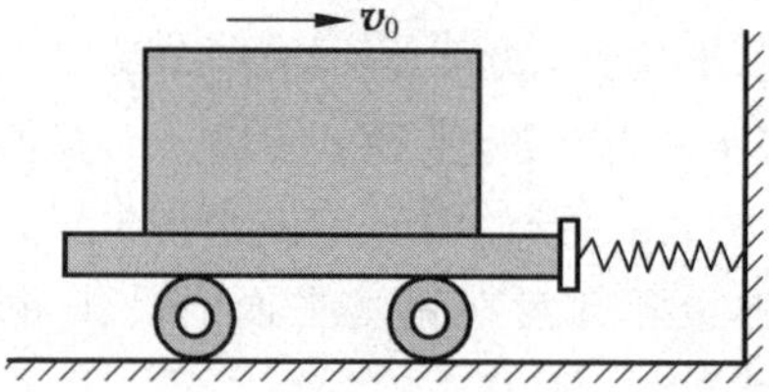

习题 8.23 图

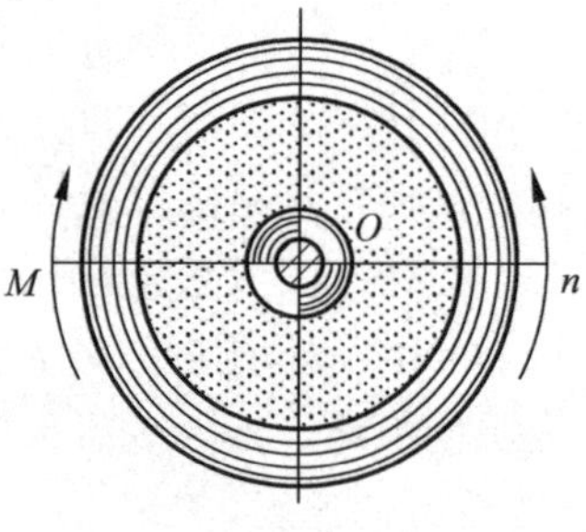

习题 8.24 图

8.25　均质连杆 AB 的质量为 4 kg，长 $l=600$ mm。均质圆盘 B 的质量为 6 kg，半径 $r=100$ mm。弹簧刚度系数 $k=2$ N/mm，不计套筒 A 及弹簧的质量。如连杆在图示位置被无初速释放后，A 端沿光滑杆滑下，圆盘作纯滚动，求：(1)当 AB 达水平位置而接触弹簧时，圆盘与连杆的角速度；(2)弹簧的最大压缩量 δ。

8.26　力偶矩 M 为常量，作用在绞车的鼓轮上，使轮转动，如图所示。轮的半径为 r，质量为 m_1。缠绕在鼓轮上的绳子系一质量为 m_2 的重物，使其沿倾角为 θ 的斜面上升。重物与斜面间的滑动摩擦因数为 f，绳子质量不计，鼓轮可视为光滑圆柱。开始时，此系统处于静止状态。求鼓轮转过 φ 角时的角速度和角加速度。

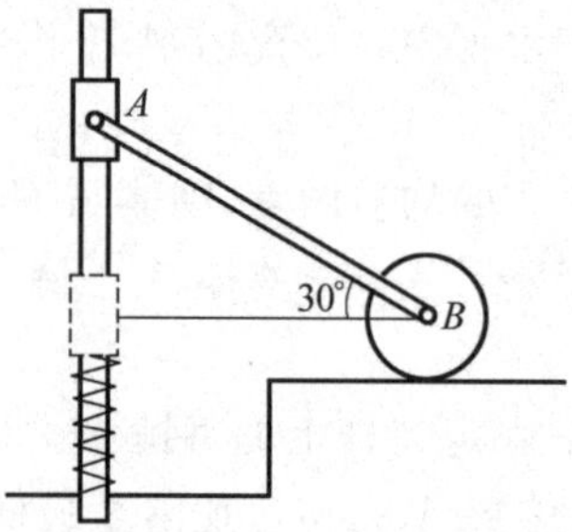

习题 8.25 图

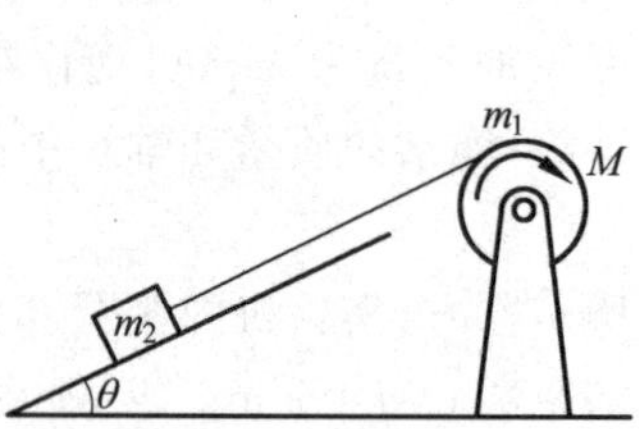

习题 8.26 图

8.27　图示带式运输机的轮 B 受恒力偶矩 M 作用，使胶带运输机由静止开始运动。

设被提升物体A的质量为m_1，轮B、轮C的半径均为r，质量均为m_2，并视为均质圆柱。运输机胶带与水平线成夹角θ，它的质量忽略不计，胶带与轮之间没有相对滑动。求物体A移动距离s时的速度和加速度。

8.28　均质细杆AB长l，质量为m_1，上端B靠在光滑的墙上，下端A以铰链与均质圆柱的中心相连。圆柱质量为m_2，半径为R，放在粗糙水平面上，自图示位置由静止开始滚动而不滑动，杆与水平线的夹角$\theta=45°$。求点A在初瞬时的加速度。

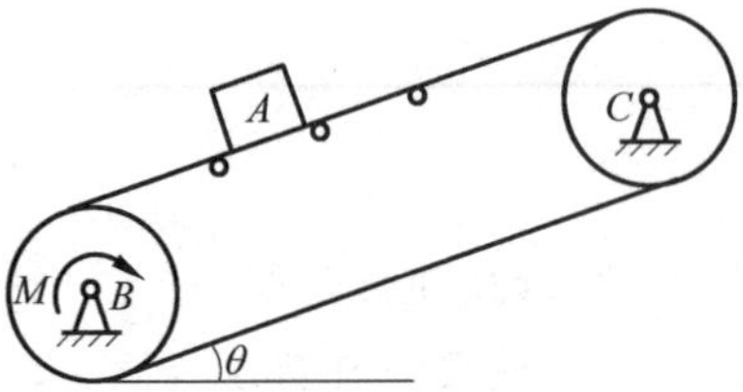

习题8.27图

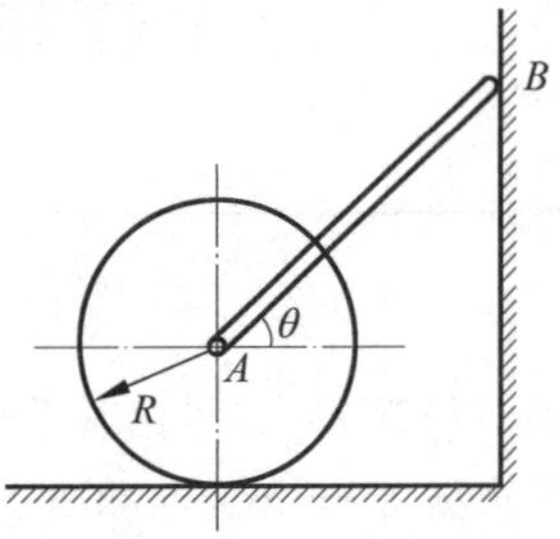

习题8.28图

8.29　椭圆机构由曲柄OC、规尺AB以及滑块A、B组成。已知曲柄OC长l，质量为m_1，规尺AB长$2l$，质量为$2m_1$，且曲柄和规尺均视作均质细杆，两滑块的质量都是m_2，整个机构被放在水平面内，并在曲柄上作用有常值力偶矩M，试求曲柄的角速度（以转角φ的函数表示）和角加速度，各处的摩擦不计。

8.30　质量为m、半径为r的均质圆盘绕轴O转动，盘上用一细绳系两重物，绳重不计且不可伸长，重物A、B的质量分别为m_1、m_2，且$m_1>m_2$。初始时系统静止，试用动能定理求出：当重物A下降距离h时，圆盘的角速度ω和角加速度α。

8.31　质量为m_1、长为l的均质杆OA绕水平轴O转动，杆的A端铰接一质量为m_2，半径为R的均质圆盘，初始时OA杆水平，杆和圆盘静止。试用动能定理求出：杆与水平线成θ角时，杆的角速度ω和角加速度α。

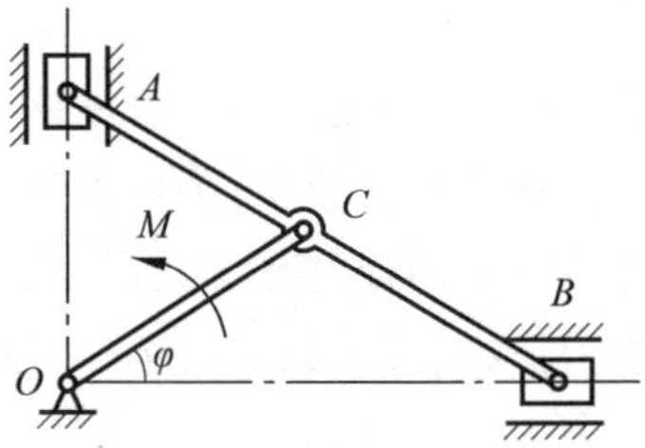

习题8.29图

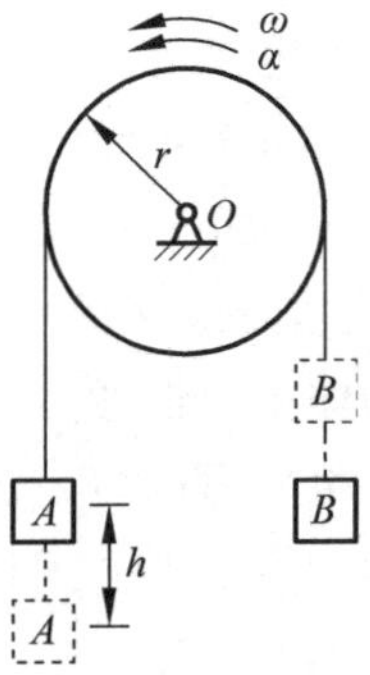

习题8.30图

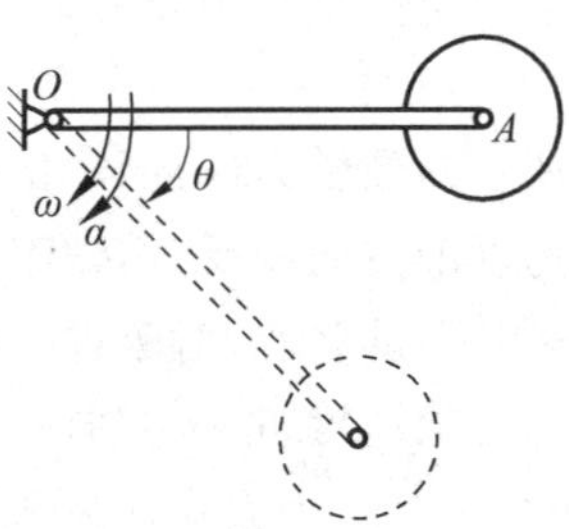

习题8.31图

第9章

达朗贝尔原理

达朗贝尔简介

达朗贝尔(1717—1783),法国著名数学家和力学家(达朗贝尔简介见二维码)。可利用达朗贝尔原理求解非自由质点和质点系的动力学问题,这是一种普遍方法。这种方法是通过引入惯性力的概念,用列平衡方程的方法求解动力学问题,即将事实上的动力学问题转换为形式上的静力学问题,因此也将这种处理问题的方法称为动静法。

达朗贝尔原理

9.1 惯性力和质点的达朗贝尔原理

假设质量为 m 的小车在工人的水平推力 $\boldsymbol{F}$ 作用下沿光滑的直线轨道运动(见图 9.1(a))。

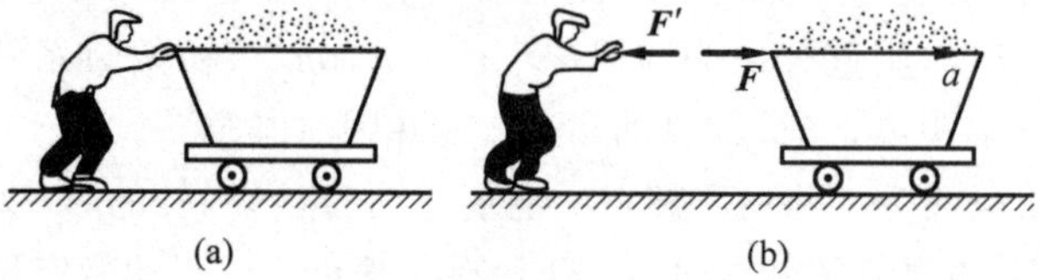

图 9.1

设小车的加速度为 $\boldsymbol{a}$,由牛顿第二定律可知 $\boldsymbol{F}=m\boldsymbol{a}$。根据作用力与反作用力定律,小车对人手的反作用力为 $\boldsymbol{F}'=-\boldsymbol{F}=-m\boldsymbol{a}$ (见图 9.1(b)),定义

$$\boldsymbol{F}_{\mathrm{I}}=-m\boldsymbol{a} \tag{9.1}$$

为质点的**惯性力**(inertia force)。惯性力的大小等于质点的质量与其加速度的乘积,方向与加速度的方向相反,但作用于施力物体上。惯性力产生的根源是小车具有惯性,力图保持其原来的运动状态,对手进行反抗而产生向后的力。链球运动员转动链球使其作圆周运动,球有向心加速度,这个力向外作用在运动员手上。正是通过这个力,我们感受到了物体运动的惯性,所以这个力就称为惯性力。

设质量为 m 的质点 M 受主动力 $\boldsymbol{F}$ 和约束反力 $\boldsymbol{F}_{\mathrm{N}}$ 的作用,沿曲线运动,产生加速度 $\boldsymbol{a}$ (见图 9.2)。根据牛顿第二定律,有

$$\boldsymbol{F}+\boldsymbol{F}_{\mathrm{N}}=m\boldsymbol{a}$$

将上式右端项移到等式左边,可得

$$\boldsymbol{F}+\boldsymbol{F}_{\mathrm{N}}-m\boldsymbol{a}=\boldsymbol{0}$$

将式(9.1)代入，则有

$$\boldsymbol{F}+\boldsymbol{F}_{\mathrm{N}}+\boldsymbol{F}_{\mathrm{I}}=\mathbf{0} \tag{9.2}$$

式(9.2)在形式上是一个平衡方程。上式表明：任一瞬时，作用于质点上的主动力、约束反力和虚加在质点上的惯性力在形式上组成平衡力系，这称为质点的达朗贝尔原理。

由于质点的惯性力并不作用于质点本身，而是假想地虚加在质点上的，质点受力实际上并不平衡。在质点上假想地再加上惯性力，只是为了借用静力学的方法求解动力学问题。式(9.2)实质上反映的仍然是动力学问题，但它提供了将动力学问题转化为静力学平衡问题的研究方法。式(9.2)中，惯性力 $\boldsymbol{F}_{\mathrm{I}}$ 与运动相关；$\boldsymbol{F}_{\mathrm{N}}$ 为约束反力(包括动反力)。在已知运动求约束反力的问题中，动静法往往十分方便。

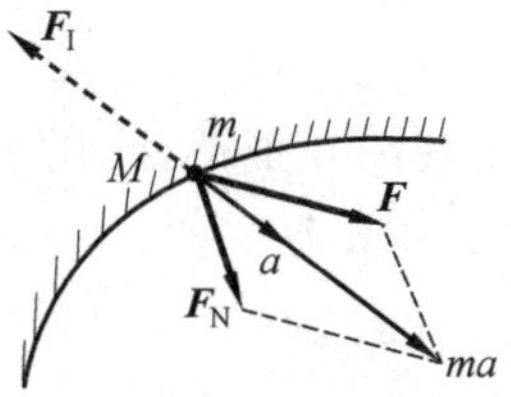

图　9.2

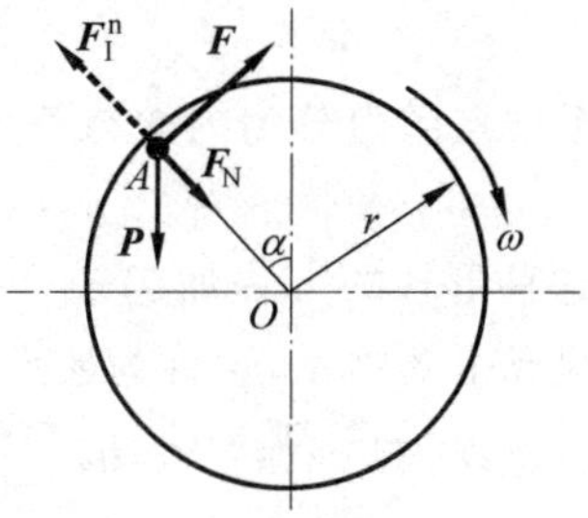

图　9.3

例 9.1　如图 9.3 所示，球磨机的滚筒以匀角速度 ω 绕水平轴 O 转动，内装钢球和需要粉碎的物料。钢球被筒壁带到具有一定高度的 A 处脱离筒壁，然后沿抛物线轨迹自由落下，从而击碎物料。设滚筒内壁半径为 r，试求脱离处径线 OA 与铅直线的夹角 α_1(脱离角)。

解　钢球脱离的条件是受筒壁的约束反力为零。因此，关键是确定钢球在一般位置时的法向约束反力 $\boldsymbol{F}_{\mathrm{N}}$。

(1) 取随着筒壁一起转动、尚未脱离筒壁的某个钢球为研究对象。

(2) 分析受力。钢球受到的外力有重力 $\boldsymbol{P}$、筒壁的法向约束反力 $\boldsymbol{F}_{\mathrm{N}}$ 和切向摩擦力 $\boldsymbol{F}$。

(3) 分析运动，虚加惯性力。钢球随着筒壁作匀速圆周运动，惯性力 $\boldsymbol{F}_{\mathrm{I}}$ 只剩法向惯性力分量 $\boldsymbol{F}_{\mathrm{I}}^{\mathrm{n}}$，大小为 $F_{\mathrm{I}}^{\mathrm{n}}=mr\omega^2$，将 $\boldsymbol{F}_{\mathrm{I}}^{\mathrm{n}}$ 假想地虚加到钢球上，如图 9.3 所示。

(4) 列出沿法线方向的平衡方程

$$\sum F_{\mathrm{n}}=0,\ F_{\mathrm{N}}+P\cos\alpha-F_{\mathrm{I}}^{\mathrm{n}}=0$$

解得

$$F_{\mathrm{N}}=P\left(\frac{r\omega^2}{g}-\cos\alpha\right)$$

因此，由 $F_{\mathrm{N}}=0$ 得钢球的脱离角为

$$\alpha_1=\arccos\left(\frac{r\omega^2}{g}\right)$$

(5) 讨论。

当 $\dfrac{r\omega^2}{g}=1$ 时，$\alpha_1=0$，钢球始终不脱离筒壁，无法击碎物料。钢球不脱离筒壁的角速度

$\omega_1=\sqrt{\dfrac{g}{r}}$，为了保证钢球在适当的角速度脱离筒壁，角速度需满足 $\omega<\omega_1$。

9.2 质点系的达朗贝尔原理及其应用

1. 质点系的达朗贝尔原理

设有 n 个质点组成的非自由质点系，任意质点 M_i，质量为 m_i，其加速度为 $\boldsymbol{a}_i$。在该质点上作用有主动力 $\boldsymbol{F}_i$，约束反力 $\boldsymbol{F}_{\mathrm{N}i}$。根据质点的达朗贝尔原理，如在质点 M_i 上假想地加上惯性力 $\boldsymbol{F}_{\mathrm{I}i}=-m\boldsymbol{a}_i$，则有

$$\boldsymbol{F}_i+\boldsymbol{F}_{\mathrm{N}i}+\boldsymbol{F}_{\mathrm{I}i}=\boldsymbol{0},\quad i=1,2,\cdots,n \tag{9.3}$$

也可将作用于每个质点的力分为内力与外力，则式(9.3)可写为

$$\boldsymbol{F}_i^{(\mathrm{e})}+\boldsymbol{F}_i^{(\mathrm{i})}+\boldsymbol{F}_{\mathrm{I}i}=\boldsymbol{0},\quad i=1,2,\cdots,n \tag{9.4}$$

将 n 个质点这种形式的方程加起来，内力成对出现相互抵消，作用于质点系上外力和惯性力在形式上组成平衡力系，这称为质点系的达朗贝尔原理。

因为内力成对出现，有 $\sum\boldsymbol{F}_i^{(\mathrm{i})}=\boldsymbol{0}$，$\sum M_O(\boldsymbol{F}_i^{(\mathrm{i})})=\boldsymbol{0}$，即

$$\left.\begin{aligned}&\sum F_i^{(\mathrm{e})}+\sum F_{\mathrm{I}i}=0\\&\sum M_O(F_i^{(\mathrm{e})})+\sum M_O(F_{\mathrm{I}i})=0\end{aligned}\right\} \tag{9.5}$$

对于空间力系，式(9.5)有3个轴的投影方程和力偶向3个轴的投影方程。对于平面力系，力系平衡条件为

$$\left.\begin{aligned}&\sum F_x=0\\&\sum F_y=0\\&\sum M_O(F_i)=0\end{aligned}\right\}$$

应用上式时，在确定研究对象后要正确分析系统上的主动力、约束反力，惯性力则要根据系统中的每一个质点的加速度来确定。

2. 刚体惯性力系的简化

应用达朗贝尔原理求解质点系的动力学问题时，从理论上讲，在每个质点上虚加上惯性力即可。但质点系中质点很多时计算非常困难，对于由无穷多质点组成的刚体更是不可能的。因此，对于刚体动力学问题，一般先用静力学中力系简化理论将刚体上的惯性力系向某一点简化，然后将简化结果直接虚加在刚体的简化中心上。

下面分别针对刚体作平动、定轴转动和平面运动三种情况，研究惯性力系的简化。

1）刚体作平动

刚体平动时，刚体上各点的加速度都相同，等于刚体质心的加速度 $\boldsymbol{a}_C$，惯性力系构成一个同向平行力系（见图9.4(a)）。质心 C 为简化中心，得惯性力系的主矢为

$$\boldsymbol{F}_{\mathrm{IR}}=\sum\boldsymbol{F}_{\mathrm{I}i}=\sum(-m_i\boldsymbol{a}_i)=-\boldsymbol{a}_C\sum m_i$$

设刚体质量为 $m=\sum m_i$，则

$$\boldsymbol{F}_{\mathrm{IR}}=-m\boldsymbol{a}_C \tag{9.6}$$

惯性力系对质心 C 的主矩为

$$\boldsymbol{M}_{\mathrm{IC}}=\sum\boldsymbol{M}(\boldsymbol{F}_{\mathrm{I}i})=\sum\boldsymbol{r}_i\times(-m_i\boldsymbol{a}_i)=-\left(\sum m_i\boldsymbol{r}_i\right)\times\boldsymbol{a}_i$$

式中 $\boldsymbol{r}_i$ 为质点 M_i 相对于质心 C 的矢径，由质心矢径表达式 $\boldsymbol{r}_C=\sum m_i\boldsymbol{r}_i/m$ 知

$$\sum m_i\boldsymbol{r}_i=m\boldsymbol{r}_C$$

式中 $\boldsymbol{r}_C$ 为质心的矢径，由于质心 C 为简化中心，$\boldsymbol{r}_C=\boldsymbol{0}$，因此有

$$\boldsymbol{M}_{\mathrm{IC}}=-m\boldsymbol{r}_C\times\boldsymbol{a}_C=\boldsymbol{0}$$

以上分析表明：刚体作平动时，惯性力系向质心 C 简化得到一个力 $\boldsymbol{F}_{\mathrm{IR}}=-m\boldsymbol{a}_C$，其大小等于刚体的质量与质心加速度的乘积，方向与质心加速度的方向相反(见图 9.4(b))。

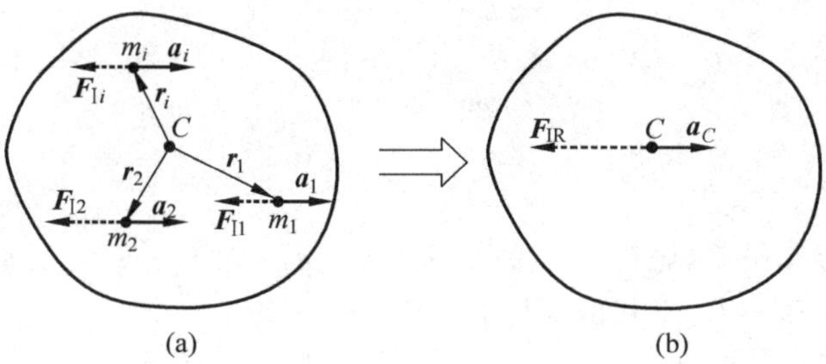

图 9.4

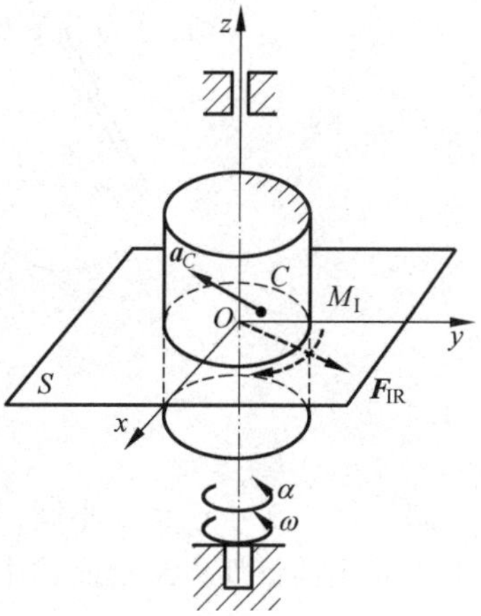

图 9.5

2）刚体作定轴转动

工程中大多数的转动物体具有与转轴垂直的质量对称平面，例如圆轴、齿轮、圆盘等。如图 9.5 所示圆轴，其质量对称平面为 S，则该刚体的惯性力系可简化为在质量对称面 S 内的平面力系。为了方便，将坐标轴 x、y 取在对称平面 S 内，简化中心选质量对称面 S 与转轴的交点 O，得到主矢和主矩

$$\begin{aligned}\boldsymbol{F}_{\mathrm{IR}}&=-m\boldsymbol{a}_C\\M_{\mathrm{IO}z}&=-J_z\alpha\end{aligned}\tag{9.7}$$

主矢方向与质心加速度 $\boldsymbol{a}_C$ 方向相反，主矩与角加速度 α 的转向相反。

3）刚体作平面运动

仍然讨论具有质量对称平面的刚体，且刚体平行于对称平面作平面运动的情况。此时，刚体惯性力系可简化为在对称平面内的平面力系。刚体的平面运动可分解为随质心 C 的平动和相对于质心 C 的转动。设刚体质心的加速度为 $\boldsymbol{a}_C$，刚体转动的角加速度为 $\boldsymbol{\alpha}$，将惯性力系向质心 C 简化(见图 9.6)，可得惯性主矢和主矩分别为

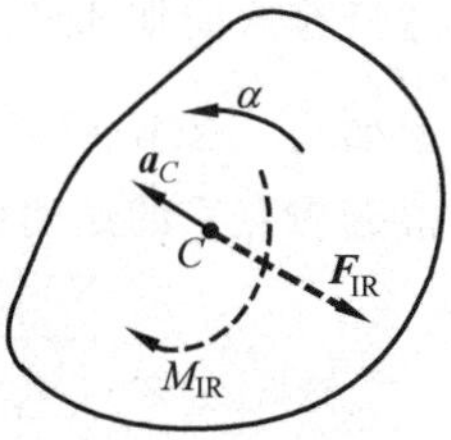

图 9.6

$$\boldsymbol{F}_{\mathrm{IR}}=-m\boldsymbol{a}_C$$
$$M_{\mathrm{IC}}=-J_C\alpha \tag{9.8}$$

式中负号分别表示惯性力的主矢和主矩分别与刚体质心 C 的加速度方向和刚体角加速度的转向相反。其中,J_C 为刚体对过质心 C 且垂直于对称平面的转轴的转动惯量。

应用达朗贝尔原理求解刚体动力学问题时,首先应根据题意选取研究对象,分析其所受的外力,画出受力图;然后再根据刚体的运动方式在受力图上虚加惯性力系简化;最后根据达朗贝尔原理列平衡方程求解未知量。下面举例说明达朗贝尔原理的应用。

例 9.2 参考例 5.1,质量为 M 的平板,质心在 C 处,与曲柄 OA、DB 铰接,$OA/\!/DB$,$OA=DB=R$,两曲柄的质量不计。图示瞬时曲柄 OA 的角速度为 ω,角加速度为 α。试求平板的惯性力系的简化结果,并在图上标出其方向。

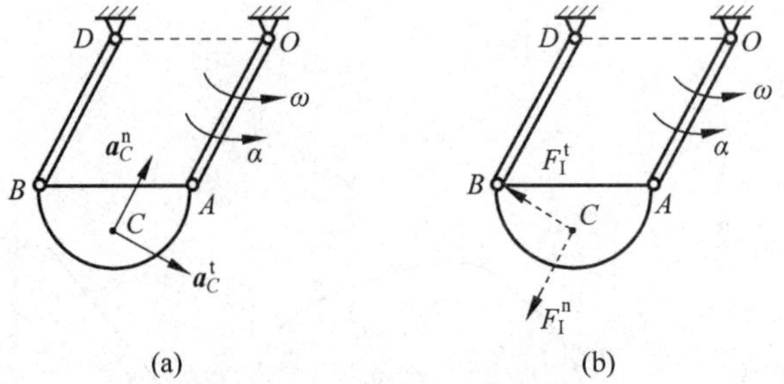

图 9.7

解 例 5.1 中已说明半圆形平板作平动,画出 C 点的加速度 $\boldsymbol{a}_C^{\mathrm{t}}$、$\boldsymbol{a}_C^{\mathrm{n}}$,如图 9.7(a)所示。

平动刚体惯性力系的简化中心为质心 C,平板的惯性力系简化为

$$F_{\mathrm{I}}^{\mathrm{n}}=ma_C^{\mathrm{n}}=m\omega^2R$$
$$F_{\mathrm{I}}^{\mathrm{t}}=ma_C^{\mathrm{t}}=m\alpha R$$

惯性力方向如图 9.7(b)所示。

当图中 $F_{\mathrm{I}}^{\mathrm{n}}$、$F_{\mathrm{I}}^{\mathrm{t}}$ 的方向与相应的法向加速度和切向加速度相反时,写大小就不再需要加负号。

例 9.3 如图 9.8(a)所示,已知:长为 $2l$ 的无重杆 CD,两端各固结重为 P 的小球,杆的中点与铅垂轴 AB 固结,夹角为 θ。轴 AB 以匀角速度 ω 转动,轴承 A、B 间的距离为 h。求轴承 A、B 的约束反力。

解 取系统整体为研究对象。受力分析:系统受两小球各为重力 $\boldsymbol{P}$,轴承 A 的约束反力 $\boldsymbol{F}_{Ax}$、$\boldsymbol{F}_{Ay}$,轴承 B 的约束反力 $\boldsymbol{F}_{Bx}$。运动分析:虚加惯性力,轴 AB 以匀角速度 ω 转动,两小球只有法向加速度,$a_C=a_D=a_{\mathrm{n}}=l\omega^2\sin\theta$,惯性力大小为 $F_{\mathrm{IC}}=F_{\mathrm{ID}}=\dfrac{P}{g}l\omega^2\sin\theta$,虚加惯性力如图 9.8(b)所示。

根据质点系的达朗贝尔原理,列出三个平衡方程:

$$\sum F_x=0,F_{Ax}+F_{Bx}+F_{\mathrm{ID}}-F_{\mathrm{IC}}=0$$
$$\sum F_y=0,F_{Ay}-2P=0$$
$$\sum M_A(\boldsymbol{F})=0,-F_{Bx}\cdot h-2\left(\frac{P}{g}l\omega^2\sin\theta\right)l\cos\theta=0$$

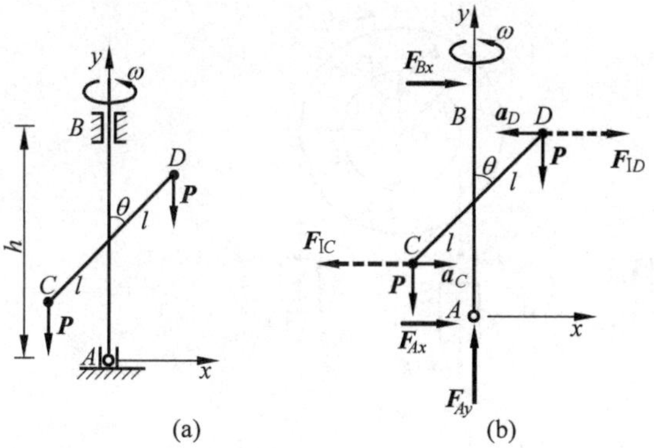

(a)　(b)

图 9.8

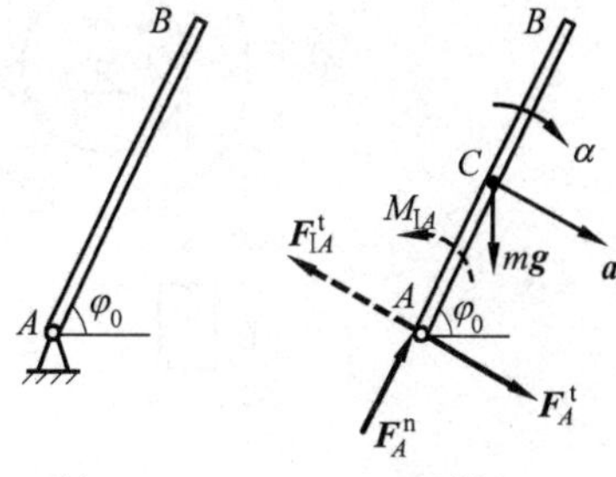

(a)　(b)

图 9.9

解得

$$F_{Ax}=-F_{Bx}=\frac{Pl^2\omega^2}{gh}\sin 2\theta, F_{Ay}=2P$$

例 9.4　图 9.9(a)所示均质杆长 l，质量 m，与水平面铰接，杆由与水平面成角 φ_0 位置静止释放。求：刚开始转动时杆 AB 的角加速度及 A 点支座反力。

例 9.4 精讲

解　受力分析：杆 AB 受到重力 $P=mg$，支座 A 的反力 $\boldsymbol{F}_A^n$、$\boldsymbol{F}_A^t$。运动分析：杆 AB 绕 A 定轴转动，开始释放时其角速度 $\omega=0$，角加速度 $\alpha\neq 0$，质心 C 点的加速度为 a_C^t，方向垂直于杆 AB。惯性力系向 A 点简化，得到一个力 $F_{IA}^t=\frac{ml\alpha}{2}$和一个力偶 $M_{IA}=J_A\alpha=\frac{ml^2}{3}\alpha$，方向如图 9.9(b)所示。根据质点系的达朗贝尔原理，列出三个平衡方程：

$$\sum F_n=0, F_A^n-mg\sin\varphi_0=0$$

$$\sum F_t=0, F_A^t+mg\cos\varphi_0-F_{IA}^t=0$$

$$\sum M_A(\boldsymbol{F})=0, -mg\cos\varphi_0\, l/2+M_{IA}=0$$

解得

$$F_A^n=mg\sin\varphi_0,\ F_A^t=\frac{mg}{4}\cos\varphi_0,\ \alpha=\frac{3g}{2l}\cos\varphi_0$$

例 9.5　参考例 8.8，两个质量分别为 m_1、m_2 的重物分别系在绳子的两端，如图 8.13 所示。两绳分别绕在半径为 r_1、r_2 并固结在一起的两鼓轮上，设两鼓轮对 O 轴的转动惯量为 J_O，重为 P，试用达朗贝尔原理求鼓轮的角加速度和轴承的约束反力。

解　取系统为研究对象，假设鼓轮角加速度 α 为逆时针方向，重物 m_1 的加速度 a_1 向下，重物 m_2 的加速度 a_2 向上，且

$$a_1=\alpha r_1,\quad a_2=\alpha r_2$$

在每一个刚体上分别虚拟地加上 F_{I1}、F_{I2}、M_{IO}，且

$$F_{I1}=m_1a_1=m\alpha r_1$$

$$F_{I2}=m_2a_2=m\alpha r_2$$

$$M_{IO}=J_O\alpha$$

如图 9.10(a)所示。

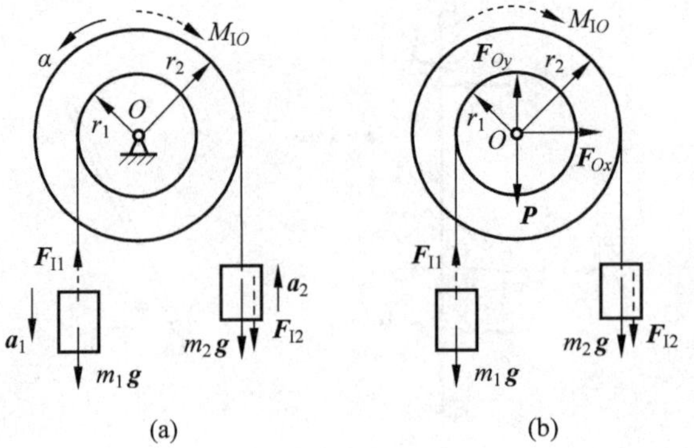

图 9.10

对系统进行受力分析，画上主动力 $m_1\boldsymbol{g}$、$m_2\boldsymbol{g}$、$\boldsymbol{P}$ 和约束反力 $\boldsymbol{F}_{Ox}$、$\boldsymbol{F}_{Oy}$，如图 9.10(b)所示。

根据动静法，列平衡方程：

$$\sum F_x=0,\quad F_{Ox}=0$$

$$\sum F_y=0,\quad F_{Oy}-P-m_1g-m_2g+F_{I1}-F_{I2}=0$$

$$\sum M_O(\boldsymbol{F})=0,\quad -M_{IO}+m_1gr_1-F_{I1}r_1-m_2gr_2-F_{I2}r_2=0$$

解得

$$F_{Ox}=0,\quad F_{Oy}=(m_1+m_2)g+P-\frac{(m_1r_1-m_2r_2)^2}{J_O+m_1r_1^2+m_2r_2^2}g$$

$$\alpha=\frac{m_1r_1-m_2r_2}{J_O+m_1r_1^2+m_2r_2^2}$$

例 9.6 曲柄连杆机构如图 9.11(a)所示。已知曲柄 OA 长为 r，连杆 AB 长为 l，质量为 m，连杆质心 C 的加速度为 a_{Cx} 和 a_{Cy}，连杆的角加速度为 α。试求图示瞬时，曲柄销 A 和光滑导板 B 的约束反力(滑块重量不计)。

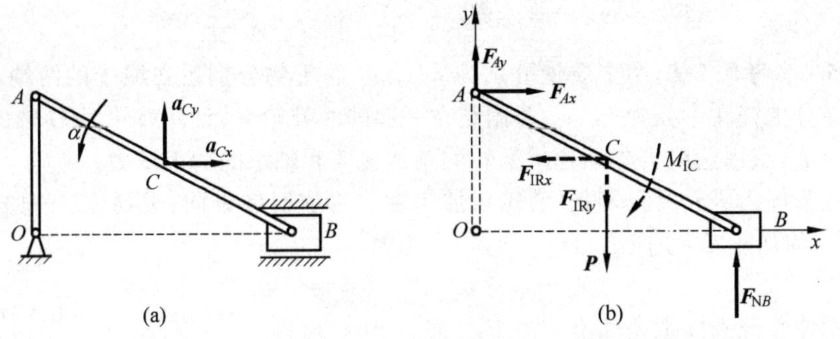

图 9.11

解 受力分析：取连杆 AB 和滑块 B 为研究对象。其上作用有重力 $\boldsymbol{P}$，约束反力 $\boldsymbol{F}_{Ax}$、$\boldsymbol{F}_{Ay}$ 和 $\boldsymbol{F}_{NB}$。运动分析：连杆作平面运动，惯性力系向质心 C 简化得到一个力和一个力偶，

它们的方向如图 9.11(b)所示,大小分别为

$$F_{IRx}=ma_{Cx},\ F_{IRy}=ma_{Cy},\ M_{IC}=\frac{1}{12}ml^2\alpha$$

根据达朗贝尔原理,列平衡方程:

$$\sum F_x=0, F_{Ax}-F_{IRx}=0$$

$$\sum F_y=0, F_{Ay}+F_{NB}-P-F_{IRy}=0$$

$$\sum M_A(\boldsymbol{F})=0, F_{NB}\sqrt{l^2-r^2}-(P+F_{IRy})\frac{\sqrt{l^2-r^2}}{2}-F_{IRx}\frac{r}{2}-M_{IC}=0$$

解得

$$F_{NB}=\frac{m}{2}\left[g+a_{Cy}+\frac{1}{\sqrt{l^2-r^2}}\left(ra_{Cy}+\frac{l^2\alpha}{6}\right)\right]$$

$$F_{Ay}=\frac{m}{2}\left[g+a_{Cy}-\frac{1}{\sqrt{l^2-r^2}}\left(ra_{Cx}+\frac{l^2\alpha}{6}\right)\right]$$

$$F_{Ax}=ma_{Cx}$$

9.3 静平衡与动平衡

在高速转动的机械中,由于转子质量的不均匀性以及制造或安装误差,转子对于转轴常常产生偏心或偏角,从而引起轴的**振动**(vibration)和**轴承动反力**(bearing dynamic reaction)。这种动反力的极值有时会达到静反力的十倍以上。在工程中,为了消除轴承动反力,对转速较高的物体,如汽轮机转子、电动机转子等,要求转轴是中心惯性主轴,所以一般将它们设计成具有对称轴或有对称面,并且转轴是对称轴或通过质心并垂直于对称面。

刚体的转轴通过质心,且刚体除受到重力作用外,不受其他主动力的作用,则刚体在任何位置均能保持静止不动,这种现象称为**静平衡**(static equilibrium)。当刚体绕定轴转动时,不出现轴承动反力的现象称为**动平衡**(dynamic equilibrium)。保持静平衡的刚体不一定能达到动平衡,保持动平衡的刚体一定满足静平衡条件。

设刚体绕 AB 轴转动(见图 9.12),某瞬时的角速度为 ω,角加速度为 α。将作用于刚体上的主动力系和虚加于刚体上的惯性力系向转轴上任一点 O 简化,分别得力 $\boldsymbol{F}'_R$ 和 $\boldsymbol{F}_{IR}$,力偶矩矢 $\boldsymbol{M}_O$ 和 $\boldsymbol{M}_{IO}$,轴承 A、B 的约束反力如图 9.12 所示。

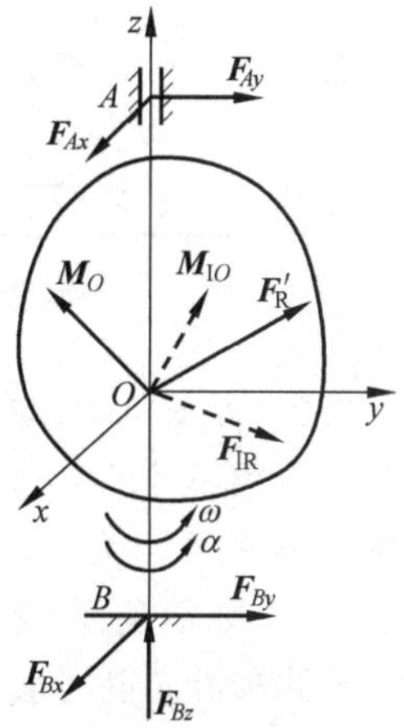

图 9.12

为求轴承反力,以 O 点为直角坐标系的原点,z 轴为转轴。根据达朗贝尔原理,可列出下列 6 个平衡方程:

$$\sum F_x=0, F_{Ax}+F_{Bx}+F'_{Rx}+F_{IRx}=0$$

$$\sum F_y=0, F_{Ay}+F_{By}+F'_{Ry}+F_{IRy}=0$$

$$\sum F_z=0, F_{Bz}+F'_{Rz}=0$$

$$\sum M_x(\boldsymbol{F})=0, F_{By}\cdot OB-F_{Ay}\cdot OA+M_{Ox}+M_{IOx}=0$$

$$\sum M_y(\boldsymbol{F})=0, -F_{Bx}\cdot OB+F_{Ax}\cdot OA+M_{Oy}+M_{IOy}=0$$

$$\sum M_z(\boldsymbol{F})=0, M_{Oz}+M_{IOz}=0$$

由前5个方程解得轴承反力：

$$\left.\begin{aligned}
F_{Ax}&=-\frac{1}{AB}[(M_{Oy}+F'_{Rx}\cdot OB)+(M_{IOy}+F_{IRx}\cdot OB)]\\
F_{Ay}&=\frac{1}{AB}[(M_{Ox}-F'_{Ry}\cdot OB)+(M_{IOx}-F_{IRy}\cdot OB)]\\
F_{Bx}&=\frac{1}{AB}[(M_{Oy}-F'_{Rx}\cdot OB)+(M_{IOy}-F_{IRx}\cdot OA)]\\
F_{By}&=-\frac{1}{AB}[(M_{Ox}+F'_{Ry}\cdot OB)+(M_{IOx}+F_{IRy}\cdot OA)]\\
F_{Bz}&=-F'_{Rz}
\end{aligned}\right\}\qquad(9.9)$$

由式(9.9)可知，由于惯性力系分布在垂直于转轴的各平面内，止推轴承沿 z 轴的反力 $\boldsymbol{F}_{Bz}$ 与惯性力无关；与 z 轴垂直的轴承反力 $\boldsymbol{F}_{Ax}$、$\boldsymbol{F}_{Ay}$、$\boldsymbol{F}_{Bx}$、$\boldsymbol{F}_{By}$ 由两部分组成，分别为由主动力引起的静反力和惯性力引起的动反力。

要使动反力等于零，必有

$$F_{IRx}=F_{IRy}=0 \quad 和 \quad M_{IOx}=M_{IOy}=0$$

要使惯性力系主矢等于零，必有 $\boldsymbol{a}_C=\boldsymbol{0}$，即转轴必通过质心；要使惯性力系对于 x 轴和 y 轴之矩等于零，必有 $J_{xz}=J_{yz}$，即刚体对于转轴的惯性积等于零。如果刚体对于通过 O 点的 z 轴的惯性积 J_{zx} 和 J_{yz} 等于零，则此 z 轴称为该点的惯性主轴，通过质心的惯性主轴称为中心惯性主轴。因此，避免出现轴承动反力的条件是：刚体的转轴应为刚体的中心惯性主轴。

习题

9.1 如图所示，重力为 P 的小方块 A 放在小车的斜面上，斜面的倾角为 θ，小方块与斜面间摩擦角为 φ。如小车开始向左作加速运动，试求小车的加速度 a 为何值时，小方块 A 不致沿斜面滑动。

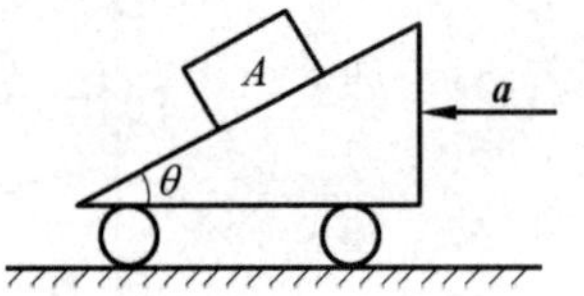

习题 9.1 图

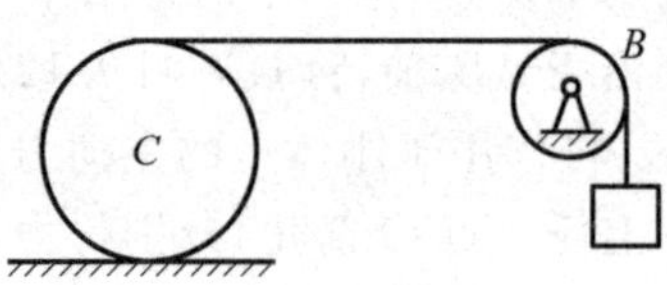

习题 9.2 图

9.2 如图所示，均质圆柱的重力 $P_1=200$ N，被绳拉住沿水平面滚动而不滑动，此绳跨过一自重不计的滑轮 B 并系一重物，重 $P_2=200$ N。求圆柱中心 C 的加速度 a_C。若均质滑轮 B 的重力为 $P_3=50$ N，a_C 又为多少？

9.3 如图所示，矩形块的质量为 $m_1=1000$ kg，置于平台车上；车的质量为 $m_2=50$ kg，此车沿光滑的水平面运动；车和矩形块一起由质量为 m_3 的物体牵引，使之作加速运动，设物块与车之间的摩擦力足够阻止相互滑动。求能使车加速前进而又不致使矩形块倾覆的最大 m_3 值，以及此时车的加速度大小。

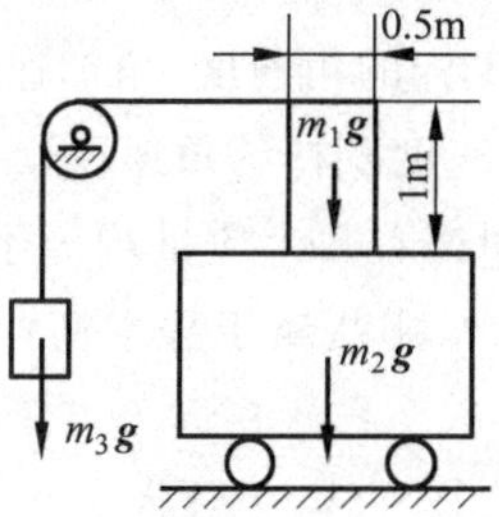

习题 9.3 图

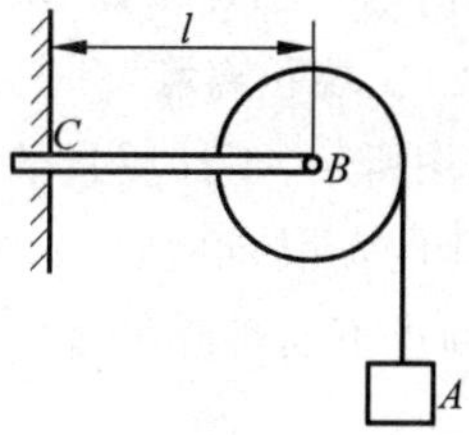

习题 9.4 图

9.4 如图所示，质量为 m_1 的物体 A 下落时，带动质量为 m_2 的均质圆盘 B 转动，若不计支架和绳子的重量及轴上的摩擦，$BC=l$，盘 B 的半径为 R，求固定端 C 的约束反力。

9.5 图示曲柄 OA 质量为 m_1，长为 r，以匀角速度 ω 绕水平轴 O 逆时针方向转动。曲柄的 A 端推动水平板 B，使质量为 m_2 的滑杆 BC 沿铅垂方向运动。忽略摩擦，求当曲柄与水平方向夹角 $\theta=30°$时，力偶矩 M 及轴承 O 的约束反力。

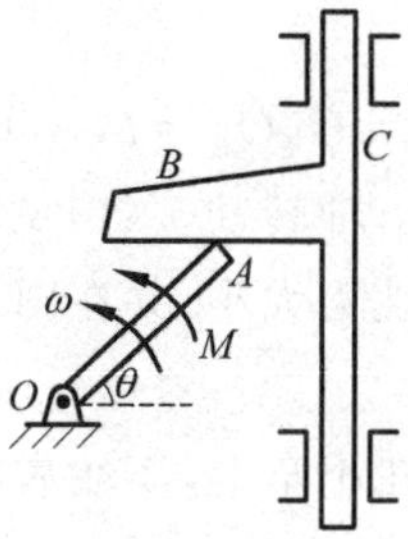

习题 9.5 图

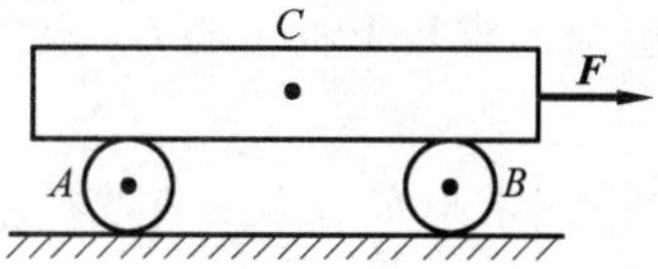

习题 9.6 图

9.6 图示均质板质量为 m，放在两个均质圆柱滚子上，滚子质量皆为$\frac{m}{2}$，其半径均为 r。如在板上作用一水平力 F，并设滚子无滑动，求板的加速度。

9.7 正方形均质木板的质量为 40 kg，在铅垂面内以三根软绳拉住，板的边长 $b=100$ mm，如图所示。求：(1)当软绳 FG 剪断后，木板开始运动的加速度以及 AD 和 BE 两绳的张力；(2)当 AD 和 BE 两绳位于铅直位置时，板中心 C 的加速度和两绳的张力。

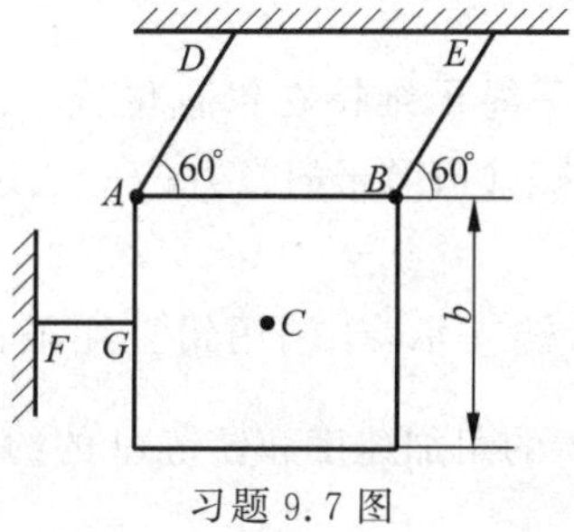

习题 9.7 图

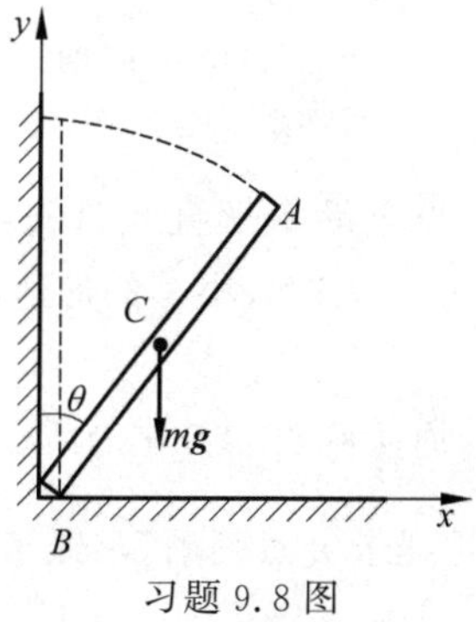

习题 9.8 图

9.8　均质细杆 AB 长为 l，质量为 m，起初紧靠在铅垂墙壁上，由于微小干扰，杆绕 B 点倾倒，如图所示。不计摩擦，求：(1)B 端未脱离墙时 AB 杆的角速度、角加速度及 B 处的约束反力；(2)B 端脱离墙壁时 θ 角；(3)杆着地时质心的速度及杆的角速度。

9.9　如图所示，不计质量的轴上用不计质量的细杆固连着几个质量均等于 m 的小球，当轴以匀角速度 ω 转动时，图示各情况中哪些属于动平衡？哪些属于静平衡？哪些情况既不属于动平衡也不属于静平衡？

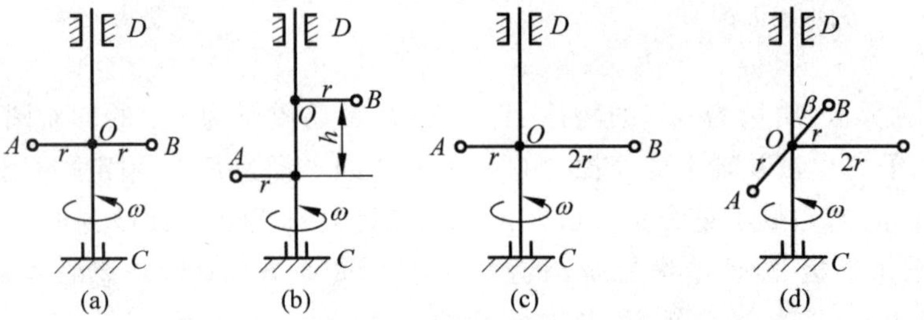

习题 9.9 图

9.10　平面机构如图所示。已知 $AB /\!/ O_1O_2$，且 $AB = O_1O_2 = l$，$AO_1 = BO_2 = r$，$ABCD$ 是矩形板，$AD = BC = b$，AO_1 杆以匀角速度 ω 绕 O_1 轴转动。(1)试问：矩形板作何种运动？(2)求矩形板重心 C_1 点的加速度大小和板的惯性力大小，并在图上标出它们的方向。

9.11　图示小车沿水平直线行驶，均质杆的 A 端铰接在小车上，B 端靠在车的竖直壁上。已知杆长为 l、质量为 m，车的加速度为 $\boldsymbol{a}$，$\theta = 45°$。试求支座 A、B 处的约束反力。

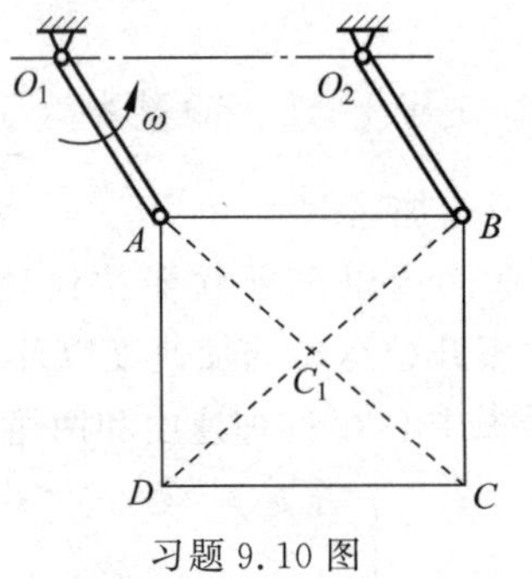

习题 9.10 图

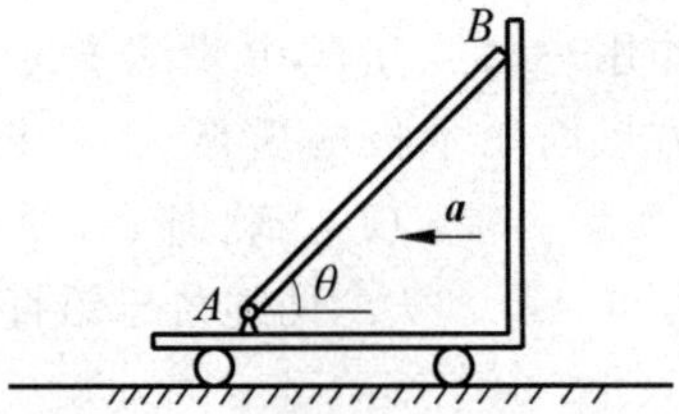

习题 9.11 图

9.12　小车沿水平直线行驶，均质细杆 AB 用水平绳子维持在铅直位置。已知杆长 $l = 2$ m，重 $P = 196$ N，小车的加速度 $a = 16$ m/s^2。试求：(1)绳子的张力；(2)支座 A 的约束反力。

9.13　均质细杆 AB 长为 l，质量为 m，O 端用铰链支承，B 端用铅直绳吊住，$AO = \dfrac{1}{3}l$。现在把绳子突然割断，求绳子刚被割断瞬间杆 AB 的角加速度和铰链 O 的约束反力。

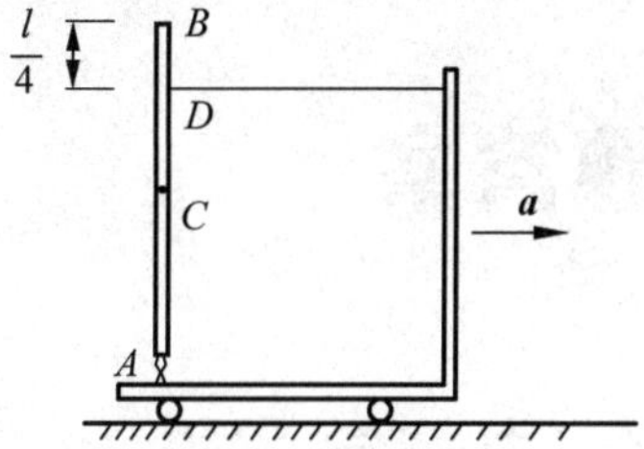

习题 9.12 图

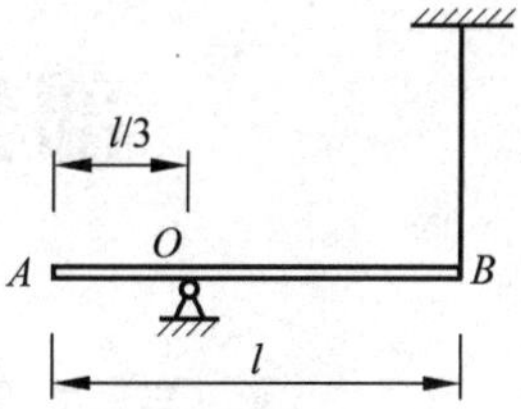

习题 9.13 图

部分习题答案

第1篇　静　力　学

第1章　静力学基础

第2章　平面力系

习题 1.3 (e)详解

2.1　$F_{AC}=207\ \text{N}, F_{BC}=164\ \text{N}$。

2.2　$F_D=\dfrac{F}{2}, F_A=1.12F$。

2.3　$F_\text{R}=17.13\ \text{kN}, (\boldsymbol{F}_\text{R}, x)=40.99°$。

2.4　$F_B=10\ \text{kN}, F_A=10\sqrt{5}\ \text{kN}, \alpha_A=18.4°$。

习题 1.4 (d)和(f)详解

2.5　$F_A=F_E=166.7\ \text{N}$。

2.6　$F_{AB}=28.36\ \text{kN}, F_{AC}=28.78\ \text{kN}$。

2.7　$F_1=0.61F_2$。

2.8　(a) $F_A=F_B=\dfrac{M}{l}$；(b) $F_A=F_B=\dfrac{M}{l}$；(c) $F_A=F_B=\dfrac{M}{l\cos\theta}$。

习题 2.9 详解

2.9　$F_A=F_C=0.354\dfrac{M}{a}$。

2.10　$F_A=F_B=750\ \text{N}$。

2.11　$F_A=F_B=333.3\ \text{N}$。

2.12　$M_2=1000\ \text{N}\cdot\text{m}$。

2.13　$M_1=3\ \text{N}\cdot\text{m}, F_{AB}=5\ \text{N}$。

习题 2.14 详解

2.14　$F_A=\dfrac{\sqrt{2}M}{l}$。

2.15　主矢为 0；主矩为 $2Fa$，逆时针。

2.16　(1) $F_\text{R}=-150\ \text{N}, M_O=900\ \text{N}\cdot\text{mm}$；　(2) $d=6\ \text{mm}$。

2.17　简化为一个力，$F_\text{R}=F$，方向向上，在 A 点右侧，距离为 $d=\left(2-\dfrac{\sqrt{3}}{2}\right)a$。

2.18　(a) $F_{Ax}=0, F_{Ay}=-\dfrac{1}{2}\left(F+\dfrac{M}{a}\right), F_B=\dfrac{1}{2}\left(3F+\dfrac{M}{a}\right)$；

(b) $F_{Ax}=0, F_{Ay}=-\dfrac{1}{2}\left(F+\dfrac{M}{a}-\dfrac{5qa}{2}\right), F_B=\dfrac{1}{2}\left(3F+\dfrac{M}{a}-\dfrac{qa}{2}\right)$。

2.19　$F_\text{T}=1.155P, F_A=1.155P$。

2.20　$F_{Ax}=590\ \text{N}, F_{Ay}=990\ \text{N}$。

2.21　$F_{Ax}=10\ \text{kN}, F_{Ay}=10\ \text{kN}, M_A=-50\ \text{kN}\cdot\text{m}$。

习题 2.21 详解

2.22　$F_{Ax}=\dfrac{5P}{2}, F_{Ay}=2P$；$F_{Bx}=-\dfrac{3P}{2}, F_{By}=-2P$；$F_{Cx}=-\dfrac{5P}{2}, F_{Cy}=-P$。

2.23 $F_A=-35\ \text{kN}, F_B=80\ \text{kN}, F_D=-5\ \text{kN}, F_C=25\ \text{kN}$。

2.24 $F_B=Q+\dfrac{aP}{2l}, F_C=Q+\left(1-\dfrac{a}{2l}\right)P, F_{DE}=\left(Q+\dfrac{aP}{l}\right)\dfrac{l\cos\alpha}{2h}$。

2.25 $F_{Cx}=-10.39\ \text{kN}(\leftarrow), F_{Cy}=-12.75\ \text{kN}(\downarrow), M_A=1.44\ \text{kN}\cdot\text{m}$(顺时针)。

2.26 $F_{Ax}=12\ \text{kN}, F_{Ay}=1.5\ \text{kN}$; $F_B=10.5\ \text{kN}, F_{BC}=15\ \text{kN}$。

2.27 $\dfrac{\pi}{2}\geqslant\theta\geqslant\arctan\dfrac{1}{2f_{sA}}$。

2.28 $F_1=-5.33F, F_2=2F, F_3=-1.67F$。

2.29 $F_4=20\ \text{kN}, F_5=10\sqrt{2}\ \text{kN}, F_7=-20\ \text{kN}, F_{10}=-43.6\ \text{kN}$。

2.30 $F_1=-\dfrac{4F}{9}, F_2=-\dfrac{2F}{3}, F_3=0$。

习题 2.30 详解

2.31 (1) 能保持平衡;(2) $F_A=F_B=72\ \text{N}$。

2.32 12 kN。

2.33 $10P$。

2.34 5000 N。

2.35 $x\geqslant 12\ \text{cm}$。

第 3 章 空间力系

3.1 $F_{Rx}=-434.7\ \text{N}, F_{Ry}=249.6\ \text{N}, F_{Rz}=-34.2\ \text{N}$;

$M_x=-65.2\ \text{N}\cdot\text{m}, M_y=-36.64\ \text{N}\cdot\text{m}, M_z=130.4\ \text{N}\cdot\text{m}$。

3.2 $F_R=20\ \text{N}$,平行于 z 轴正向,作用线由 $x_C=70\ \text{mm}, y_C=32.5\ \text{mm}$ 确定。

3.3 $\dfrac{Fab}{\sqrt{a^2+b^2}}, -\dfrac{Fbc}{\sqrt{a^2+b^2}}, -\dfrac{Fac}{\sqrt{a^2+b^2}}$。

习题 3.3 详解

3.4 $0, -\dfrac{Fa}{2}, \dfrac{\sqrt{6}}{4}Fa$。

3.5 $M_x(F)=-F_1l-F_3a=-F(l+a)$;

$M_y(F)=F_1b-F_2a=F(b-a)$;

$M_z(F)=F_2l+F_3b=F(l+b)$。

3.6 $M_x=\dfrac{F}{4}(h-3r), M_y=\dfrac{\sqrt{3}F}{4}(h+r), M_z=-\dfrac{Fr}{2}$。

3.7 $F_{Ax}=250\ \text{N}, F_{Ry}=0, F_{Rz}=300\ \text{N}$。

$M_x=0\ \text{N}\cdot\text{m}, M_y=-35.5\ \text{N}\cdot\text{m}, M_z=19\ \text{N}\cdot\text{m}$。

3.8 (1)主矢为 $\boldsymbol{F}'_R=-300\boldsymbol{i}-200\boldsymbol{j}+300\boldsymbol{k}$(N),主矩为 $\boldsymbol{M}_O=200\boldsymbol{i}-300\boldsymbol{j}$ (N·m);(2)简化结果为一合力。

习题 3.10 (a)详解

3.9 $y_C=4\ \text{cm}$。

3.10 (a) $x_C=0, y_C=153.6\ \text{mm}$;

(b) $x_C=19.74\ \text{mm}, y_C=39.74\ \text{mm}$。

3.11 $x_C=0, y_C=64.55\ \text{mm}$。

第2篇　运　动　学

第4章　点的运动学

4.1　$y=l\tan kt, v=lk\sec^2 kt, a=2lk^2\tan kt\sec^2 kt$。

$\theta=\frac{\pi}{6}$时：$v=\frac{4lk}{3}, a=\frac{8\sqrt{3}}{9}lk^2$；

$\theta=\frac{\pi}{3}$时：$v=4lk, a=8\sqrt{3}lk^2$。

4.2　$v=150$ mm/s，在出发点左方 2500 mm。

4.3　$v=1.1547$ m/s。

4.4　轨迹为椭圆，$\left(\frac{x}{b}\right)^2+\left(\frac{y}{c}\right)^2=1$。

习题 4.4 详解

$x=b\sin\omega t, y=c\cos\omega t$；

$v_x=b\omega\cos\omega t, v_y=-c\omega\sin\omega t$；

$a_x=-b\omega^2\sin\omega t, a_y=-c\omega^2\cos\omega t$。

4.5　$x=200\cos\frac{\pi}{5}t$ mm，$y=100\sin\frac{\pi}{5}t$ mm。

轨迹：$\frac{x^2}{40\,000}+\frac{y^2}{10\,000}=1$。

4.6　$v=-\frac{v_0}{x}\sqrt{x^2+l^2}, a=-\frac{v_0^2 l^2}{x^3}$。

4.7　$a_M=3.12$ m/s^2。

4.8　$\sqrt{\frac{4k^2R^2+16k^4t^4}{R^2}}$。

4.9　$v=\frac{u}{\sin\varphi}, a=\frac{u^2}{r\sin^3\varphi}$。

第5章　刚体的基本运动

5.1　$v=1.005$ m/s，$a=5.05$ m/s^2。

5.2　$v_M=10.47$ m/s，$a_M=54.83$ m/s^2。

5.3　$t=0$ 时：$v_M=15.7$ cm/s，$a_M^{t}=0$，$a_M^{n}=6.17$ cm/s^2。

习题 5.2 详解

$t=2$ s 时：$v_M=0$，$a_M^{t}=-12.3$ cm/s^2，$a_M^{n}=0$。

5.4　$\omega=2$ rad/s，$D=500$ mm。

5.5　$\omega=3$ rad/s，$\alpha=9\sqrt{3}$ rad/s^2。

5.6　(1)$\omega=2$ rad/s（逆时针）；(2)$\alpha=4.47$ rad/s^2（逆时针），$a_B=30$ cm/s^2。

习题 5.5 详解

5.7　(1)$x=0.2\cos 4t$（式中 x 以 m 计）；(2)$v=-0.4$ m/s，$a=-2.078$ m/s^2。

5.8　$t=20.94$ s，$n_2=200$ r/m，$i_{12}=2$。

5.9　$\omega=\frac{v}{2l}, \alpha=-\frac{v^2}{2l^2}$。

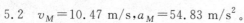

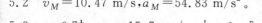

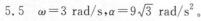

5.10 (1) $\alpha_2=\frac{5000\pi}{d^2}$ rad/s^2；(2) $a=592.2$ m/s^2。

第6章 点的合成运动

6.2 $v_r=0.544$ m/s，v_r 与平带之间的夹角 $\alpha=12°52'$。

6.3 $v_A=\frac{lav}{x^2+a^2}$（v_A 垂直于 OA）。

6.4 (a) $\omega_2=1.5$ rad/s（逆时针）；

(b) $\omega_2=2$ rad/s（逆时针）。

6.5 $v_a=v\tan\varphi$（↑）。

6.6 $v_M=205$ mm/s（76°↘），$a_M=212$ mm/s^2（71°↙）。

6.7 $\omega_1=\frac{\omega}{4}$（逆时针），$\alpha_1=0.65\omega^2$（顺时针）。

6.8 $v_{AB}=\frac{\sqrt{3}}{2}e\omega$（↑），$a_{AB}=\frac{1}{2}e\omega^2$（↓）。

6.9 $v_{CD}=\frac{2}{3}l\omega$（↑）。

6.10 $\omega_{OA}=\frac{v}{\sqrt{3}R}$（逆时针），$\boldsymbol{a}_r=\frac{1}{\sqrt{3}}\left(\frac{v^2}{R}+a\right)\boldsymbol{t}+\frac{v^2}{3R}\boldsymbol{n}$。

6.11 $v_{CD}=0.3\omega$（↑），$a_{CD}=0.3a-0.4\omega^2$（↑）。

6.12 $\omega_{OB}=1.8$ rad/s（逆时针），$\alpha_{OB}=3.36$ rad/s^2（顺时针）。

6.13 $\omega_{O_1D}=\frac{\omega}{2}\cos\alpha$（逆时针），$v_{BC}=2r\omega\cdot\cos\alpha/\sin\beta$（←）。

6.14 $x=0.1t^2$（x 以 m 计），$y=h-0.05t^2$（y 以 m 计），

$y=h-\frac{x}{2}$。

$v=0.1\sqrt{5}t$（v 以 m/s 计），$a=0.1\sqrt{5}$（a 以 m/s^2 计）。

6.15 $v_a=10\sqrt{3}$ cm/s（↑），$v_r=20\sqrt{3}$ cm/s（30°↘）。

$a_a=\sqrt{3}$ cm/s^2（↑），$a_r=2\sqrt{3}$ cm/s^2（30°↘）。

6.16 $a_a=27.78$ cm/s^2（84°↖）。

6.17 $v=0.173$ m/s（↑），$a=0.05$ m/s^2（↓）。

6.18 $v_a=\frac{\omega l}{\cos^2\varphi}$。

6.19

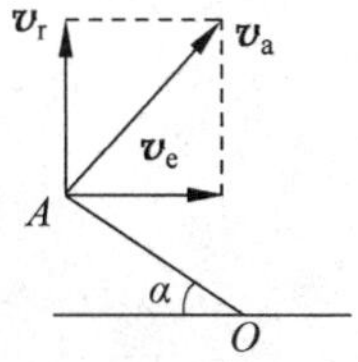

$v_{BC}=v_e=v_a\sin\alpha=\omega l\sin\alpha$。

第 7 章　刚体的平面运动

7.1　平行移动：图(a)CD，图(b)CD；

定轴转动：图(a)O_1A、O_2C、O_3D，图(b)AC、BD；

平面运动：图(a)AB、DE、OE。

7.3　$x_A=(R+r)\cos\dfrac{\alpha t^2}{2}$，$y_A=(R+r)\sin\dfrac{\alpha t^2}{2}$，$\varphi_A=\dfrac{1}{2r}(R+r)\alpha t^2$。

习题 7.2(c)详解

7.4　$\omega_{ABD}=1.072\ \text{rad/s}$(逆时针)，$v_D=0.254\ \text{m/s}$(←)。

7.5　$\omega_{EF}=1.333\ \text{rad/s}$(顺时针)，$v_F=0.462\ \text{m/s}$(↑)。

7.6　$\omega_{AB}=2\ \text{rad/s}$(顺时针)，$\alpha_{AB}=16\ \text{rad/s}^2$(顺时针)，$a_B=565.6\ \text{cm/s}^2$(↓)。

习题 7.4 详解

7.7　$v_C=\dfrac{\sqrt3 v_0}{3}$(↑)，$a_C=\dfrac{8\sqrt3 v_0^2}{9b}$(30°↙)。

7.8　$v_C=20\sqrt{10}\ \text{cm/s}$(↗)。

7.9　当$\beta=0°$时，$v_B=v_C=2v_A$(→)；

当$\beta=90°$时，$v_B=v_C\cos45°=v_A$(→)。

习题 7.6 详解

7.10　$\omega_{AB}=5\ \text{rad/s}$(顺时针)，$\omega_{BC}=5\ \text{rad/s}$(顺时针)。

7.11　$\omega_{OB}=3.75\ \text{rad/s}$(逆时针)，$\omega_1=6\ \text{rad/s}$(逆时针)。

7.12　$a_n=2r\omega_0^2$，$a_t=r(\sqrt3\omega_0^2-2\alpha_0)$。

7.13　$v_B=2\ \text{m/s}$(→)，$v_C=2.828\ \text{m/s}$(45°↘)，$a_B=8\ \text{m/s}^2$(↑)，$a_C=11.31\ \text{m/s}^2$(45°↖)。

7.14　$v_B=\sqrt3\omega_0 r$(60°↙)，$a_B=\dfrac{\omega_0^2 r}{3}$(60°↗)，$v_C=\dfrac{3}{2}\omega_0 r$(↓)，$a_C=\dfrac{\sqrt3}{12}\omega_0^2 r$(↑)。

7.15　$\omega_{O_2D}=0.577\ \text{rad/s}$(逆时针)。

7.16　$\omega_{O_1A}=0.2\ \text{rad/s}$(逆时针)，$\alpha_{O_1A}=0.0416\ \text{rad/s}^2$(顺时针)。

7.17　$v_E=0.8\ \text{m/s}$。

7.18　$\alpha=20\ \text{rad/s}^2$(顺时针)。

第 3 篇　动　力　学

第 8 章　动力学基本定理

8.1　(1) $P=\dfrac{m\omega l}{2}$，$L_O=\dfrac{ml^2\omega}{3}$，$T=\dfrac{ml^2\omega^2}{6}$；

(2) $P=m\omega e$，$L_O=\left(\dfrac{mr^2}{2}+me^2\right)\omega$，$T=\dfrac{1}{2}\left(\dfrac{mr^2}{2}+me^2\right)\omega^2$；

(3) $P=mv$，$L_O=\dfrac{mrv}{2}$，$T=\dfrac{3mv^2}{4}$；

(4) $P=\dfrac{m\omega l}{6}$，$L_O=\dfrac{ml^2\omega}{9}$，$T=\dfrac{ml^2\omega^2}{18}$；

(5) $P=\dfrac{mv_B}{\sqrt3}$，$L_O=\dfrac{\sqrt3}{18}mv_B l$，$T=\dfrac{2}{9}mv_B^2$；

(6) $P=\dfrac{m\omega a}{2}$，$L_O=\dfrac{5ma^2\omega}{6}$，$T=\dfrac{5ma^2\omega^2}{12}$。

8.2　$F=1068$ N。

8.3　$4ml\omega$。

8.4　$F_x=30$ N。

8.5　(1)$F_{NA}=m\dfrac{bg-ha}{c+b}$，$F_{NB}=m\dfrac{cg+ha}{c+b}$；(2)当 $a=\dfrac{b-c}{2h}g$ 时，$F_{NA}=F_{NB}$。

习题 8.3 详解

8.6　$a=\dfrac{m_2b-f(m_1+m_2)g}{m_1+m_2}$。

8.7　$s_A=93$ mm(向右)，$s_B=167$ mm(向右)。

8.8　(a) $\alpha=\dfrac{g}{2r}$，$F_{Ox}=0$，$F_{Oy}=\dfrac{1}{2}mg$；

(b) $\alpha=\dfrac{3g}{2r}$，$F_{Ox}=0$，$F_{Oy}=\dfrac{1}{3}mg$。

8.9　$\alpha_1=\dfrac{2(MR_2-M'R_1)}{(m_1+m_2R_2)R_1^2}$。

8.10　$a=2\ \text{m/s}^2$，$F_{nA}=232.5$ N，$F_{nB}=257.5$ N。

8.11　$F=269.3$ N。

8.12　$\alpha=\dfrac{(Mi-PR)g}{(J_1i^2+J_2)g+PR^2}$。

8.13　$T=\dfrac{1}{4}r_1^2\omega_1^2(m_1+m_2)$。

8.14　6.2 N・m。

8.15　4900 N・m。

8.16　−2.072 N・m。

8.17　$f=0.28$。

8.18　$v_A=\sqrt{3gl}$。

8.19　$v=2.36$ m/s。

8.20　$\omega=\dfrac{2}{l}\sqrt{\dfrac{3\pi M}{m_1+m_2}}$。

习题 8.21 详解

8.21　$v=\sqrt{\dfrac{4m_2gh}{m_1+2m_2}}$，$a=\dfrac{2m_2g}{m_1+2m_2}$。

8.22　$v_B=6.26$ m/s。

8.23　$\delta_{\max}=6.67$ cm。

8.24　$M=5.86$ kN・m。

8.25　(1) $\omega_B=0$，$\omega_{AB}=4.95$ rad/s；(2) $\delta=81.7$ mm。

习题 8.26 详解

8.26　$\omega=\dfrac{2}{r}\sqrt{\dfrac{M-m_2gr(\sin\theta+f\cos\theta)}{m_1+2m_2}\varphi}$，$\alpha=\dfrac{2[M-m_2gr(\sin\theta+f\cos\theta)]}{r^2(m_1+2m_2)}$。

8.27　$v=\sqrt{\dfrac{2s(M-m_1gr\sin\theta)}{r(m_1+m_2)}}$，$a=\dfrac{s(M-m_1gr\sin\theta)}{r(m_1+m_2)}$。

8.28　$a=\dfrac{3m_1g}{4m_1+9m_2}$。

8.29　$\omega=\sqrt{\dfrac{2M_0\varphi}{(3m_1+4m_2)l^2}}$，$\alpha=\dfrac{M_0}{3m_1+4m_2}$。

8.30　$\omega=\dfrac{2}{r}\sqrt{\dfrac{(m_1-m_2)gh}{m+2m_1+2m_2}}$，$\alpha=\dfrac{2(m_1-m_2)}{m+2m_1+2m_2}\cdot\dfrac{g}{r}$。

8.31　$\omega=\sqrt{\dfrac{3m_1+6m_2}{m_1+3m_2}\cdot\dfrac{g}{l}\cdot\sin\theta}$，$\alpha=\dfrac{3m_1+6m_2}{m_1+3m_2}\cdot\dfrac{g}{2l}\cdot\cos\theta$。

第 9 章　达朗贝尔原理

9.1　$g\tan(\theta-\varphi)\leqslant a\leqslant g\tan(\theta+\varphi)$。

9.2　(1) $a_C=3.56\ \mathrm{m/s^2}$；(2) $a_C=3.48\ \mathrm{m/s^2}$。

9.3　$m_3=50\ \mathrm{kg}$，$a=2.45\ \mathrm{m/s^2}$。

习题 9.4 详解

9.4　$F_{Cx}=0$，$F_{Cy}=\dfrac{3m_1+m_2}{2m_1+m_2}m_2g$，$M_C=\dfrac{3m_1+m_2}{2m_1+m_2}m_2gl$。

9.5　$M=\dfrac{\sqrt{3}}{4}(m_1+2m_2)gr-\dfrac{\sqrt{3}}{4}m_2r^2\omega^2$。

$F_{Ox}=-\dfrac{\sqrt{3}}{4}m_1r\omega^2$，$F_{Oy}=(m_1+m_2)g-(m_1+2m_2)\dfrac{r\omega^2}{4}$。

9.6　$a=\dfrac{8F}{11m}$。

9.7　(1) $a=a_{\mathrm{t}}=\dfrac{1}{2}g=4.9\ \mathrm{m/s^2}$，$F_{AD}=72\ \mathrm{N}$，$F_{BE}=268\ \mathrm{N}$；

(2) $a=a_{\mathrm{n}}=(2-\sqrt{3})g=2.63\ \mathrm{m/s^2}$，$F_{AD}=F_{BE}=248.5\ \mathrm{N}$。

9.8 (1) $\omega=\sqrt{\dfrac{3g}{l}(1-\cos\theta)}$，$\alpha=\dfrac{3g}{2l}\sin\theta$，

$F_{Bx}=\dfrac{3}{4}mg\sin\theta(3\cos\theta-2)$，$F_{By}=mg-\dfrac{3}{4}mg(3\sin^2\theta+2\cos\theta-2)$；

(2) $\theta_1=\arccos\dfrac{2}{3}$；

(3) $v_C=\dfrac{1}{3}\sqrt{7gl}$，$\omega=\sqrt{\dfrac{8g}{3l}}$。

9.9　(a)动平衡，(b)静平衡，(c)、(d)既不属于动平衡也不属于静平衡。

9.10　加速度大小 $a=\omega^2R$，惯性力大小 $F_\mathrm{I}=m\omega^2R$，方向如右图。

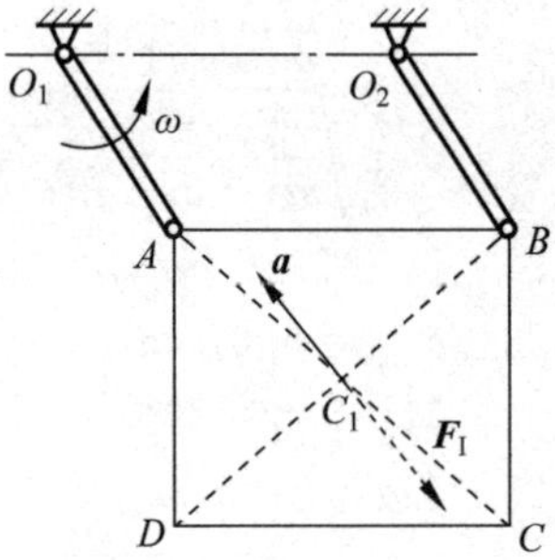

习题 9.10 答案用图

习题 9.11 详解

9.11　$F_{Ax}=\dfrac{m}{2}(g-a)$，$F_{Ay}=mg$，$F_{\mathrm{NB}}=\dfrac{m}{2}(g+a)$。

9.12　$F_\mathrm{T}=209.1\ \mathrm{N}$，$F_{Ax}=104.5\ \mathrm{N}$，$F_{Ay}=196\ \mathrm{N}$。

9.13　$\alpha=\dfrac{3g}{2l}$，$F_{Ox}=0$，$F_{Oy}=\dfrac{3}{4}mg$。

参考文献

[1] 哈尔滨工业大学理论力学教研室.理论力学 I[M].9 版.北京：高等教育出版社，2023.

[2] 赵关康，张国民.工程力学简明教程[M].3 版.北京：机械工业出版社，2006.

[3] 西南交通大学应用力学与工程系.工程力学教程[M].2 版.北京：高等教育出版社，2009.

[4] 胡增强，郭昌襄.工程力学[M].徐州：中国矿业大学出版社，1991.

[5] 鲍俊，黄慧春.工程力学[M].北京：机械工业出版社，2004.

[6] 景荣春.工程力学简明教程[M].北京：清华大学出版社，2007.

[7] HIBBELER R C.工程力学(静力学)(10 版)[M].影印版.北京：高等教育出版社，2004.

[8] HIBBELER R C.工程力学(动力学)(10 版)[M].影印版.北京：高等教育出版社，2004.

[9] 刘延柱，朱本华，杨海兴.理论力学[M].3 版.北京：高等教育出版社，2009.

[10] 贾启芬，刘习军.理论力学(中学时)[M].北京：机械工业出版社，2002.

[11] 姚林泉，沈纪苹.理论力学[M].北京：清华大学出版社，2021.

[12] 杨兆海.在理论力学教学中处理好与大学物理中力学的关系[J].现代交际，2010(1)：80.